# 通信受限系统性能极限与设计

詹习生　涂　建　吴　杰　张先鹤　著

国家自然科学基金青年项目（61100076）
国家自然科学基金面上项目（61471163）　资助
国家自然科学基金面上项目（61370093）

科学出版社

北　京

# 内 容 简 介

本书介绍了基于通信网络参数（网络时延、数据丢包、网络容量、网络带宽、编码解码和量化等）约束研究通信受限系统性能极限与有关性质。借助通信理论、频域分析方法、部分分解、互质分解和谱分解技术等，定量地揭示了通信受限系统性能极限与通信网络参数和控制对象固有特性间的内在联系，并进一步介绍了通信受限系统修改性能极限，为网络化控制系统设计（特别是网络参数和控制器设计）提供理论指导。

本书可作为从事自动控制和通信网络工作的科研人员、工程技术人员，以及高等院校自动化及其相关专业教师、高年级本科生和研究生的参考用书。

**图书在版编目 (CIP) 数据**

通信受限系统性能极限与设计/詹习生等著. —北京：科学出版社，2016.6

ISBN 978-7-03-048417-8

Ⅰ．①通… Ⅱ．①詹… Ⅲ．①通信系统－受限控制 Ⅳ．①TN914

中国版本图书馆 CIP 数据核字 (2016) 第 119787 号

责任编辑：赵艳春 余 丁 / 责任校对：蒋 萍
责任印制：张 倩 / 封面设计：迷底书装

**科 学 出 版 社** 出版
北京东黄城根北街 16 号
邮政编码：100717
http://www.sciencep.com

**文林印务有限公司** 印刷
科学出版社发行 各地新华书店经销
*
2016 年 6 月第 一 版 开本：720×1 000 1/16
2016 年 6 月第一次印刷 印张：12
字数：240 000
**定价：68.00 元**
(如有印装质量问题，我社负责调换)

# 前　言

随着计算机技术、通信技术和电子技术的不断进步和发展，系统设备成本逐年下降，网络通信能力飞速提高，网络共享资源不断丰富，越来越多的网络通信传输方式被应用到自动化和控制领域中，网络化控制系统（NCSs）随之应运而生。NCSs具有信息资源共享、成本低、可靠性高、易于维护与扩展、灵活性强等诸多优点。网络的介入导致通信时延、数据丢包、多包传输、通信带宽、量化、编解码等一系列新的问题，必须采用新方法、新理论来分析和研究 NCSs。

NCSs 已经成为国内外通信、计算机和控制等领域的研究热点。国内外许多学者主要从事 NCSs 的建模以及稳定性分析方面的研究。但是在实际应用 NCSs 的时候，不仅要考虑 NCSs 的建模及稳定性分析问题，还要考虑 NCSs 的性能。本书作者及团队近年来主要从事通信受限下 NCSs 性能极限与设计的研究，是国内较早研究通信受限下 NCSs 性能极限团队之一。采用频域方法研究得到的结果能够更好地反映 NCSs 性能极限与控制系统的固有特性（非最小相位零点和不稳定极点等）和通信网络参数之间的内在联系，这将为 NCSs 的设计提供重要理论指导。

本书主要分为九章。第 1 章介绍了 NCSs 的特点和基本问题，以及国内外研究现状。第 2 章介绍了通信带宽和数据丢包约束下 NCSs 稳定性条件，并且讨论了数据丢包约束下 NCSs 跟踪性能极限。第 3 章分别介绍了基于通信网络诱导时延约束连续和离散 NCSs 跟踪性能极限；并且讨论了基于诱导时延和带宽约束 NCSs 跟踪性能极限，进一步讨论了基于时延和信道能量受限下 NCSs 跟踪性能极限。第 4 章介绍了前向通道网络容量受限 NCSs 跟踪性能极限，以及单自由度控制器和双自由度控制器作用下反馈通道网络容量受限 NCSs 跟踪性能极限。第 5 章介绍了基于通信带宽约束和信道编码优化设计研究多输入多输出 NCSs 性能极限。第 6 章介绍了基于编码解码和白噪声影响 NCSs 跟踪性能极限，以及基于带宽和编码解码影响 NCSs 跟踪性能极限。第 7 章介绍了基于量化影响和信道能量受限多变量 NCSs 跟踪性能极限，并且讨论了基于量化和丢包约束的 NCSs 跟踪性能极限。第 8 章介绍了基于双向通道白噪声和编码约束多变量 NCSs 性能极限。第 9 章介绍了基于白噪声影响 NCSs 修改跟踪性能极限，包括单自由度和双自由度补偿器下控制系统修改跟踪性能极限。

本书由湖北师范大学詹习生、涂建、吴杰、张先鹤共同撰写完成。詹习生负责撰写第 4～7 章和第 9 章，涂建负责撰写第 1～3 章，吴杰和张先鹤负责撰写第 8 章。此外本书在撰写过程中得到华中科技大学关治洪教授的大力帮助，湖北师范大学姜晓伟、杨青胜、高红亮和吴博参与了编辑等大量工作。本书介绍的研究工作得到多个国家自然科学基金项目的资助，包括国家自然科学基金青年项目"多变量多通道网络化系统性能极限与设计"（编号：61100076）、国家自然科学基金面上项目"基于 QoP 与 QoS 融合通信网络系统优化设计"（编号：61471163）、国家自然科学基金面上项目"复杂欠驱动多主体网络的多协同与博弈优化算法设计与分析"（编号：61370093）。在此一并表示感谢。

　　书中难免有不妥和错误之处，恳请广大读者予以批评指正。

作　者

2016 年 3 月于湖北师范大学

# 目　　录

# 第1章 绪 论

## 1.1 引 言

随着通信、电子技术和计算机的快速发展与广泛应用，网络通信被引入计算机控制领域，这些复杂的系统不仅能够实现控制功能，同时还具有信息处理和决策等功能，统称为网络化控制系统[1-3]。目前网络化控制系统已经成为国内外计算机、通信和控制等领域的研究热点。在过去十年中，网络化控制系统取得了飞速的发展及广泛的应用，已经成功渗透到经济、工业、军事及日常生活的方方面面。这种发展势将持续，并有加快的趋势。可以预言在未来的几十年中，网络化控制系统将会影响和推动计算机与控制理论及其应用的发展[4-5]。

网络化控制系统指控制信号通过有线或无线通信网络在执行器、传感器和控制器之间传递的一种控制系统，从而达到对被控对象实行远程控制的目的，进而完成工艺的控制要求。网络化控制系统就是在经典的控制系统中引入通信网络构成的。由于通信网络的引入，增加了控制系统的复杂性。同时由于通信网络带宽、容量和服务能力的限制，使得传输的数据不可避免地存在时延、拥塞、丢包、多包传输等问题，从而导致控制系统的性能下降甚至不稳定，为此，网络化控制系统分析与设计面临着前所未有的挑战。传统控制系统通常都假设以同步和没有延时的方式运作，而在通信网络控制环境中，系统的分离元件非同步且需通过通信信道进行协调，因此时延的影响非常突出。由于必须考虑有限的带宽和通信信道的容量等因素，这给控制系统设计带来新的、根本性的约束。这一约束既是限制网络化控制系统性能的瓶颈，也是所有包含通信网络的反馈控制系统设计中的关键问题。

目前国内外许多学者主要从事网络化控制系统的建模以及稳定性分析方面的研究，取得了大量的研究成果。主要基于通信网络参数：量化、时延、数据丢包、带宽受限、比特率限制等建模以及稳定性的分析。但是在实际应用网络化控制系统的时候，不仅要考虑网络化控制系统的建模及稳定性分析问题，还要考虑网络化控制系统性能如何。目前华南理工大学学者主要通过状态空间方法来研究网络化控制系统最优跟踪性能问题，但是通过频域方法来研究网络化控制系统最优性能问题的研究人员却很少。本书主要采用频域方法来研究通信受限系统的性能问题。在实际网络化控制系统通信中，传输的信号通常是用其频域特性来描述的，采用频域方法研究得到的结果反映了被控对象内部结构特性，例如被控对象的非最小相位零点和不稳定极点等。因此通过频域方法来分析网络化控制系统的最优性能具有很大的优势，同时研究结果能够更好地反映网络化控制系统性能与控制系统的固有特性和通信网络参数之间的内在联系，这将为网络化控制系统的设计提供重要理论指导。

## 1.2　控制系统的性能极限

经典控制理论主要用来解决控制系统中控制器的设计与优化问题。经典控制理论研究的对象主要是线性系统。所谓线性系统就是组成系统的各环节或元件的状态或特性可以用线性微分方程描述的系统。控制系统的数学模型就是描述控制系统的输入量、输出量和内部量之间关系的数学表达式，它是控制系统分析和设计的基础。研究经典控制系统主要采用频域分析法。控制系统设计要综合考虑性能和物理限制，可以看作是对高性能目标的追求和满足硬件限制需要的一种设计权衡。在反馈控制系统中这种限制会由于许多不同来源的限制而增加，特别是控制系统的内在特性。这些限制体现在很多方面，例如结构（空间）限制、零点和极点的限制、信道耦合产生的限制、物理限制及计算的限制等。

在控制系统分析设计过程中重要的一步就是分析各种制约因素是怎样限制控制系统性能指标的，并且通过怎样的权衡来实现设计目标。控制系统的性能分析主要从以下几个方面来考虑：第一不管控制系统的控制器如何设计，可以揭示最佳性能实现的内在极限，这不仅能够提供最优性能的估计，而且还可以作为设计控制器的基本原则；第二揭示了状态内在的性质是如何限制和破坏控制系统性能指标的。

反馈控制系统的性能极限在古典和现代控制理论中一直是一个值得研究的课题。所谓控制系统性能的极限是指由被控系统结构上的固有特征所决定的控制系统所能达到的最佳性能值。简单地说，就是不管采用什么样的控制器，系统的性能都不可能超过由其结构本质特征决定的性能极限值，从而为控制系统的实际设计提供理论指导。著名的学者 Bode 的初始工作对该领域的研究产生了深远的影响，并且启发了学术界对不同的问题、不同系统和不同的设计方法的新研究。

性能极限典型的应用就是参考信号跟踪问题和调节问题。跟踪问题和调节问题一直是控制界的两大经典主题，即使到现在也仍然有许多工作有待进一步开展。控制系统跟踪性能极限问题，实质上是研究系统在控制器的作用下，系统输出跟踪系统输入精度的极限问题，如图 1.1 所示。在图 1.1 中，$r$ 为参考输入信号，$K$ 为控制器，$G$ 为被控对象，$y$ 为系统输出，$e$ 为系统输出 $y$ 与参考输入 $r$ 的差值。定义开环传递函数（矩阵）$L = GK$，灵敏度函数（矩阵）$S = (I+L)^{-1}$，补灵敏度函数（矩阵）$T = I - S$。所研究的问题是设计控制器 $K$ 使得系统输出 $y$ 尽可能地跟踪系统的输入 $r$。连续控制系统模型性能指标是对误差求积分。即性能指标为

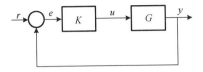

图 1.1 单自由度跟踪问题

$$J = \int_0^\infty \|e(t)\|^2 \, \mathrm{d}t = \int_0^\infty \|y(t) - r(t)\|^2 \, \mathrm{d}t = \|e\|_2^2$$

离散控制系统模型性能指标是对误差求和，即控制系统性能指标为

$$J = \sum_{k=0}^\infty \|e(k)\|^2 = \sum_{k=0}^\infty \|y(k) - r(k)\|^2$$

控制系统性能极限 $J^* = \inf_{K \in \mathcal{K}} J$，其中 $\mathcal{K}$ 是所有使系统稳定的控制器组成的集合；另一种典型控制跟踪系统结构如图 1.2 所示。所研究的问题是设计控制器 $[K_1 \ K_2]$ 使得系统输出 $y$ 尽可能地跟踪系统输入 $r$，其他同上。

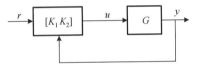

图 1.2 双自由度结构的控制系统

控制系统调节性能极限性问题，实质上是研究系统在控制器的作用下，系统输出对扰动的响应极限问题，如图 1.3 所示。在图 1.3 中，$K$ 为控制器，$G$ 为被控对象，$y$ 为系统输出，$d$ 为扰动输入，所研究的问题是设计控制器 $K$ 使得系统输出 $y$ 尽可能的小，即受扰动的影响尽可能的小。性能指标可以选取 $J = \|y\|_2^2$，控制系统调节性能极限 $J^* = \inf_{K \in \mathcal{K}} J$，其中 $\mathcal{K}$ 是所有使系统稳定的控制器组成的集合。目前国内外学者关于控制系统性能极限研究已经取得一些成果。Francis[6]得出了如下结论：一个单输入单输出线性时不变控制系统的跟踪性能极限为

$$J^* = f(z_i, p_i, \tau)$$

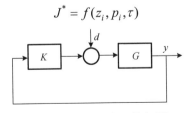

图 1.3 单自由度调节问题

其中 $p_i$、$z_i$ 和 $\tau$ 分别表示给定对象的不稳定极点、非最小相位零点以及给定对象的时延。研究结果表明控制系统的跟踪性能极限仅仅由给定对象的固有特性（不稳定极点、非最小相位零点和内部时延）决定，与所选的补偿器无关；Su 等[7]将上述问

题推广到线性时不变多输入多输出离散控制系统,并且考虑的跟踪信号是正弦信号,控制系统的跟踪性能极限为

$$J^* = \sum_{i=1}^{m} (1 - |q_i|^2) \left| \sum_{l=-n}^{n} \frac{\langle \eta_{-\omega_{i_l}}, v_l \rangle}{1 - q_i e^{j\omega_i}} \right|^2$$

研究结果表明多输入多输出控制系统跟踪性能极限仅仅由对象的非最小相位零点、零点方向和参考输入频率决定;Chen 等[8]研究了多输入多输出线性时不变连续控制系统跟踪阶跃信号性能极限问题,控制系统的跟踪性能极限为

$$J^* = \sum_{i=1}^{k} \frac{2 \operatorname{Re}(z_i)}{|z_i|^2} \cos^2 \angle(\eta_i, v) + v^H H v$$

其中

$$H = \sum_{i,j \in I} \frac{4 \operatorname{Re}(p_i) \operatorname{Re}(p_j)}{(\bar{p}_i + p_j) p_i \bar{p}_j \bar{b}_i b_j} (I - L^{-1}(p_i))^H (I - L^{-1}(p_j)), \qquad b_i = \prod_{\substack{j \in I \\ j \neq i}} \frac{\bar{p}_j}{p_j} \frac{p_j - p_i}{\bar{p}_j + p_i}$$

这里 $z_i$ 是给定对象的非最小相位零点, $p_i$ 是给定对象的不稳定极点, $\eta_i$ 为零点方向向量, $v$ 为输入信号的方向向量。研究结果显示多输入多输出控制系统跟踪性能极限不仅与给定对象的非最小相位零点和不稳定极点有关,而且还与他们的方向以及输入信号的方向也有关;Peters 等[9]考虑了多输入多输出线性时不变离散控制系统性能极限问题,研究成果指出控制系统的性能极限由被控对象的非最小相位零点和不稳定极点以及他们的方向决定;王后能[10]针对线性时不变连续控制系统和离散控制系统分别研究控制输入能量极限问题,并进一步研究多输入多输出控制系统,采用矩阵互质分解方法来研究,得到控制系统输入能量的极限值,并且指出极限值仅仅由被控对象的固有特性决定,即由非最小相位零点、不稳定极点以及它们的方向决定。

以上研究结果显示出,不管采用何种补偿器,控制系统的性能都无法超越由跟踪的信号特征和给定对象的固有特性决定的值,这个值就是控制系统性能极限。在设计控制系统控制器时,控制系统性能极限值可以作为理论指导,如果选取的补偿器能够使得控制系统的性能最接近性能极限值,那么所选取的补偿器就是最好的。因此研究控制系统性能极限具有十分重要的理论意义。

## 1.3  网络化控制系统的特点及基本问题

### 1.3.1  网络化控制系统的特点

网络化控制系统(Networked Control Systems,NCS)通常的定义是指通过一个实时网络构成闭环的控制系统,具体而言是指在某个区域内一些现场检测、控制及

操作设备和通信线路的集合，用以提供设备之间的数据传输，使该区域内不同地点的用户实现资源共享和协调操作。网络化控制系统是通信网络技术、控制技术和计算机技术等共同发展的结晶。随着计算机技术和现代控制理论的飞速发展，网络化控制系统已经向结构网络化、节点智能化、控制现场化、功能分散化、系统开放化以及产品集成化的成熟目标迈进。在该系统中，控制器通过通信网络与执行器、传感器进行信息的交换，可以方便地实现远程控制。典型的网络化控制系统的结构如图 1.4 所示。网络化控制系统是未来通信和控制技术发展的必然趋势，其显著特点如下[11]。

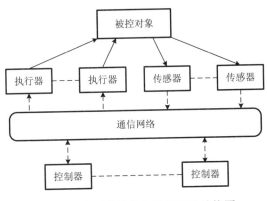

图 1.4　典型的网络化控制系统结构图

1）控制系统的网络化

控制系统的网络化是网络化控制系统的根本特点，正是由于控制网络的引入，将原来分散在不同地点的现场设备连接成网络，才打破了自动化系统原有的信息孤岛的僵局，为工业数据的集中管理与远程传送，为控制系统和其他信息系统的连接与沟通创造了条件。

2）信息传输的数字化

数字化与网络化相辅相成，如果网络化是从系统角度描述网络化控制系统的特点，那么数字化则是从信息的角度描述网络化控制系统。数字信号的抗干扰能力强，传输精度高，传输的信息更加丰富，同时数字化进程也大大减少了控制系统布线的复杂性。

3）控制结构的层次化

控制系统的分层结构是引入控制网络后的另一个主要特点。在网络化控制系统中，对现场层的回路控制和顺序控制、对系统实时监视、参数调试等任务分别由处在不同层次的不同计算机完成（比如在分布式控制系统 DCS 中，现场控制层的现场控制站负责底层的回路控制和顺序控制，过程管理层的操作员站负责对系统的趋势显示和实时监视，工程师站负责完成回路的组态、调试、下载等），每台计算机各司其职，控制层次与控制任务得到了细分。

4）底层控制的分散化与信息管理的集中化

这一特点是控制结构层次化的延伸。分层结构确定了网络化控制系统金字塔形的整体框架，在底层网络化控制系统利用现场控制设备实现了分布式控制，增强了控制系统的可靠性，在高层实现了对底层数据的集中监视、管理，为上层的协调优化，甚至对宏观决策提供必要的信息支持。

5）硬件和软件模块化

各种网络化控制系统的软硬件目前都采用了模块化结构，硬件的模块化使得系统具有良好的灵活性和可扩展性，使得系统的成本更低、体积更小、可靠性更高，软件的模块化使得系统的组态方便、控制灵活、调试效率高、操作简单。

6）控制系统的智能化

该智能化包含两个方面的内容，即现场设备的智能化和控制算法与优化算法的智能化。一方面，在底层由于微处理器的引入，现场设备不仅能够完成传感测量、回路控制等基本功能，还可以进行补偿计算、故障诊断等；另一方面，在高层 NCS 提供了强大的计算机硬件平台，为先进的控制算法、人工智能方法、专家系统的使用提供了条件，一些先进的控制算法软件包（如模型预测控制、模型控制等）已经被开发并广泛使用，人工智能、专家系统也开始用于操作指导、优化计算、计划调度、科学管理等各个方面。

7）通信协议的渐近标准化

通信协议的标准化意味着系统具有良好的开放性、互操作性。在互联网中，TCP/IP 已经成为标准协议，而在控制网络中，传统的 DCS 系统各成体系，集中式控制系统 FCS 尽管已经达成了国际总线标准，但总线种类仍有 10 余种，甚至于工业以太网也出现了多种不同的国际标准协议，因此通信协议标准的统一必将是一个漫长的过程。

## 1.3.2　网络化控制系统基本问题

网络化控制系统是融合通信和控制两大理论的一类特殊系统，相比单一的控制系统而言，网络化控制系统具有许多优点。网络化控制系统中信息的传输主要是通过网络进行的，而网络的带宽总是有限的，因此网络自身的特点不可避免地造成网络化控制系统的复杂性，主要表现在以下几个方面[12]。

（1）在网络化控制系统中，通信设备共享网络并采用分时复用的方式来传输数据，由于网络带宽的限制，使得网络化系统中不可避免地存在着资源竞争和网络拥塞等现象，从而导致数据传输的延迟，即通信网络诱导时延。

（2）在网络化控制系统中，存在传输设备故障、网络拥塞、连接突然中断等客观因素，这些因素往往都会导致数据包丢失，因此网络化控制系统中还存在着数据丢包现象。

（3）在网络控制化系统中，由于路由设备会根据实际网络的具体情况来选择合适的网络传输路径进行数据传输，因此数据在传输过程中存在着不同的路由选择，从而使得数据包的时序发生错乱。

（4）在网络化控制系统中，控制系统的性能不仅依赖于所设计的控制算法，而且依赖于对通信网络资源的调度。调度问题就是由网络节点来决定发送数据包的次序和时间。如何利用有限的网络资源，优先发送比较重要的数据，尽量避免网络拥塞，减小网络中的冲突，从而缩小网络诱导时延，减少数据包在传输过程中丢包的概率。

（5）数据在网络中进行传输，首先要对信息进行编码和解码，由于网络中存在着大量的不确定因素，导致传输的数据不可避免地发生误码现象，使得发送的信息与接收到的信息之间存在着一定的误差。

另外，由于网络带宽的限制，网络化控制系统中还存在着单包传输和多包传输等问题。正是由于这些问题的存在，使得网络化控制系统的分析与优化设计变得十分困难。而且网络化控制系统的性能不仅仅依靠控制算法，还建立在好的网络运行质量上，因此考虑网络性能应该从控制与通信的角度对网络化控制系统进行合理地分析和协同设计。

## 1.4　国内外研究概况

在网络化控制系统带来诸多优点的同时，也给人们带来了许多新的挑战，由于通信网络的原因在控制回路中引入了时延、丢包、数据包时序错乱、量化误差等问题，将导致数据在传输时发生阻塞以致丢失，降低了信息传输的实时性。通信信道中存在的这些不利影响因素，将会降低网络化控制系统的鲁棒性[13-16]，更严重的将会导致系统不稳定[17-19]。因此，针对网络化控制系统中的这些新问题，必须相应地采用新方法、新理论来分析和研究网络化控制系统，即研究网络化控制系统的稳定性问题和性能问题。控制系统的稳定性和性能问题，一直是控制领域关注的两大主题。网络化控制系统的研究同样也是从稳定性和性能分析两个方面展开。

目前国内外许多学者针对网络化控制系统的稳定性问题进行相关研究，并取得了丰富的研究成果。主要研究包括基于信道参数（量化[20-22]、时延[23-26]、数据丢包[27-28]、带宽受限[29]、比特率限制[30]）建模以及稳定性的分析。关治洪等[31]基于脉冲混杂系统理论和方法研究了网络化控制系统在丢包和时滞情形下的建模分析与设计问题；郭戈等[32]采用模型的控制方法，考虑通信信道中的量化约束，研究基于模型的量化状态反馈网络化控制系统的稳定性问题，并且得到网络化控制系统稳定的充要条件；杨光红等[33]基于量化反馈控制研究了连续时间网络化控制系统稳定性问题，并且通过 Lyapunov 稳定性理论得到了网络化控制系统稳定的充分条件；Han 等[34]提出了基于时滞相关的分析方法，并给出了控制设计和滤波器设计的系列结果；费敏锐等[35]在网络先进控制理论与系统实现、分散、现场控制系统及其相关技术和应用方面得到了一些结果；田玉平等[36]研究带有随机数据包丢失和网络诱导时延的网络化控制系统的随机稳定性问题；彭晨等[37]通过在执行器端引入逻辑 ZOH 实现最新控制输入信号选择功能的网络化控制系统模型，并得到一种改进的包含非理想网络特征的网络化控制系统分析与综合方法；褚红燕[38]等基于量化约束研究网络化控制系统的稳定性问题，并基于 T-S 模型方法提出包含丢包、量化信息和时延的新的网络化控制系统模型，采用 Lyapunov 稳定性方法得到网络化控制系统的稳定条件；俞立等[39]研究了反馈通道和前向通道均存在随机长时延的一类网络化控制系统的性能控制问题；陈宁[40]等针对网络化控制系统同时具有控制输入和状态的两量化器的不确定性研究其稳定性问题，并且提出量化器参数和反馈控制器的设计方法，进一步得到网络化控制系统稳定的条件；柴利等[41]通过在传感器节点上先假设一个阈值，通过阈值将测量数据量化成多个比特，进而得到了无线传感器网络的多比特分布式在线优化的计算方法；杨春曦[42]针对网络化控制系统的时延特点建立时变时滞网络化控制系统模型，并采用 Lyapunov 稳定性理论、线性矩阵不等式技术和时滞系统的相关理论得到了网络化控制系统稳定条件，同时提出一种新的随机切换控制器用来镇定离散时间马尔可夫跳变线性系统；苏宏业[43]基于随机通信时延研究了一类无线网络化控制系统的稳定性问题，并采用参数模式相关的状态反馈控制器来实现；陈积明[44]研究了无线网络控制系统的控制性能在很大程度上取决于传感器到控制器和控制器到执行器两者间的数据传递质量；关新平[45]研究具有随机丢包的 Lipschitz 非线性无线网络化控制系统的稳定性问题；孙增圻[46]通过构造依赖于参数的 Lyapunov 函数方法，给出了基于时延、丢包和数据包时序错乱的无线网络控制系统的稳定条件；王涛[47]研究了无线网络化控制系统的迭代学习控制的收敛速度问题；Xu[48]针对有通信网络诱导时延和数据包丢失的网络化控制系统的稳定性问题进行了深入研究；杨春曦[49]考虑了网络化控制系统在网络诱导时延情况下的建模问题，并进一步研究了系统稳定性条件和控制器设计问题；严怀成[50]考虑变时滞和多数据包丢失的情况下研究网络化控制系统的H∞控制问题，并得到系统满足均方意义下指数稳定充分条件；Donkers[51]考虑时变传输间隔、时变传输时延和数据包丢失的影响来研究网络化系统的稳定性，并得出系统稳定的条件；杨园华[52]考虑了网络控制系统在随机测量时滞情况下的最优估计问题。其他主要工作见文献[53]～[56]。

充分考虑网络运行性能、控制需求等多重因素的影响，从控制与通信的角度对网络化控制系统合理地分析和设计，是网络化控制系统实用化所必需的理论基础和

技术支撑。因此研究网络化控制系统的最优性能与优化设计问题就显得十分重要。所谓网络化控制系统的最优性能是指由被控系统结构上的本质特征和通信网络参数而决定的系统所能达到的最佳性能值。网络化控制系统输出跟踪参考输入精度的极限问题如图 1.5 所示。在图 1.5 中，$r$ 为参考输入信号，$K$ 为控制器，$G$ 为被控对象，$y$ 为系统输出，所研究的问题是设计控制器 $K$ 使得网络化系统输出 $y$ 尽可能地跟踪参考输入 $r$，性能指标可以选取 $J = \|r - y\|_2^2$，网络化控制系统性能极限 $J^* = \inf\limits_{K \in \mathcal{K}} J$，其中 $\mathcal{K}$ 是所有使网络化控制系统稳定的控制器组成的集合。网络化控制系统的最优跟踪性能可以表示为

$$J^* = f(z_i, p_i, \eta_i, \omega_i, \gamma, \varphi)$$

其中，$z_i$、$p_i$、$\eta_i$、$\omega_i$、$\gamma$ 和 $\varphi$ 分别表示给定对象的非最小相位零点、不稳定极点、零点方向、极点方向、输入信号特性和网络通信参数引起的新约束。

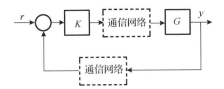

图 1.5　单自由度网络化控制系统结构图

目前国内外学者关于网络化控制系统的最优性能研究已经取得一些成果。国外学者 Rojas[57]基于输入扰动和信噪比约束下研究反馈控制系统的跟踪性能极限问题；Li[58]基于编码设计研究线性时不变控制系统的最优跟踪性能问题；Silva[59]基于单通道信噪比限制下研究网络化控制系统的最优设计和跟踪性能问题。在国内，关治洪[60-61]等研究了高斯噪声和脉冲扰动等干扰因素对网络化控制系统跟踪性能极限的影响，同时也考虑了信道中可传输有用信号的能量约束问题；丁李等[62]基于高斯白噪声约束研究控制系统跟踪性能极限问题，考虑的输入信号为随机信号，多输入多输出离散控制系统的最优跟踪性能为

$$J^* = \sum_{i=1}^{N_s} \left( \frac{|s_i|^2 - 1}{|1 - s_i|^2} \sum_{j=1}^{n} \sigma_j^2 \cos^2 \angle(\eta_i, e_j) \right) + \sum_{i,j=1}^{N_p} \frac{(|p_i|^2 - 1)(|p_j|^2 - 1)}{(1 - \bar{p}_i)(1 - p_j)(\bar{p}_i p_j - 1)}$$
$$\times [\omega_i^H H_i^H U^H (I - L^{-1}(p_i))^H (I - L^{-1}(p_j)) U H_j \omega_j \omega_j^H G_j^H G_i \omega_i]$$

其中

$$U = \mathrm{diag}(\sigma_1, \cdots, \sigma_n), \quad G_i = \left( \prod_{k=1}^{i-1} F_k(p_i) \right)^{-H}, \quad H_i = \left( \prod_{k=i+1}^{N_p} F_k(p_i) \right)^{-1}$$

$$F_i(z) = I - \frac{|p_i|^2 - 1}{1 - p_i} \frac{z - 1}{1 - \overline{p}_i z} \omega_i \omega_i^H$$

这里 $U$ 为高斯白噪声方差；王后能等[63]基于能量限制研究单输入单输出反馈控制系统性能极限问题；陈超洋等[64]基于能量限制研究多输入多输出反馈控制系统性能极限问题；苏为洲等[65]近年来研究了对数量化器对单通道网络化控制系统跟踪性能极限的影响，研究结果指出量化误差严重影响网络化控制系统最优跟踪性能；赵维佺等[66]基于网络化控制系统的带宽有限和静态分配方法无法充分利用带宽的问题提出了通过优化控制性能指标来分配网络带宽的动态策略；沈艳等[67]根据网络化控制系统中采样周期和控制性能以及网络运行性能的相互关系和信息的实时性，提出一种基于神经网络预测原理和反馈控制的智能动态调度方法；丁李在文献[68]中分别研究连续控制系统和离散控制系统跟踪随机信号性能极限问题，并且还考虑了在通信信道高斯白噪声影响下研究控制系统跟踪性能极限问题，最后考虑在通信信道基本参量量化约束下研究网络化控制系统跟踪性能极限问题，所有研究结果表明系统的跟踪性能极限由控制系统的固有特性和通信信道参数决定；詹习生在文献[69]中系统的研究了基于通信约束的网络化控制系统最优跟踪性能问题，在文献[70]、[71]中基于数据丢包分析网络化控制系统稳定性和性能极限，在文献[72]～[75]中基于网络诱导时延分析了网络化控制系统性能极限，在文献[76]、[77]中基于网络容量分析了网络化控制系统性能极限，在文献[78]、[79]中基于网络带宽分析了网络化控制系统性能极限，在文献[80]、[81]中基于网络编码解码分析了网络化控制系统性能极限，在文献[82]中基于网络量化分析了网络化控制系统性能极限，在文献[83]、[84]中基于双向通道白噪声分析了网络化控制系统性能极限，在文献[85]中介绍了网络化控制系统修改跟踪性能指标时性能极限，在文献[86]中基于扰动约束分析了网络化控制系统跟踪性能极限。

以上简要概述了近年来网络化控制系统性能分析与设计方面的主要研究成果及研究方法，其中部分内容将在以后章节中进行详细介绍，其他研究成果读者可以根据书中参考文献进行查阅。

## 1.5　本书的主要内容

本书介绍作者和国内外学者近年来在通信网络参数约束下，研究网络化控制系统的性能极限与设计方面的成果。内容共分九章进行介绍。

第 1 章绪论简要说明了控制系统性能极限、网络化控制系统的特点和基本问题，以及国内外研究现状。

第 2 章介绍基于数据丢包的网络化控制系统稳定性及性能极限。内容包括：介绍了通信网络带宽和数据丢包约束下网络化控制系统稳定性条件；讨论了数据丢包约束下单输入单输出网络化控制系统跟踪性能极限。

第 3 章介绍基于诱导时延约束研究单输入单输出网络化控制系统跟踪性能极限。内容包括：基于诱导时延约束连续网络化控制系统跟踪性能极限；基于诱导时延约束离散网络化控制系统跟踪性能极限；基于诱导时延和带宽约束网络化控制系统跟踪性能极限；基于诱导时延和信道能量输入受限的网络化控制系统跟踪性能极限。

第 4 章介绍基于网络容量约束网络化控制系统跟踪性能极限。内容包括：前向通道网络容量受限网络化控制系统跟踪性能极限；单自由度控制器和双自由度控制器作用下反馈通道网络容量受限网络化控制系统跟踪性能极限。

第 5 章介绍了基于带宽约束网络化控制系统跟踪性能极限。内容包括：基于通信带宽约束和信道编码优化设计研究多输入多输出网络化控制系统性能极限。

第 6 章介绍了基于编码解码影响网络化控制系统跟踪性能极限。内容包括：基于编码解码和白噪声影响网络化控制系统跟踪性能极限；基于带宽和编码解码影响网络化控制系统跟踪性能极限。

第 7 章介绍了基于量化影响网络化控制系统跟踪性能极限。内容包括：基于量化影响多变量网络化控制系统跟踪性能极限；基于量化影响和信道能量受限多变量网络化控制系统跟踪性能极限；基于量化和丢包约束网络化控制系统跟踪性能极限。

第 8 章介绍了双通道白噪声影响网络化控制系统跟踪性能极限。内容包括：基于双向通道白噪声和编码约束多变量网络化控制系统性能极限；基于双向通道白噪声约束单输入单输出网络化控制系统跟踪性能极限。

第 9 章介绍了基于白噪声影响网络化控制系统修改跟踪性能极限。内容包括：单自由度补偿器下控制系统修改跟踪性能极限；双自由度补偿器下控制系统修改跟踪性能极限。

# 参 考 文 献

[ 1 ] 邱占芳, 张庆灵, 杨春雨. 网络控制系统分析与控制. 北京: 科学出版社, 2009.

[ 2 ] Baxevanos I S, Labridis D P. Implementing multiagent systems technology for power distribution network control and protection management. IEEE Transactions on Power Delivery, 2007, 22(1): 433-443.

[ 3 ] 戴冠中, 郑应平. 网络化系统及其建模、分析、控制与优化. 自动化学报, 2002, 28(S1): 60-65.

[ 4 ] Zhang W L, Bae J, Tomizuka M. Modified preview control for a wireless tracking control system with packet loss. IEEE/ASME Transactions on Mechatronics, 2015, 20(1): 299-307.

[ 5 ] 王飞跃, 王成红. 基于网络控制的若干基本问题的思考和分析. 自动化学报, 2002, 28(S1): 171-176.

[ 6 ] Francis B A. A Course in H∞ Control Theory. Berlin: Springer-Verlag, 1987.

[ 7 ] Su W Z, Qiu L, Chen J. Fundamental limit of discrete-time systems in tracking multi-tone

sinusoidal signals. Automatica, 2007, 43(1): 15-30.

[ 8 ] Chen J, Qiu L, Toker O. Limitations on maximal tracking accuracy. IEEE Transactions on Automatic Control, 2000, 45(2): 326-331.

[ 9 ] Peters A, Salgado M, Silva E. Performance bounds in linear control of unstable MIMO systems with pole location constraint. Systems & Control Letters, 2008, 57(5): 392-399.

[10] 王后能. 控制系统性能优化分析与设计限制研究 [博士学位论文]. 武汉: 华中科技大学, 2009.

[11] 岳东, 彭晨, Han Q L. 网络控制系统的分析与综合. 北京: 科学出版社, 2007.

[12] 张庆灵, 邱占芝. 网络控制系统. 北京: 科学出版社, 2007.

[13] Wu M, Zhao H, Liu G P. Networked control and supervision system based on LonWorks fieldbus and Intranet/Internet. Journal of Central South University of Technology, 2007, 14(2): 260-265.

[14] Yang L, Guan X P, Long C N, et al. Analysis and design of wireless networked control system utilizing adaptive coded modulation. Acta Automatica Sinica, 2009, 35(7): 911-918.

[15] Goodwin G, Haimovich H, Quevedo D E, et al. A moving horizon approach to networked control system design. IEEE Transactions on Automatic Control, 2004, 49(9): 1427-1445.

[16] Wai R J, Chu C C. Robust petri fuzzy-neural-network control for linear Induction motor drive. IEEE Transactions on Industrial Electronics, 2007, 54(1): 177-189.

[17] Tipsuwan Y, Chow M Y. On the gain scheduling for networked PI controller over IP network. IEEE/ASME Transactions Mechatronics, 2004, 50(5): 491-498.

[18] 阮玉斌, 王武, 杨富文. 具有测量数据丢失的网络化系统的故障检测滤波. 控制理论与应用, 2009, 26(3): 291-295.

[19] 喻寿益, 陈学一. 存在随机延时的网络控制系统的性能分析. 中南大学学报: 自然科学版, 2008, 39(4): 96-108.

[20] Gao H J, Meng X Y, Chen T W, et al. Stabilization of networked control systems via dynamic output-feedback controllers. SIAM Journal on Control and Optimization, 2010, 48(5): 3643-3658.

[21] Peng C, Tian Y C. Networked H∞ control of linear systems with state quantization. Information Sciences, 2007, 177(24): 5763-5774.

[22] Fu M Y, Xie L H. The sector bound approach to quantized feedback control. IEEE Trans on Automatic Control, 2005, 50(11): 1698-1711.

[23] 郭亚锋, 李少远. 网络控制系统的 H∞ 状态反馈控制器设计. 控制理论与应用, 2008, 25(3): 414-420.

[24] Ye X, Liu S, Liu P X. Modeling and stabilisation of networked control system with packet loss and time-varying delays. IET Control Theory Application, 2010, 4(6): 1094-1100.

[25] 李炜, 曹慧超, 陈旭辉. 具有快变时延的网络化控制系统完整性设计. 兰州理工大学学报,

2010, 36(3): 91-96.

[26] 杨丽, 关新平, 罗小元. 具有包丢失和时延的网络控制系统的随机稳定性. 吉林大学学报, 2010, 40(1): 129-135.

[27] Xiong J L, Lam J. Stabilization of linear systems over networks with bounded packet loss. Automatica, 2009, 43(1): 80-87.

[28] Mehrdad S B, Chen T W, Sirish L. Optimal H∞ filtering in networked control systems with multiple packet dropouts. Systems and Control Letters, 2008, 57(9): 696-702.

[29] Rojas A J, Braslavsky H, Middleton H. Fundamental limitations in control over a communication channel. Automatica, 2008, 44(12): 3147-3151.

[30] Li T, Fu M Y, Xie L H, et al. Distributed consensus with limited communication data rate. IEEE Transactions on Automatic Control, 2011, 56(2): 279-292.

[31] Huang J, Guan Z H, Wang Z D. Stability of networked control systems based on model of discrete-time interval system with uncertain delay. Dynamics of Continuous Discrete and Impulsive Systems B-Applications & Algorithms, 2004, 11:35-44.

[32] 王志文, 潘纬, 郭戈. 一类网络控制系统的稳定性分析. 控制与决策, 2008, 23(11): 1311-1315.

[33] 刘英英, 杨光红. 量化的连续时间网络控制系统的 H∞ 控制. 东北大学学报, 2010, 31(4): 457-460.

[34] Han Q L. Network-based robust filtering for uncertain linear systems. IEEE Trans on Signal Processing, 2006, 54(10): 4293-4301.

[35] Fei M, Yi J, Hu H. Robust stability analysis of an uncertain nonlinear networked control system category. International Journal of Control Automation & Systems, 2006, 4(2): 172-177.

[36] 张亚, 田玉平. 带随机分布时延的网络控制系统预估补偿控制. 东南大学学报: 自然科学版, 2010, 40(1): 130-135.

[37] 彭晨, 田恩刚. 一种改进的具有非理想网络状况的网络控制系统分析与综合方法. 自动化学报, 2010, 36(1): 188-192.

[38] 褚红燕, 费树岷, 岳东. 基于 T-S 模型的非线性网络控制系统的量化保成本控制. 控制与决策, 2010, 25(1): 31-37.

[39] 俞立, 吴玉书, 宋洪波. 具有随机长时延的网络控制系统保性能控制. 控制理论与应用, 2010, 27(8): 985-990.

[40] 陈宁, 翟贵生, 桂卫华, 等. 不确定关联网络系统分散 H∞ 量化控制. 控制与决策, 2010, 25(1): 59-64.

[41] 骆吉安, 柴利, 王智. 无线传感器网络中基于多比特量化数据的滚动时域状态估计. 电子与信息学报, 2009, 31(12): 2819-2823.

[42] 杨春曦. 基于随机切换的网络系统分析与控制 [博士学位论文]. 武汉: 华中科技大学, 2009.

[43] Sun T, Su H Y, Wu Z. State feedback control for discrete-time markovian jump systems with random communication time delay. Asian Journal of Control, 2014, 16(1): 296-302.

[44] Xin K F, Cao X H, Chen J M, et al. Optimal controller location in wireless networked control systems. International Journal of Robust and Nonlinear Control, 2015, 25(2): 301-319.

[45] 罗小元, 李娜, 徐奎, 等. 具有随机丢包的非线性网络化控制系统鲁棒故障检测. 控制与决策, 2013, 28(10): 1598-1600.

[46] 李洪波, 邓建球, 孙增圻, 等. 网络控制系统的时延相关状态反馈控制器设计. 控制理论与应用, 2010, 29(10): 1325-1330.

[47] Huang L X, Fang Y, Wang T. Method to improve convergence performance of iterative learning control systems over wireless networks in presence of channel noise. IET Control Theory and Applications, 2014, 8(3):175-182.

[48] Xu H, Jagannathan S, Lewis F L. Stochastic optimal control of unknown linear networked control system in the presence of random delays and packet losses. Automatica, 2012, 48(6): 1017-1030.

[49] 杨春曦, 关治洪, 黄剑, 等. 时延加权融合技术的无线传感器网络控制. 控制理论与应用, 2011, 28(2): 157-165.

[50] 严怀成, 苏阵阵, 杨富文, 等. 具有时变时滞和多包丢失的网络控制系统量 H∞ 控制. 控制理论与应用, 2013, 30(4): 469-474.

[51] Donkers M F, Heemels W H, Bernardini D. Stability analysis of stochastic networked control systems. Automatica, 2012, 48(5): 817-925.

[52] 杨园华, 韩春艳, 刘晓华. 有界随机测量时滞的网络控制系统的最优估计. 控制理论与应用, 2014, 31(2): 181-187.

[53] 张勇, 唐功友, 赵友刚. 一类大时滞非线性网络控制系统的 H∞ 保成本控制. 控制理论与应用, 2009, 26(7): 800-804.

[54] 马卫国, 邵诚. 网络控制系统随机稳定性研究. 自动化学报, 2007, 33(8): 878-882.

[55] 张喜民, 李建东, 陈实. 具有时延和数据包丢失的网络控制系统稳定性. 控制理论与应用, 2007, 24(3): 494-497.

[56] 王永强, 叶昊, Ding S, 等. 带有传输受限和随机丢包的网络化控制系统的故障检测方法研究. 自动化学报, 2009, 35(9): 1230-1234.

[57] Rojas A J. Signal-to-noise ratio performance limitations for input disturbance rejection in output feedback control. Systems & Control Letters, 2009, 58(5): 353-358.

[58] Li Y Q, Tuncel E. Optimal tracking and power allocation over an additive white noise channel. IEEE International Conference on Control and Automation, 2009: 1541-1546.

[59] Silva E I, Quevedo D E, Goodwin G C. Optimal controller design for networked control systems // Proceedings of World Congress the International Federation of Automatic Control, Seoul, 2008.

[60] Wang H N, Guan Z H, Ding L, et al. Tracking and disturbance rejection for networked feedback

systems under control energy constraint // Proceedings of the 27th Chinese Control Conference, Kunming, 2008: 578-581.

[61] 王后能, 关治洪, 丁李. 脉冲干扰下网络反馈系统的性能极限. 华中科技大学学报: 自然科学版, 2009, 37(10): 36-39.

[62] Ding L, Guan Z H, Wang H N, et al. Tracking under additive white gaussian noise effect. IET Control Theory & Applications, 2010, 4(11): 2471-2478.

[63] Wang H N, Ding L, Guan Z H, et al. Limitations on minimum tracking energy for SISO plants // Proceedings of Chinese Control and Decision Conference, Guilin, 2009: 1443-1448.

[64] Guan Z H, Chen C Y, Feng G, et al. Optimal tracking performance limitation of networked control systems with limited bandwidth and additive colored white Gaussian noise. IEEE Transactions on Circuits and Systems I: Regular Papers, 2013, 60(1): 189-198.

[65] Qi T, Su W Z. Optimal tracking design for a linear system with a quantized control input // Proceedings of the 27th Chinese Control Conference, Kunming, 2008: 437-441.

[66] 赵维佺, 李迪. 网络化运动控制系统的动态带宽分配策略. 控制理论与应用, 2010, 27(8): 1023-1029.

[67] 沈艳, 郭兵. 网络控制系统变采样周期智能动态调度策略. 四川大学学报, 2010, 42(1): 162-167.

[68] 丁李. 网络系统的性能分析与控制研究 [博士学位论文]. 武汉: 华中科技大学, 2010.

[69] 詹习生. 基于通信约束的网络化控制系统最优性能研究 [博士学位论文]. 武汉: 华中科技大学, 2012.

[70] 詹习生, 吴杰, 关治洪, 等. 基于丢包和带宽限制网络化系统稳定性分析. 控制理论及应用, 2014, 31(8): 1111-1115.

[71] Zhan X S, Guan Z H, Zhang X H, et al. Optimal tracking performance and design of networked control systems with packet dropout. Journal of the Franklin Institute, 2013, 350(10): 3205-3216.

[72] 詹习生, 关治洪, 吴博. 网络化控制系统最优跟踪性能. 华中科技大学学报: 自然科学版, 2010, 38(12): 48-51.

[73] Zhan X S, Guan Z H, Zhang X H, et al. Optimal performance of SISO discrete-time systems based on network-induced delay. European Journal of Control, 2013, 19(1): 37-41.

[74] Zhan X S, Li T, Guan Z H, et al. Performance limitation of networked systems with network-induced delay and packet-dropout constraints. Asian Journal of Control, 2015, 17(6): 2452-2459.

[75] Zhan X S, Guan Z H, Zhang X H, et al. Best tracking performance of networked control systems based on communication constraints. Asian Journal of Control, 2014, 16(4): 1155-1163.

[76] Zhan X S, Guan Z H, Zhang X H, et al. Optimal performance of networked control systems over limited communication channels. Transactions of the Institute of Measurement and Control, 2014, 36(5): 637-643.

[77] Zhan X S, Guan Z H, Fuan F S, et al. Performance analysis of networked control systems based on SNR constraints. International Journal of Innovative Computing Information and Control, 2012, 8(12): 8287-8298.

[78] Zhan X S, Guan Z H, Zhang X H, et al. Optimal tracking performance of MIMO control systems with communication constraints and a code scheme. International Journal of Systems Science, 2015, 46(3): 464-473.

[79] Guan Z H, Zhan X S, Feng G. Optimal tracking performance of MIMO discrete-time systems with communication constraints. International Journal of Robust and Nonlinear Control, 2012, 22(13): 1429-1439.

[80] Zhan X S, Wu J, Jiang T, et al. Optimal performance of networked control systems under the packet dropouts and channel noise. ISA Transactions, 2015, 58(5): 214-221.

[81] Zhan X S, Sun X X, Li T, et al. Optimal performance of networked control systems with bandwidth and coding constraints. ISA Transactions, 2015, 59(6): 172-179.

[82] Zhou Z J, Wu J, Zhan X S, et al. Performance limitation of networked control systems with packet dropouts and quantization. ICIC Express Letters, 2016, 10(1): 287-294.

[83] 詹习生, 关治洪, 吴杰, 等. 多变量网络化系统跟踪性能极限. 控制理论与应用, 2013, 30(4): 503-507.

[84] 吴杰, 詹习生, 张先鹤, 等. 基于通信约束网络化控制系统最优性能. 信息与控制, 2012, 41(6): 702-707.

[85] Sun X X, Wu J, Zhan X S, et al. Optimal modified tracking performance for MIMO systems under bandwidth constraint. ISA Transactions, 2016, 62(2): 145-153.

[86] Zhan X S, Guan Z H, Liao R Q, et al. Optimal performance in tracking stochastic signal under disturbance rejection. Asian Journal of Control, 2012, 14(6): 1608-1616.

# 第 2 章 基于数据丢包网络化控制系统的
# 稳定性及性能极限

## 2.1 引 言

近年来，网络化控制系统已广泛应用于许多领域，如工业自动化、分布式移动通信、无人机等[1-2]。在网络化控制系统带来很多方便的同时，也带来了许多新的挑战。在网络化控制系统中，数据是通过通信网络传输的，而通信网络的带宽和信道容量（信噪比）有限，就会产生数据包丢失和延时的问题，这些问题往往会导致系统性能下降，甚至导致系统不稳定。而传统的控制理论技术不能简单的应用于网络化控制系统，面对现有网络化控制系统中出现的新问题，就应该采用新的分析方法来研究和设计网络化控制系统。目前国内外许多学者都是从状态空间的角度来研究网络化控制系统的稳定性问题，并通过求解线性不等式的方法来获得系统稳定的条件。在实际网络化控制系统通信过程中，通道里传输的信号都是用其频域特性来描述的，然而采用频域分析方法来分析网络化控制系统稳定性问题的研究却很少。目前采用频域方法研究网络化系统性能已经取得一些成果[3-4]，研究所得到的结果均表明网络化控制系统稳定所需的值由系统内部结构特征和网络通道参数决定。关治洪等[5]基于通信网络带宽的限制和噪声影响研究多变量多通道网络化系统的最优性能问题；作者等[6]指出多变量离散控制系统的最优跟踪性能是由系统的基本特征和网络通道的带宽决定；Rojas 等[7]基于信噪比和时延影响研究网络控制系统的稳定性问题；Rojas 等[8]基于带宽的约束研究不稳定时滞系统的稳定性问题。因此采用频域分析方法来研究网络化控制系统的相关问题具有很大的优势。

本章介绍了基于数据丢包约束的网络化控制系统稳定性条件和性能极限值。在 2.2 节中介绍了基于数据丢包约束的网络化控制系统稳定性分析[9]，给出了网络化控制系统稳定所需的条件。在 2.3 节中介绍了基于数据丢包约束的网络化控制系统性能极限[10]，并给出了网络化控制系统在数据丢包条件下的性能极限值。在 2.4 节中给出了本章的结论和讨论。

## 2.2　基于数据丢包的网络化控制系统稳定性分析

### 2.2.1　问题描述

　　这里模型考虑传感器与控制器之间相距很远，数据通过网络传输，并且同时考虑通信网络带宽、数据包丢失和通道加性白噪声（AWN）的影响。这些因素对无线通信系统和网络化控制系统中数据的传输存在着重要的影响。虽然可以对系统中通信和控制协议进行优化，但是仍然不能保证网络化控制系统绝对稳定。基于上述分析，本节将研究通信网络带宽、数据丢包和白噪声影响下的网络化控制系统的稳定性问题。控制系统框图如图 2.1 所示。在图 2.1 中，$G$ 代表对象的模型，$K$ 代表单自由度补偿器，$y$ 代表系统输出，$G(s)$、$K(s)$ 和 $Y(s)$ 分别代表它们的传递函数。通道网络的特征分别通过网络带宽 $H$、数据丢包 $d_r$ 和白色噪声 $n$ 体现。$H(s)$ 表示网络带宽 $H$ 的传递函数。

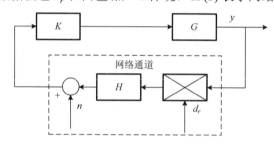

图 2.1　网络化控制系统结构图

　　这里假设 $H(s)$ 是稳定的、最小相位的传递函数，结合实际情况，采用线性时不变巴特沃斯低通滤波器来模拟通信网络的带宽 $H(s)$。

　　数据丢包过程可以用一个伯努利分布的随机过程 $d_r$ 来模拟。

$$d_r = \begin{cases} 0, & \text{如果系统输出的数据没有成功传给控制器} \\ 1, & \text{如果系统输出的数据成功传给控制器} \end{cases}$$

并且 $d_r$ 的分布概率为 $P\{d_r=1\}=1-\alpha$，$P\{d_r=0\}=\alpha$，$0 \leqslant \alpha < 1$，$\alpha$ 表示数据包丢失的概率。在后面的分析中，假设数据丢包过程与加性白噪声是完全独立的。

　　**引理 2.1**[11]　假设 $x, y, z$ 是均值为零的广义平稳过程标量，$d_r$ 是一个独立的序列并且用参数 $q$ 表示同分布的伯努利随机变量，$G(s)$ 是一个合适的线性时不变系统的传递函数，然后有：

　　如果 $y = x + z$，则 $S_{yw}(j\omega) = S_{xw}(j\omega) + S_{zw}(j\omega)$，

　　如果 $y = G(s)x$，则 $S_{yw}(j\omega) = G(j\omega)S_{xw}(j\omega)$，

　　如果 $y = G(s)d_r x$，则 $S_{yw}(j\omega) = qG(j\omega)S_{xw}(j\omega)$。

一般通信网络通道的输入能量都是受限的，即

$$E\left\{\|Y\|^2\right\} < \varGamma$$

其中，$\varGamma$ 为网络通道的输入能量的最大值。

要使网络化控制系统达到稳定，通信网络通道的输入能量必须大于某个极限值，即通信网络通道的信噪比必须大于某个极限值，这个值就是网络化控制系统稳定所需信噪比的极限值。为了得到使网络化控制系统稳定所需信噪比的极限值，我们首先推导出系统输出功率谱密度的表达式。根据图 2.1 可得

$$Y = (Yd_rH + n)GK \tag{2.1}$$

首先定义 $S_Y(j\omega)$ 为通信网络通道的输出频率特性，$S_{nY}(j\omega)$ 为通信网络通道的白噪声到系统输出的频率特性。根据文献[12]的方法，式（2.1）可以变为

$$S_Y(j\omega) = \frac{G(j\omega)K(j\omega)}{1 - (1-\alpha)H(j\omega)G(j\omega)K(j\omega)} S_{nY}(j\omega)$$

根据文献[12]可以进一步得到

$$E\left\{\|Y\|^2\right\} = P = \left\|\frac{KG}{1 - HK(1-\alpha)G}\right\|_2^2 \varPhi$$

这里 $P$ 表示通信网络通道的输入能量，$\varPhi$ 表示白噪声的功率谱密度。定义网络通道信噪比 $\gamma = \dfrac{P}{\varPhi}$，因此系统稳定所需信噪比应该满足

$$\left\|\frac{KG}{1 - HK(1-\alpha)G}\right\|_2^2 < \frac{P}{\varPhi} \tag{2.2}$$

## 2.2.2　网络化控制系统稳定性分析

对于任意的传递函数 $(1-\alpha)HG$，都可以将 $(1-\alpha)HG$ 进行互质分解，其结果可以表示为

$$(1-\alpha)HG = \frac{N}{M} \tag{2.3}$$

其中，$N$，$M \in \mathbb{RH}_\infty$，且满足 Bezout 恒等式[13]

$$MX - NY = 1 \tag{2.4}$$

其中，$X$，$Y \in \mathbb{RH}_\infty$。根据 Francis[14]中的结论可知，所有使系统稳定的补偿器集合 $\mathcal{K}$ 可以用 Youla 参数化表示为

$$\mathcal{K} := \left\{K : K = \frac{(Y - MQ)}{X - NQ}, \quad Q \in \mathbb{RH}_\infty\right\} \tag{2.5}$$

众所周知，一个非最小相位传递函数可以分解成一个最小相位部分和一个全通因子[12]。则

$$N = (1-\alpha)HL_z N_m, \qquad M = B_p M_m \tag{2.6}$$

其中，$L_z$ 和 $B_p$ 为全通因子，$N_m$ 和 $M_m$ 是最小相位部分，$L_z$ 包括了给定对象所有非最小相位零点 $z_i \in \mathbb{C}_+$，$i = 1, \cdots, n$，$B_p$ 包括了给定对象所有不稳定的极点 $p_j \in \mathbb{C}_+$，$j = 1, \cdots, m$ [14]。$L_z$ 和 $B_p$ 可以表示为

$$L_z(s) = \prod_{i=1}^{n_s} \frac{s - z_i}{s + \overline{z}_i}, \quad B_p(s) = \prod_{j=1}^{m} \frac{s - p_j}{s + \overline{p}_j} \tag{2.7}$$

**定理 2.1**　考虑如图 2.1 所示的网络化控制系统，假设被控对象有不稳定极点 $p_j \in \mathbb{C}_+$，$j = 1, \cdots, m$ 和非最小相位零点 $z_i \in \mathbb{C}_+$，$i = 1, \cdots, n$，则要使网络化控制系统稳定，必须使通信网络通道的信噪比满足

$$\frac{P}{\Phi} > \frac{1}{(1-\alpha)^2} \sum_{j,i \in m} \frac{4\mathrm{Re}(p_j)\mathrm{Re}(p_i)}{\overline{p}_j + p_i} \frac{L_z^{-1}(p_i)L_z^{-H}(p_j)}{H(p_j)H^H(p_i)\overline{b}_j b_i} \tag{2.8}$$

其中，$b_j = \prod_{\substack{i \in N \\ i \neq j}} \frac{p_i - p_j}{p_j + \overline{p}_i}$。

证明：定义噪声和输出信号的传递函数为 $T_{yn}$，并且根据式（2.2）可以得到

$$T_{yn} = \frac{KG}{1 - HK(1-\alpha)G}$$

我们的目的就是得到 $\inf\limits_{K \in \mathcal{K}} \left\| \dfrac{KG}{1 - HK(1-\alpha)G} \right\|_2^2$。

根据式（2.2）、式（2.3）、式（2.4）和式（2.5），可得到

$$T_{yn} = (1-\alpha)^{-1} H^{-1}(Y - MQ)N$$

定义 $J_1^* = \inf\limits_{Q \in \mathbb{R}\mathcal{H}_\infty} \| T_{yn} \|_2^2$，则

$$J_1^* = \inf_{K \in \mathcal{K}} \left\| \frac{H^{-1}(Y - MQ)}{1 - \alpha} N \right\|_2^2 \tag{2.9}$$

因为 $L_z$ 是全通因子，根据式（2.6）和式（2.9），$J_1^*$ 可化为

$$J_1^* = \inf_{K \in \mathcal{K}} \| (Y - MQ)N_m \|_2^2$$

因为 $B_p$ 是全通因子，$J_1^*$ 可以进一步化为

$$J_1^* = \inf_{K \in \mathcal{K}} \left\| \frac{N_m Y}{B_p} - M_m N_m Q \right\|_2^2$$

根据部分分式分解有

$$\frac{N_m Y}{B_p} = \sum_{j \in m} \left( \frac{\overline{p}_j + s}{s - p_j} \right) \frac{N_m(p_j)Y(p_j)}{b_j} + R_1$$

其中 $R_1 \in \mathbb{R}\mathcal{H}_\infty$，$b_j = \prod_{\substack{i \in N \\ i \neq j}} \frac{p_i - p_j}{p_j + \overline{p}_i}$。因此

$$J_1^* = \inf_{Q \in \mathbb{R}\mathcal{H}_\infty} \left\| \sum_{j \in m} \left( \frac{\overline{p}_j + s}{s - p_j} \right) \frac{N_m(p_j)Y(p_j)}{b_j} + R_1 - N_m Q M_m \right\|_2^2$$

$$= \inf_{Q \in \mathbb{R}\mathcal{H}_\infty} \left\| \sum_{j \in m} \left( \frac{\overline{p}_j + s}{s - p_j} - 1 \right) \frac{N_m(p_j)Y(p_j)}{b_j} + R_1 + \frac{N_m(p_j)Y(p_j)}{b_j} - N_m Q M_m \right\|_2^2$$

因为 $\sum_{j \in m} \left( \dfrac{\overline{p}_j + s}{s - p_j} - 1 \right) \dfrac{N_m(p_j)Y(p_j)}{b_j}$ 和 $R_1 + \dfrac{N_m(p_j)Y(p_j)}{b_j} - N_m Q M_m$ 分别是属于 $H_2^\perp$

空间和 $H_2$ 空间，则

$$J_1^* = \left\| \sum_{j \in m} \frac{2\,\mathrm{Re}(p_j)}{s - p_j} \frac{N_m(p_j)Y(p_j)}{b_j} \right\|_2^2 + \inf_{Q \in \mathbb{R}\mathcal{H}_\infty} \left\| R_1 + \frac{N_m(p_j)Y(p_j)}{b_j} - N_m Q M_m \right\|_2^2 \qquad (2.10)$$

根据式（2.4）和 $M(p_j) = 0$，可以得到

$$N_m(p_j)Y(p_j) = \frac{H^{-1}(p_j)L_z^{-1}(p_j)}{1 - \alpha} \qquad (2.11)$$

把式（2.11）代入式（2.10）可以得到

$$J_1^* = \left\| \sum_{j \in m} \frac{2\,\mathrm{Re}(p_j)}{s - p_j} \frac{H^{-1}(p_j)L_z^{-1}(p_j)}{(1 - \alpha)b_j} \right\|_2^2 + \inf_{Q \in \mathbb{R}\mathcal{H}_\infty} \left\| R_1 + \frac{H^{-1}(p_j)L_z^{-1}(p_j)}{(1 - \alpha)b_j} - N_m Q M_m \right\|_2^2$$

因为 $N_m$ 和 $M_m$ 是最小相位部分，同时 $R_1 \in \mathbb{R}\mathcal{H}_\infty$，$Q \in \mathbb{R}\mathcal{H}_\infty$，可以通过选择 $Q$

使得 $\inf\limits_{Q \in \mathbb{R}\mathcal{H}_\infty} \left\| R_1 + \dfrac{H^{-1}(p_j)L_z^{-1}(p_j)}{(1 - \alpha)b_j} - N_m Q M_m \right\|_2^2$ 任意小，即

$$\inf_{Q \in \mathbb{R}\mathcal{H}_\infty} \left\| R_1 + \frac{H^{-1}(p_j)L_z^{-1}(p_j)}{(1 - \alpha)b_j} - N_m Q M_m \right\|_2^2 = 0$$

因此

$$J_1^* = \left\| \sum_{j \in m} \frac{2\operatorname{Re}(p_j)}{s - p_j} \frac{H^{-1}(p_j)L_z^{-1}(p_j)}{(1-\alpha)b_j} \right\|_2^2$$

通过简单计算可以得到

$$J_1^* = \frac{1}{(1-\alpha)^2} \sum_{j,i \in m} \frac{4\operatorname{Re}(p_j)\operatorname{Re}(p_i)}{\overline{p}_j + p_i} \frac{L_z^{-1}(p_i)L_z^{-H}(p_j)}{H(p_j)H^H(p_i)\overline{b}_j b_i}$$

证明完毕。

定理 2.1 表明了网络化控制系统稳定所需信噪比的极限值是由系统的非最小相位零点的位置、不稳定极点的位置、通道带宽和丢包概率共同决定的。

## 2.2.3　数值仿真

例 2.1　考虑不稳定系统模型如下所示

$$G(s) = \frac{s-1}{s(s-2)(s+3)}$$

该传递函数是非最小相位的，并且含有一个不稳定的极点 $p_1 = 2$，一个非最小相位零点 $z_1 = 1$。网络数据丢包概率为 $\alpha \in (0,1)$。二阶滤波器被用来模拟网络通道带宽 $H(s)$。$H^1(s)$ 和 $H^2(s)$ 分别代表不同通道的带宽。

$$H^1(s) = \frac{400}{s^2 + 28.28s + 400}, \quad H^2(s) = \frac{6400}{s^2 + 113.1s + 6400}$$

根据定理 2.1，网络化控制系统稳定所需信噪比的极限值为

$$J^* = \frac{36}{(1-\alpha)^2 H(2)H^H(2)}$$

基于不同的丢包率和带宽的网络化控制系统稳定的极限值如图 2.2 所示。从图 2.2

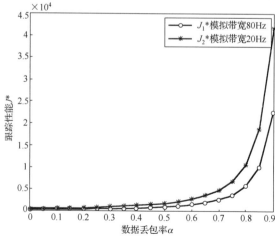

图 2.2　基于不同丢包率的系统稳定极限值

中可以看出，由于网络通道的带宽限制和数据丢包的影响，网络化控制系统稳定的极限值进一步增大，同时还可以看出，网络通道的带宽越宽，网络化控制系统稳定所需信噪比的极限值越小。

## 2.3　基于数据丢包的网络化控制系统性能极限

### 2.3.1　问题描述

上一节基于数据丢包和通信网络带宽的约束研究了网络化控制系统的稳定性问题，并给出了稳定性条件，但是数据丢包是如何影响网络化控制系统的跟踪性能的？下面介绍在反馈通道中存在数据丢包时，研究单输入单输出网络化控制系统的跟踪性能极限。为了分析问题的简单性，假设基于数据丢包的网络化控制系统模型如图 2.3 所示。

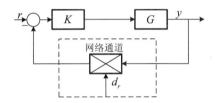

图 2.3　存在数据丢包的网络化控制系统结构图

在图 2.3 中，$G$ 表示被控对象模型，$K$ 表示单自由度补偿器，它们的传递函数分别为 $G(s)$ 和 $K(s)$，信号 $r$ 和 $y$ 分别表示的是参考信号和系统输出，它们的传递函数分别为 $R(s)$ 和 $Y(s)$，参考信号 $r$ 是高斯白噪声 $w$ 通过一个积分器产生的。随机参考信号模型经常运用于某些环境监测，并且在商业和经济领域中也得到了广泛的应用，因为信号通常具有随机特性，所以研究随机信号是十分有必要的。以 $\gamma^2$ 表示 $w$ 的功率谱密度，参数 $q$ 表示是否会发生数据丢包，定义与表示方法与上部分相同，同样，$r$ 和 $d_r$ 之间相互独立。

问题：如何得到网络化控制系统的跟踪性能极限？

给定一个参考输入信号 $r$，网络化控制系统的跟踪误差可以定义为 $e(t) = r(t) - y(t)$，根据图 2.3 可以得到

$$GK(r - d_r y) = y \tag{2.12}$$

然后有

$$e = r - GK(r - d_r y) \tag{2.13}$$

因此，根据引理 2.1 可以得到如下代数式

$$S_e(j\omega) = \frac{1+(1-q)K(j\omega)G(j\omega)-K(j\omega)G(j\omega)}{1+(1-q)K(j\omega)G(j\omega)}S_{re}(j\omega)$$

为了计算 $S_{re}(j\omega)$，我们进行如下步骤：根据式（2.13）和引理 2.1，可以得到

$$S_e(j\omega) = \frac{1+(1-q)K(j\omega)G(j\omega)-K(j\omega)G(j\omega)}{1+(1-q)K(j\omega)G(j\omega)}S_{re}(j\omega) \tag{2.14}$$

根据文献[12]，然后有

$$\sigma_e^2 = \left\| \frac{1+(1-q)K(s)G(s)-K(s)G(s)}{1+(1-q)K(s)G(s)}\gamma\frac{1}{s} \right\|_2^2 \tag{2.15}$$

定义 $J := \sigma_e^2$，在所有使系统稳定的控制器中，系统跟踪误差所能达到的最小值为跟踪性能极限 $J^*$，其表示如下

$$J^* = \inf_{K \in \mathcal{K}} \left\| \frac{1+(1-q)K(s)G(s)-K(s)G(s)}{1+(1-q)K(s)G(s)}\gamma\frac{1}{s} \right\|_2^2 \tag{2.16}$$

对于传递函数 $G$，对 $(1-q)G$ 作互质分解

$$(1-q)G = \frac{N}{M} \tag{2.17}$$

非最小相位部分传递函数可以分解成一个最小相位部分与全通因子的乘积[13]，因此有

$$N = (1-q)L_z N_n, \quad M = B_p M_m \tag{2.18}$$

其中，$L_z$ 和 $B_p$ 为全通因子，$N_n$ 和 $M_m$ 是最小相位部分，$L_z$ 包括被控对象 $z_i \in \mathbb{C}_+$，$i = 1,\cdots,n$ 所有右半平面零点，$B_p$ 包含被控对象 $p_j \in \mathbb{C}_+$，$j = 1,\cdots,m$ 所有右半平面极点[14]，然后有

$$L_z(s) = \prod_{i=1}^{n} \frac{\overline{z}_i}{z_i}\frac{z_i-s}{s+\overline{z}_i}, \quad B_p(s) = \prod_{j=1}^{m} \frac{\overline{p}_j}{p_j}\frac{p_j-s}{s+\overline{p}_j} \tag{2.19}$$

### 2.3.2　数据丢包下网络化控制系统跟踪性能极限与设计

如图 2.3 所示，考虑反馈通道中存在数据丢包的线性时不变反馈控制系统，根据式（2.14）、式（2.15）、式（2.16）、式（2.17）和式（2.18），可以得到

$$J = \left\| (1+(1-q)^{-1}NY-(1-q)^{-1}NQM)\gamma\frac{1}{s} \right\|_2^2 \tag{2.20}$$

根据式（2.16）和式（2.20），$J^*$ 可以表示为

$$J^* = \inf_{Q \in \mathbb{R}\mathcal{H}_\infty} \left\| (1+(1-q)^{-1}NY-(1-q)^{-1}NQM)\gamma\frac{1}{s} \right\|_2^2 \tag{2.21}$$

很明显，为了得到 $J^*$，必须选择一个适当的 $Q$。

**定理 2.2**　如果 $G(s)$ 可以分解成式（2.17）和式（2.18），可以得到

$$J^* = \sum_{i=1}^{n} \frac{2\,\mathrm{Re}(z_i)}{|z_i|^2}\gamma^2 + J_1^*\gamma^2$$

其中

$$J_1^* = \sum_{j,i\in N} \frac{4\mathrm{Re}(p_j)\mathrm{Re}(p_i)}{\overline{p}_j + p_i} \frac{(1-(1-q)^{-1}L_z^{-1}(p_i))(1-(1-q)^{-1}L_z^{-1}(p_j))^H}{p_j\overline{p}_i\overline{b}_j b_i},$$

$$b_j = \prod_{\substack{i\in N \\ i\neq j}} \frac{\overline{p}_j}{p_j} \frac{p_i - p_j}{p_j + \overline{p}_i}$$

最优跟踪控制器 $K^*$ 为

$$K^* = -\frac{(Y-MQ)}{X-NQ}$$

其中

$$Q = \frac{1-(1-q)^{-1}L_z^{-1}(p_j)}{b_j N_n M_m} + \frac{R_1(s)}{N_n M_m}$$

证明：将式（2.18）代入式（2.21），可以得到

$$J^* = \inf_{Q\in\mathbb{R}\mathcal{H}_\infty} \left\| (1 + L_z N_n Y - L_z N_n QM)\gamma\frac{1}{s} \right\|_2^2$$

因为 $L_z$ 是全通因子，因此有

$$J^* = \inf_{Q\in\mathbb{R}\mathcal{H}_\infty} \left\| (L_z^{-1} + N_n Y - N_n QM)\gamma\frac{1}{s} \right\|_2^2$$

所以

$$J^* = \inf_{Q\in\mathbb{R}\mathcal{H}_\infty} \left\| (L_z^{-1} - 1 + 1 + N_n Y - N_n QM)\gamma\frac{1}{s} \right\|_2^2$$

$$= \inf_{Q\in\mathbb{R}\mathcal{H}_\infty} \left\| (L_z^{-1} - 1)\gamma\frac{1}{s} + (1 + N_n Y - N_n QM)\gamma\frac{1}{s} \right\|_2^2$$

注意到 $(L_z^{-1} - 1)\in H_2^{\perp}$，同时 $(1 + N_n Y - N_n QM)\in H_2$，所以有

$$J^* = \gamma^2 \left\| (L_z^{-1} - 1)\frac{1}{s} \right\|_2^2 + \gamma^2 \inf_{Q\in\mathbb{R}\mathcal{H}_\infty} \left\| (1 + N_n Y - N_n QM)\frac{1}{s} \right\|_2^2$$

根据文献[10]有

$$\left\| (L_z^{-1} - 1)\frac{1}{s} \right\|_2^2 = \sum_{i=1}^{n} \frac{2\,\mathrm{Re}(z_i)}{|z_i|^2}$$

又因为 $B_p$ 是全通因子，于是可以得到

$$J_1^* = \inf_{Q \in \mathbb{R}\mathcal{H}_\infty} \left\| \left( \frac{1 + N_n Y}{B_p} - N_n Q M_m \right) \frac{1}{s} \right\|_2^2$$

根据部分分式分解，有 $\dfrac{1 + N_n Y}{B_p} = \sum_{j \in N} \left( \dfrac{p_j}{\bar{p}_j} \dfrac{\bar{p}_j + s}{p_j - s} \right) \dfrac{1 + N_n(p_j) Y(p_j)}{b_j} + R_1(s)$，其中 $b_j =$

$\displaystyle\prod_{\substack{i \in N \\ i \neq j}} \dfrac{\bar{p}_j}{p_j} \dfrac{p_i - p_j}{p_j + \bar{p}_i}$，$R_1 \in \mathbb{R}\mathcal{H}_\infty$。

同时，还可以得到 $N_n(p_j) Y(p_j) = -(1-q)^{-1} L_z^{-1}(p_j)$，并且根据式（2.4）还可以得到 $M(p_j) = 0$。

因此，

$$
\begin{aligned}
J_1^* &= \inf_{Q \in \mathbb{R}\mathcal{H}_\infty} \left\| \left( \sum_{j \in N} \left( \frac{p_j}{\bar{p}_j} \frac{\bar{p}_j + s}{p_j - s} \right) \frac{1 - (1-q)^{-1} L_z^{-1}(p_j)}{b_j} + R_1(s) - N_n Q M_m \right) \frac{1}{s} \right\|_2^2 \\
&= \inf_{Q \in \mathbb{R}\mathcal{H}_\infty} \left\| \sum_{j \in N} \left( \frac{p_j}{\bar{p}_j} \frac{\bar{p}_j + s}{p_j - s} - 1 \right) \frac{1 - (1-q)^{-1} L_z^{-1}(p_j)}{b_j} \frac{1}{s} + \right. \\
&\qquad \left. \left( \frac{1 - (1-q)^{-1} L_z^{-1}(p_j)}{b_j} + R_1(s) - N_n Q M_m \right) \frac{1}{s} \right\|_2^2
\end{aligned}
$$

需要注意的是 $\left( \dfrac{1 - (1-q)^{-1} L_z^{-1}(p_j)}{b_j} + R_1(s) - N_n Q M_m \right) \in H_2$，并且 $\left( \dfrac{p_j}{\bar{p}_j} \dfrac{\bar{p}_j + s}{p_j - s} - 1 \right)$

$\in H_2^\perp$，所以有

$$
\begin{aligned}
J_1^* &= \left\| \sum_{j \in N} \left( \frac{p_j}{\bar{p}_j} \frac{\bar{p}_j + s}{p_j - s} - 1 \right) \frac{1 - (1-q)^{-1} L_z^{-1}(p_j)}{b_j} \frac{1}{s} \right\|_2^2 + \\
&\qquad \inf_{Q \in \mathbb{R}\mathcal{H}_\infty} \left\| \left( \frac{1 - (1-q)^{-1} L_z^{-1}(p_j)}{b_j} + R_1(s) - N_n Q M_m \right) \frac{1}{s} \right\|_2^2 \\
&= \left\| \sum_{j \in N} \frac{2 \operatorname{Re}(p_j)}{p_j - s} \frac{1 - (1-q)^{-1} L_z^{-1}(p_j)}{\bar{p}_j b_j} \right\|_2^2 + \\
&\qquad \inf_{Q \in \mathbb{R}\mathcal{H}_\infty} \left\| \left( \frac{1 - (1-q)^{-1} L_z^{-1}(p_j)}{b_j} + R_1(s) - N_n Q M_m \right) \frac{1}{s} \right\|_2^2
\end{aligned}
$$

又因为 $N_n$ 和 $M_m$ 都是外部函数且是最小相位部分，所以有

$$\inf_{Q \in \mathbb{R}\mathcal{H}_\infty} \left\| \left( \frac{1-(1-q)^{-1}L_z^{-1}(p_j)}{b_j} + R_1(s) - N_n Q M_m \right) \frac{1}{s} \right\|_2^2 = 0$$

通过选取一个适当的 $Q$ 使得表达式 $\dfrac{1-q^{-1}L_z^{-1}(p_j)}{b_j} + R_1(s) - N_n Q M_m$ 可以在 $H_2$ 中任意的小。如果没有适当的 $Q$,那么考虑选择 $Q_\varepsilon = Q/(\varepsilon s+1)^\delta$,这里 $\varepsilon \in \mathbb{R}^+, \delta \in \mathbb{Z}^+$。然后有

$$Q = \frac{1-(1-q)^{-1}L_z^{-1}(p_j)}{b_j N_n M_m} + \frac{R_1(s)}{N_n M_m}$$

得到最优跟踪控制器

$$K^* = -\frac{Y-MQ}{X-NQ}$$

通过简单的计算可以得到

$$J_1^* = \left\| \sum_{j \in N} \frac{2\operatorname{Re}(p_j)}{p_j - s} \frac{1-(1-q)^{-1}L_z^{-1}(p_j)}{\overline{p}_j b_j} \right\|_2^2$$

$$= \sum_{j,i \in N} \frac{4\operatorname{Re}(p_j)\operatorname{Re}(p_i)}{\overline{p}_j + p_i} \frac{(1-(1-q)^{-1}L_z^{-1}(p_i))(1-(1-q)^{-1}L_z^{-1}(p_j))^H}{p_j \overline{p}_i \overline{b}_j b_i}$$

证明完毕。

定理 2.2 详细说明了被控对象的非最小相位零点、不稳定极点是如何影响线性时不变单输入单输出网络化控制系统的跟踪性能。并且从定理 2.2 中同样可以看出网络通道中数据丢包的概率会从整体上降低系统的跟踪性能。

注 2.1　考虑如图 2.3 所示的网络化控制系统,所有的变量与第二部分相同。根据定理 2.2 可以得到:

(1) 如果 $q \to 0$,则有 $J^* \to \infty$。

(2) 如果 $q \to 1$,则有

$$J^* \to \gamma^2 \sum_{i=1}^n \frac{2\operatorname{Re}(z_i)}{|z_i|^2} + \gamma^2 \sum_{j,i \in N} \frac{4\operatorname{Re}(p_j)\operatorname{Re}(p_i)}{\overline{p}_j + p_i} \frac{(1-L_z^{-1}(p_i))(1-L_z^{-1}(p_j))^H}{p_j \overline{p}_i \overline{b}_j b_i}$$

其中

$$b_j = \prod_{\substack{i \in N \\ i \neq j}} \frac{\overline{p}_j}{p_j} \frac{p_i - p_j}{p_j + \overline{p}_i}$$

注 2.1 说明了当通信通道不存在时，系统的跟踪性能受限于被控对象的非最小相位零点和不稳定极点以及参考信号的特征。

### 2.3.3　数值仿真

为了验证定理 2.2 的正确性，我们考虑单输入单输出网络化控制系统在数据丢包下的跟踪性能极限。

**例 2.2**　考虑不稳定被控对象模型

$$G = \frac{s+k}{s(s-1)(s+3)}$$

其中，$k \in (-6, 0)$。

这个被控对象是非最小相位的，不稳定极点是 $p_1 = 1$。对于任意的 $k < 0$，都有非最小相位零点 $z_1 = -k$。

参考信号的功率谱密度是 $\gamma^2 = 1$。根据定理 2.2，可以得到跟踪性能极限的表达式为

$$J^* = \frac{2}{-k} + 2\left(1 + (1-q)^{-1}\frac{1-k}{1+k}\right)^2$$

单输入单输出网络化控制系统在不同的数据丢包率或非最小相位零点下的跟踪性能极限如图 2.4 所示。从图 2.4 中可以看出，反馈网络通道中的数据丢包率会影响系统的跟踪性能极限，同时也可以看出，当非最小相位零点与不稳定极点无限接近时，系统的跟踪性能极限将会变得无限大。当通信网络通道不存在时，跟踪性能极限仅仅依赖于被控对象的非最小相位零点和不稳定极点。

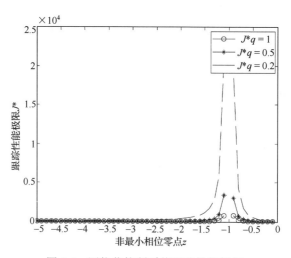

图 2.4　网络化控制系统跟踪性能极限

**例 2.3** 考虑一个单输入单输出系统，其传递函数如下所示

$$G(s) = \frac{s-3}{s(s-2)(s+1)}$$

该对象的非最小相位零点为 $s=3$，不稳定极点为 $s=2$。

选择参考信号的功率谱密度为 $\gamma^2 = 1$，则根据定理 2.2，可以得到

$$J^* = \frac{2}{3} + (1 - 5(1-q)^{-1})^2$$

随着通信网络的丢包率变化，单输入单输出网络化控制系统跟踪性能的极限如图 2.5 所示。图 2.5 所展示的正如定理 2.2 所说明的，数据丢包率会破坏系统的跟踪性能极限。从图 2.5 中可以看出，当 $q=1$ 时，由于被控对象的非最小相位零点与不稳定极点，使得系统的最优跟踪性能不可能为 0，结论同样说明了无论控制器如何选取，系统的跟踪性能极限取决于被控对象的内部结构和网络诱导参数。

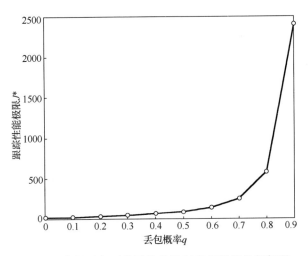

图 2.5 数据丢包下的网络化控制系统跟踪性能极限

# 2.4 本 章 小 结

本章首先讨论了通信网络带宽和数据丢包约束下网络化控制系统稳定性问题，通过用伯努利随机过程来模拟网络通道的数据丢包和低通巴特沃斯滤波器来模拟通信网络通道带宽，同时采用谱分解的技术得到网络化控制系统稳定所需信噪比的极

限值。该极限值是由给定对象的非最小相位零点位置、不稳定极点位置、网络通道的带宽和数据丢包率决定。随后讨论了数据丢包约束下单输入单输出网络化控制系统跟踪性能极限问题。研究结果说明了被控对象的非最小相位零点位置、不稳定极点位置、丢包概率以及参考信号的特征共同影响着网络化控制系统的跟踪性能极限。在反馈控制系统中，因为网络化控制系统中丢包率的存在，使得系统可达到跟踪误差的性能变得比较大，最后得到了最优控制器的设计办法。关于通信网络其他参数（网络时延、网络带宽、编码解码等）是如何制约网络化控制系统的跟踪性能，将在以后章节进行详细介绍。

# 参 考 文 献

[ 1 ] Zhang L X, Gao H J, Kaynak O. Network-induced constraints in networked control systems—a survey. IEEE Transactions on Industrial informatics, 2013, 9(1): 403-416.

[ 2 ] Chen W, Qiu L. Stabilization of networked control systems with multirate sampling. Automatica, 2013, 49(6): 1528-1537.

[ 3 ] Zhan X S, Wu J, Xu T H, et al. Optimal tracking performance of networked control systems with channel capacity constraints. ICIC Express Letters Part B: Applications, 2013, 4(1): 51-56.

[ 4 ] 詹习生, 关治洪, 吴博. 网络化控制系统最优跟踪性能. 华中科技大学学报: 自然科学版, 2010, 38(12): 48-51.

[ 5 ] Guan Z H, Chen C Y, Feng G, et al. Optimal tracking performance limitation of networked control systems with limited bandwidth and additive colored white gaussian noise. IEEE Transactions on Circuits and Systems I: Regular Papers, 2013, 60(1): 189-198.

[ 6 ] Guan Z H, Zhan X S, Feng G. Optimal tracking performance of MIMO discrete-time systems with communication constraints. International Journal of Robust and Nonlinear Control, 2012, 22(13): 1429-1439.

[ 7 ] Rojas A J, Braslavsky H, Middleton H. Fundamental limitations in control over a communication channel. Automatica, 2008, 44(12): 3147-3151.

[ 8 ] Rojas A J, Braslavsky J H, Middleton H. Output feedback stabilization over bandwidth limited, signal to noise ratio constrained communication channels // Proceedings of the 2006 American Control Conference, Minneapolis, MN: IEEE, 2006: 14-16.

[ 9 ] 詹习生, 吴杰, 关治洪, 等. 基于丢包和带宽限制网络化系统稳定性分析. 控制理论及应用, 2014, 31(8): 1111-1115.

[10] Zhan X S, Guan Z H, Zhang X H, et al. Optimal tracking performance and design of networked control systems with packet dropout. Journal of the Franklin Institute, 2013, 350(10): 3205-3216.

[11] Silva E I, Quevedo D E, Goodwin G C. Optimal coding for bit-rate limited networked control systems in the presence of data loss//Proceedings of the 46th IEEE Conference on Decision and Control, New Orleans LA, USA, 2007: 665-670.

[12] Guan Z H, Jiang X W, Zhan X S, et al. Optimal tracking over noisy channels in the presence of data dropouts. IET Control Theory and Applications, 2013, 7(8): 1634-1641.

[13] 周克, Doyle J C, Giover K. 鲁棒与最优控制. 北京: 国防工业出版社, 2006.

[14] Francis B A. A Course in H∞ Control Theory. Berlin: Springer-Verlag, 1987.

# 第3章 基于诱导时延约束网络化控制系统性能极限

## 3.1 引　言

目前大量研究工作都是考虑在量化[1]、时延[2-3]、带宽[4]、丢包[5]等因素下，研究网络化控制系统的建模以及稳定性问题。关于网络化控制系统的建模和稳定性分析的理论现已相当成熟，而应用网络化控制系统只考虑它的稳定性是远远不够的，还应该考虑网络化控制系统具有怎样的性能，而网络诱导时延是影响网络化控制系统性能的一个非常重要的因素。一般网络时延都是时变的，而变化的时延使网络化控制系统的性能分析变得更加困难，因此采用特殊的技术使得变化的时延变成恒定时延。本章主要介绍通信网络固定时延对系统跟踪性能的影响。在 3.2 节中介绍了基于诱导时延约束的网络化控制系统性能极限[6-7]；在 3.3 节中介绍了基于网络诱导时延和数据丢包约束的网络化控制系统性能极限[8]；在 3.4 节中介绍了基于网络诱导时延和带宽约束的网络化控制系统性能极限[9]；在 3.5 节中介绍了基于网络时延和信道能量约束的网络化控制系统性能极限[10]；在 3.6 节中给出了本章小结。

## 3.2 基于诱导时延网络化控制系统性能极限

### 3.2.1 问题描述

本节考虑在通信网络诱导时延的影响下，研究网络化控制系统跟踪性能极限问题，为了简化问题，网络化控制系统模型如图 3.1 所示，控制信号通过网络传送给被控对象。在图 3.1 中，$K$ 表示控制器，$G_0$ 表示被控对象，$y$ 表示对象的输出，$\tau$ 是网络诱导时延，参考输入 $r$ 为阶跃信号，$e$ 是系统的跟踪误差。跟踪性能由跟踪误差能量来衡量，其频域表达式为

$$J := \left\| e(s) \right\|_2^2 = \left\| r(s) - y(s) \right\|_2^2 = \left\| T_{yr} \frac{1}{s} \right\|_2^2 \tag{3.1}$$

其中

$$T_{yr} = \frac{1}{(1 + e^{-\tau s} K G_0)} \tag{3.2}$$

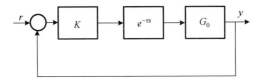

图 3.1　基于网络诱导时延单自由度跟踪系统

所要的解决的问题是：定义集合 $\mathcal{K}$ 由可以使系统达到渐进跟踪的所有控制器组成，在集合 $\mathcal{K}$ 中寻找一个最优控制器 $K^*$，使得系统的跟踪误差最小，并求出最小性能的表达式，即

$$J^* = \inf_{K \in \mathcal{K}} J \tag{3.3}$$

### 3.2.2　基于前向通道诱导时延网络化控制系统性能极限

对于正则实有理传递函数矩阵 $G_0$，其右互质分解可以表示为

$$G_0 = \frac{N}{M} \tag{3.4}$$

其中，$N$，$M \in \mathbb{RH}_\infty$，并且满足

$$MX + e^{-\tau s} NY = 1 \tag{3.5}$$

这里 $X$，$Y \in \mathbb{RH}_\infty$。

所有使系统稳定的控制器的集合可以通过 Youla 参数化表示为

$$\mathcal{K} := \left\{ K : K = \frac{(Y + MQ)}{(X - e^{-\tau s} NQ)}, \quad Q \in \mathbb{RH}_\infty \right\} \tag{3.6}$$

非最小相位传递函数可以分解成一个最小相位部分和一全通因子，即

$$N = B_z N_n, \quad M = B_p M_m \tag{3.7}$$

其中，$B_z$ 和 $B_p$ 是全通因子，$N_n$ 和 $M_m$ 是最小相位部分，$B_z$ 包含对象右半平面所有零点 $z_i \in \mathbb{C}_+$，$i = 1, \cdots, n$，$B_p$ 包含对象所有不稳定极点 $p_j \in \mathbb{C}_+$，$j = 1, \cdots, m$。$B_z$ 和 $B_p$ 分别可以表示为

$$B_z(s) = \prod_{i=1}^{n} \frac{\overline{z}_i}{z_i} \frac{z_i - s}{s + \overline{z}_i}, \quad B_p(s) = \prod_{j=1}^{m} \frac{\overline{p}_j}{p_j} \frac{p_j - s}{s + \overline{p}_j} \tag{3.8}$$

根据式（3.1）、式（3.2）、式（3.4）、式（3.5）和式（3.6）有

$$J = \left\| (X - e^{-\tau s} NQ) M \frac{1}{s} \right\|_2^2 \tag{3.9}$$

定理 3.1　若被控对象 $G_0(s)$ 如式（3.4）和式（3.6）所示，则系统的跟踪误差极限为

$$J^* = \sum_{i=1}^{n_s} \frac{2\,\mathrm{Re}(z_i)}{|z_i|^2} + J_1^* \tag{3.10}$$

其中

$$J_1^* = \sum_{j,i \in N} \frac{4\,\mathrm{Re}(p_j)\,\mathrm{Re}(p_i)}{\overline{p}_j + p_i} \frac{e^{\tau(p_i + \overline{p}_j)}(1 - B_z^{-1}(p_i))(1 - B_z^{-1}(p_j))^H}{p_j \overline{p}_i \overline{b}_j b_i}, \quad b_j = \prod_{\substack{i \in N \\ i \neq j}} \frac{\overline{p}_j}{p_j} \frac{p_i - p_j}{p_j + \overline{p}_i}$$

证明：根据式（3.3）和式（3.9）可以得到 $J^*$ 为

$$J^* = \inf_{Q \in \mathbb{R}\mathcal{H}_\infty} \left\| (X - e^{-\tau s} N Q) M \frac{1}{s} \right\|_2^2 \tag{3.11}$$

把式（3.9）代入式（3.11）中有

$$J^* = \inf_{Q \in \mathbb{R}\mathcal{H}_\infty} \left\| (XM - B_z N_n Q M e^{-\tau s}) \frac{1}{s} \right\|_2^2$$

因为 $B_z$ 是全通因子，则

$$J^* = \inf_{Q \in \mathbb{R}\mathcal{H}_\infty} \left\| (B_z^{-1} XM - N_n Q M e^{-\tau s}) \frac{1}{s} \right\|_2^2$$

定义

$$R_1 = B_z^{-1} XM - B_z^{-1}, \quad R_1 \in \mathbb{R}\mathcal{H}_\infty \tag{3.12}$$

根据式（3.5）和式（3.12）可以得到

$$R_1 = B_z^{-1} XM - B_z^{-1} = -e^{-\tau s} N_n Y \tag{3.13}$$

因此

$$J^* = \inf_{Q \in \mathbb{R}\mathcal{H}_\infty} \left\| (B_z^{-1} + R_1 - N_n Q M e^{-\tau s}) \frac{1}{s} \right\|_2^2$$

$$= \inf_{Q \in \mathbb{R}\mathcal{H}_\infty} \left\| (B_z^{-1} - 1) \frac{1}{s} + (1 + R_1 - N_n Q M e^{-\tau s}) \frac{1}{s} \right\|_2^2$$

因为 $(B_z^{-1} - 1)$ 属于 $H_2^\perp$，相反 $(1 - N_n Q M e^{-\tau s})$ 属于 $H_2$。因此

$$J^* = \left\| (B_z^{-1} - 1) \frac{1}{s} \right\|_2^2 + \inf_{Q \in \mathbb{R}\mathcal{H}_\infty} \left\| (1 + R_1 - N_n Q M e^{-\tau s}) \frac{1}{s} \right\|_2^2$$

根据 Chen[11] 中结论可以得到

$$\left\| (B_z^{-1} - 1) \frac{1}{s} \right\|_2^2 = \sum_{i=1}^{n_s} \frac{2\,\mathrm{Re}(z_i)}{|z_i|^2} \tag{3.14}$$

定义

$$J_1^* = \inf_{Q \in \mathbb{R}\mathcal{H}_\infty} \left\| (1 + R_1 - N_n Q M e^{-\tau s}) \frac{1}{s} \right\|_2^2$$

根据式（3.7）有

$$J_1^* = \inf_{Q \in \mathbb{R}\mathcal{H}_\infty} \left\| (1 + R_1 - N_n Q M_m B_p e^{-\tau s}) \frac{1}{s} \right\|_2^2$$

因为 $B_p$ 和 $e^{-\tau s}$ 都是全通因子，所以

$$J_1^* = \inf_{Q \in \mathbb{R}\mathcal{H}_\infty} \left\| \left( e^{\tau s} \frac{(1 + R_1)}{B_p} - N_n Q M_m \right) \frac{1}{s} \right\|_2^2$$

根据部分分式分解和式（3.8），可以得到

$$\frac{e^{\tau s}(1 + R_1(s))}{B_p} = \sum_{j \in N} \left( \frac{p_j}{\overline{p}_j} \frac{\overline{p}_j + s}{p_j - s} \right) \frac{e^{\tau p_j}(1 + R_1(p_j))}{b_j} + R_2$$

其中，$R_2 \in \mathbb{R}\mathcal{H}_\infty$，$b_j = \prod_{\substack{i \in N \\ i \neq j}} \dfrac{\overline{p}_j}{p_j} \dfrac{p_i - p_j}{p_j + \overline{p}_i}$。因此

$$\begin{aligned}
J_1^* &= \inf_{Q \in \mathbb{R}\mathcal{H}_\infty} \left\| \left( \sum_{j \in N} \left( \frac{p_j}{\overline{p}_j} \frac{\overline{p}_j + s}{p_j - s} \right) \frac{e^{\tau p_j}(1 + R_1(p_j))}{b_j} + R_2 - N_n Q M_m \right) \frac{1}{s} \right\|_2^2 \\
&= \inf_{Q \in \mathbb{R}\mathcal{H}_\infty} \left\| \left( \sum_{j \in N} \left( \frac{p_j}{\overline{p}_j} \frac{\overline{p}_j + s}{p_j - s} - 1 \right) \frac{e^{\tau p_j}(1 + R_1(p_j))}{b_j} + R_2 + \frac{e^{\tau p_j}(1 + R_1(p_j))}{b_j} - N_n Q M_m \right) \frac{1}{s} \right\|_2^2 \\
&= \left\| \sum_{j \in N} \left( \frac{p_j}{\overline{p}_j} \frac{\overline{p}_j + s}{p_j - s} - 1 \right) \frac{e^{\tau p_j}(1 + R_1(p_j))}{b_j s} \right\|_2^2 + \inf_{Q \in \mathbb{R}\mathcal{H}_\infty} \left\| \left( R_2 + \frac{e^{\tau p_j}(1 + R_1(p_j))}{b_j} - N_n Q M_m \right) \frac{1}{s} \right\|_2^2 \\
&= \left\| \sum_{j \in N} \frac{2\mathrm{Re}(p_j)}{p_j - s} \frac{e^{\tau p_j}(1 + R_1(p_j))}{\overline{p}_j b_j} \right\|_2^2 + \inf_{Q \in \mathbb{R}\mathcal{H}_\infty} \left\| \left( R_2 + \frac{e^{\tau p_j}(1 + R_1(p_j))}{b_j} - N_n Q M_m \right) \frac{1}{s} \right\|_2^2
\end{aligned}$$

因为 $N_n$ 和 $M_m$ 是最小相位部分，同时 $R_2 \in \mathbb{R}\mathcal{H}_\infty$，$Q \in \mathbb{R}\mathcal{H}_\infty$，所以有

$$\inf_{Q \in \mathbb{R}\mathcal{H}_\infty} \left\| \left( R_2 + \frac{e^{\tau p_j}(1 + R_1(p_j))}{b_j} - N_n Q M_m \right) \frac{1}{s} \right\|_2^2 = 0$$

因此

$$J_1^* = \left\| \sum_{j \in N} \frac{2\mathrm{Re}(p_j)}{p_j - s} \frac{e^{\tau p_j}(1 + R_1(p_j))}{\overline{p}_j b_j} \right\|_2^2 \tag{3.15}$$

根据式（3.5）、式（3.13）和式（3.15）有

$$J_1^* = \left\| \sum_{j \in N} \frac{2\mathrm{Re}(p_j)}{p_j - s} \frac{e^{\tau p_j}(1 - B_z^{-1}(p_j))}{\overline{p}_j b_j} \right\|_2^2$$

$$= \sum_{j,i \in N} \frac{4\mathrm{Re}(p_j)\mathrm{Re}(p_i)}{\overline{p}_j + p_i} \frac{e^{\tau(p_i + \overline{p}_j)}(1 - B_z^{-1}(p_i))(1 - B_z^{-1}(p_j))^H}{p_j \overline{p}_i \overline{b}_j b_i}$$

（3.16）

由式（3.14）和式（3.16），定理 3.1 得证。

定理 3.1 说明基于通信网络诱导时延影响下，单输入单输出线性时不变系统跟踪阶跃信号的性能极限是由给定对象的非最小相位零点、不稳定极点和通信网络诱导时延决定，同时也说明通信网络诱导时延是如何破坏系统的跟踪性能极限。

**推论 3.1** 当通信网络诱导时延 $\tau = 0$ 时，定理 3.1 可以变为

$$J^* = \sum_{i=1}^{n_s} \frac{2\mathrm{Re}(z_i)}{|z_i|^2} + J_1^*$$

其中

$$J_1^* = \sum_{j,i \in N} \frac{4\mathrm{Re}(p_j)\mathrm{Re}(p_i)}{\overline{p}_j + p_i} \frac{(1 - B_z^{-1}(p_i))(1 - B_z^{-1}(p_j))^H}{p_j \overline{p}_i \overline{b}_j b_i}, \quad b_j = \prod_{\substack{i \in N \\ i \neq j}} \frac{\overline{p}_j}{p_j} \frac{p_i - p_j}{p_j + \overline{p}_i}$$

这个结果与文献[11]研究成果类似。

### 3.2.3 基于反馈通道诱导时延离散系统性能极限

本节考虑如图 3.2 中所描述的问题，并且反馈通道中存在通信网络诱导时延。在图 3.2 中，$G$ 表示对象模型，$K$ 表示补偿器，其传递函数分别为 $G(z)$ 和 $K(z)$。$r$、$y$、$d$ 和 $e$ 分别表示参考输入信号、系统输出信号、信道诱导时延和跟踪误差信号。$R$，$Y$ 和 $E$ 分别表示 $r$、$y$ 和 $e$ 的 Z 变换。对于一个给定的参考信号 $r$，系统的误差定义为 $e = r - y$，根据图 3.2 很容易得到

$$E = R - Y = T_1 R$$

（3.17）

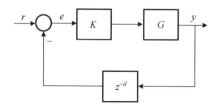

图 3.2 基于网络诱导时延控制系统框图

式中

$$T_1 = \frac{1 + z^{-d}KG - KG}{1 + z^{-d}KG} \qquad (3.18)$$

网络化控制系统的跟踪性能指标定义为

$$J := \sum_{k=0}^{\infty} \left\{ \|E\|_2^2 \right\} = \sum_{k=0}^{\infty} \left\{ \|R - Y\|_2^2 \right\}$$

进一步可得到

$$J = \left\| T_1(z)R(z) \right\|_2^2 = \frac{1}{2\pi} \int_{-\pi}^{\pi} \left\| T_1(e^{jw})R(e^{jw}) \right\|^2 \mathrm{d}w \qquad (3.19)$$

跟踪性能极限是由所有可能的线性稳定控制器得到的最小跟踪误差决定的，定义为

$$J^* = \inf_{K \in \mathcal{K}} J \qquad (3.20)$$

另一方面，考虑参考信号为单位阶跃信号，即

$$r(t) = \begin{cases} 1, & t \geq 0 \\ 0, & t < 0 \end{cases}$$

$r(t)$ 的 Z 变换为

$$R(z) = \frac{z}{z-1} \qquad (3.21)$$

对于有理传递函数 $G$，可以将 $G$ 进行互质因式分解为

$$G = \frac{N}{M} \qquad (3.22)$$

上式中 $N$，$M \in \mathbb{RH}_\infty$，并且满足 Bezout 等式

$$MX + z^{-d}NY = 1 \qquad (3.23)$$

其中，$X$，$Y \in \mathbb{RH}_\infty$。众所周知，所有使系统稳定的补偿器 $K$ 的集合都可以用 Youla 参数化表示为

$$\mathcal{K} := \left\{ K : K = \frac{Y + MQ}{X - z^{-d}NQ}, \quad Q \in \mathbb{RH}_\infty \right\} \qquad (3.24)$$

任何非最小相位传递函数可以分解为一个最小相位部分和一个全通因子

$$N(z) = L_z(z)N_n(z) \qquad (3.25)$$

其中 $L_z(z)$ 是全通因子，$N_n(z)$ 是最小相位部分，并且 $L_z(z)$ 包含了对象所有非最小相位零点 $s_i \in \overline{\mathbb{D}}^c$，$i = 1, \cdots, n_s$。$L_z(z)$ 可以分解为

$$L_z(z) = \prod_{i=1}^{n_s} L_i(z) \tag{3.26}$$

式中，　$L_i(z) = \dfrac{z - s_i}{1 - s_i} \dfrac{1 - \overline{s}_i}{1 - \overline{s}_i z}$。

根据式（3.18）、式（3.19）、式（3.22）、式（3.23）和式（3.14）可以得到

$$J = \left\| (1 - NY - NMQ) \frac{1}{z-1} \right\|_2^2 \tag{3.27}$$

根据式（3.20）和式（3.27），可以将 $J^*$ 表示为

$$J^* = \inf_{Q \in \mathbb{RH}_\infty} \left\| (1 - NY - NMQ) \frac{1}{z-1} \right\|_2^2 \tag{3.28}$$

**定理 3.2**　假设参考信号 $r$ 由式（3.21）给出，如果 $G(z)$ 可以按照式（3.22）和式（3.26）分解，则

$$J^* = \sum_{i=1}^{n_s} \frac{|s_i|^2 - 1}{|s_i - 1|^2} + \sum_{i,j=1}^{m} \frac{(|p_i|^2 - 1)(|p_j|^2 - 1)}{\overline{b}_j b_i (1 - \overline{p}_j)(1 - p_i)} \frac{\gamma_j^H \gamma_j}{\overline{p}_j p_i - 1} \tag{3.29}$$

式中，$b_j = \prod_{\substack{i \in N \\ i \neq j}}^{m} \dfrac{p_j - p_i}{1 - p_j \overline{p}_i}$，　$\gamma_j = 1 - p_j^d L_z^{-1}(p_j)$。

证明：根据式（3.25）和式（3.28）可以得到

$$J^* = \inf_{Q \in \mathbb{RH}_\infty} \left\| (1 - L_z N_n Y - L_z N_n MQ) \frac{1}{z-1} \right\|_2^2$$

由于 $L_z$ 是全通因子，因此

$$J^* = \inf_{Q \in \mathbb{RH}_\infty} \left\| (L_z^{-1} - N_n Y - N_n MQ) \frac{1}{z-1} \right\|_2^2$$

那么

$$J^* = \inf_{Q \in \mathbb{RH}_\infty} \left\| (L_z^{-1} - 1 + 1 - N_n Y - N_n MQ) \frac{1}{z-1} \right\|_2^2$$

由于 $(L_z^{-1} - 1)$ 属于 $H_2^\perp$ 空间，相反 $(1 - N_n Y - N_n MQ)$ 属于 $H_2$ 空间，所以

$$J^* = \left\| (L_z^{-1} - 1) \frac{1}{z-1} \right\|_2^2 + \inf_{Q \in \mathbb{RH}_\infty} \left\| (1 - N_n Y - N_n MQ) \frac{1}{z-1} \right\|_2^2$$

根据文献[12]可以得到

$$\left\| (1-L_z)\frac{1}{z-1} \right\|_2^2 = \sum_{i=1}^{n_s} \frac{|s_i|^2 - 1}{|s_i - 1|^2}$$

定义

$$J_1^* = \inf_{Q \in \mathbb{RH}_\infty} \left\| (1-N_nY - N_nMQ)\frac{1}{z-1} \right\|_2^2$$

和

$$g(z) = M(z)$$

因为 $g(p_j) = 0$，所以 $g(z)$ 可以因式分解为

$$g(z) = M_m(z)B_p(z)$$

式中，$B_p(z) = \prod_{j=1}^{m} \dfrac{z - p_j}{1 - \overline{p}_j z}$。

由于 $B_p$ 是全通因子，则

$$J_1^* = \inf_{Q \in \mathbb{RH}_\infty} \left\| [B_p^{-1}(1-N_nY) - N_nM_mQ]\frac{1}{z-1} \right\|_2^2 \tag{3.30}$$

根据部分分式展开，可以得到

$$B_p^{-1}(1-N_nY) = \sum_{j=1}^{m} \frac{1-\overline{p}_j z}{z - p_j}\frac{1 - N_n(p_j)Y(p_j)}{b_j} + R_1 \tag{3.31}$$

式中，$R_1 \in \mathbb{RH}_\infty$，$b_j = \prod_{\substack{i \in N \\ i \neq j}} \dfrac{p_j - p_i}{1 - p_j\overline{p}_i}$。

根据式（3.30）和式（3.31），$J_1^*$ 可以改写为

$$J_1^* = \inf_{Q \in \mathbb{RH}_\infty} \left\| \left( \sum_{j=1}^{m} \frac{1-\overline{p}_j z}{z - p_j}\frac{1 - N_n(p_j)Y(p_j)}{b_j} + R_1 - N_nM_mQ \right)\frac{1}{z-1} \right\|_2^2$$

$$= \inf_{Q \in \mathbb{RH}_\infty} \left\| \left[ \sum_{j=1}^{m} \left( \frac{1-\overline{p}_j z}{z - p_j} - \frac{1-\overline{p}_j}{1 - p_j} \right)\frac{1 - N_n(p_j)Y(p_j)}{b_j} + R_2 - N_nM_mQ \right]\frac{1}{z-1} \right\|_2^2$$

式中，$R_2 \in \mathbb{RH}_\infty$，$R_2 = R_1 + \sum_{j=1}^{m} \dfrac{1-\overline{p}_j}{1 - p_j}\dfrac{1 - N_n(p_j)Y(p_j)}{b_j}$。

由于 $\left( \dfrac{1-\overline{p}_j z}{z - p_j} - \dfrac{1-\overline{p}_j}{1 - p_j} \right)\dfrac{1}{z-1}$ 属于 $H_2^{\perp}$ 空间，相反 $(R_2 - N_nM_mQ)\dfrac{1}{z-1}$ 属于 $H_2$ 空间，

所以

$$J_1^* = \left\| \sum_{j=1}^{m} \frac{(|p_j|^2 - 1)}{z - p_j} \frac{1 - N_n(p_j)Y(p_j)}{(1 - p_j)b_j} \right\|_2^2 + \inf_{Q \in \mathbb{R}\mathcal{H}_\infty} \left\| (R_2 - N_n M_m Q) \frac{1}{z - 1} \right\|_2^2$$

由于 $N_n$ 与 $M_m$ 分别为外部函数和最小相位，可得

$$\inf_{Q \in \mathbb{R}\mathcal{H}_\infty} \left\| (R_2 - N_n M_m Q) \frac{1}{z - 1} \right\|_2^2 = 0$$

则

$$J_1^* = \left\| \sum_{j=1}^{m} \frac{(|p_j|^2 - 1)}{z - p_j} \frac{1 - N_n(p_j)Y(p_j)}{(1 - p_j)b_j} \right\|_2^2 \tag{3.32}$$

同时，根据式（3.23）和 $M(p_j) = 0$，可以得到 $N_n(p)Y(p_j) = p_j^d L_z^{-1}(p_j)$。

通过简单计算，式（3.32）可以变为

$$J_1^* = \sum_{i,j=1}^{m} \frac{(|p_i|^2 - 1)(|p_j|^2 - 1)}{\overline{b}_j b_i (1 - \overline{p}_j)(1 - p_i)} \frac{\gamma_j^H \gamma_j}{\overline{p}_j p_i - 1}$$

式中，$\gamma_j = 1 - p_j^d L_z^{-1}(p_j)$。

证明完毕。

定理 3.2 给出网络化控制系统跟踪阶跃信号的性能极限表达式。同时指出对象的非最小相位零点、不稳定极点和通信网络诱导时延是如何影响线性时不变单输入单输出离散控制系统工作性能极限。从定理 3.2 中也可以看出，通信网络诱导时延越大时，控制系统跟踪性能极限越差。

推论 3.2　在定理 3.2 中，如果通信网络诱导时延 $d = 0$，则

$$J^* = \sum_{i=1}^{n_s} \frac{|s_i|^2 - 1}{|s_i - 1|^2} + \sum_{i,j=1}^{m} \frac{(|p_i|^2 - 1)(|p_j|^2 - 1)}{\overline{b}_j b_i (1 - \overline{p}_j)(1 - p_i)} \frac{\gamma_j^H \gamma_j}{\overline{p}_j p_i - 1}$$

式中，$b_j = \prod_{\substack{i \in N \\ i \neq j}}^{m} \frac{p_j - p_i}{1 - p_j \overline{p}_i}$，$\gamma_j = 1 - L_z^{-1}(p_j)$。

从推论 3.2 中可以看出系统跟踪性能极限仅仅依赖于对象的非最小相位零点和不稳定极点，所得到的结果和前人的工作[11]中没有考虑通信网络得到的结果是一样的。

## 3.2.4　仿真实例分析

例 3.1　考虑如下系统模型

$$G = \frac{z - k}{z(z - 5)(z + 0.5)}$$

式中，$k \in (2, 20)$。

该系统是非最小相位的，并且不稳定极点位于 $p_1 = 5$。对于任意的 $k > 1$，在 $s_1 = k$ 处有一个非最小相位零点。根据定理 3.2，可以得到网络化控制系统跟踪性能极限值

$$J^* = \frac{k+1}{k-1} + 1.5(1 - 5^d L_z^{-1}(5))^2$$

当网络诱导时延分别取 $d = 0$、$d = 0.75$ 和 $d = 1$ 时，随着给定系统的非最小相位零点变化时，离散控制系统跟踪性能极限如图 3.3 所示。从图 3.3 中可以看出，由于通信信道诱导时延增大，控制系统跟踪性能极限越差；从图 3.3 中还可以看出，当非最小相位零点靠近不稳定极点时，跟踪性能极限值趋近于无穷大。

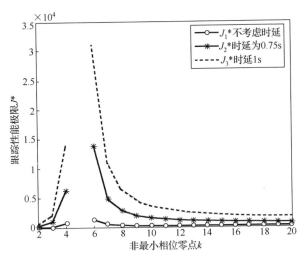

图 3.3　基于诱导时延控制系统性能极限

## 3.3　基于网络时延和数据丢包约束网络化控制系统性能极限

### 3.3.1　问题描述

本节考虑反馈通道中存在数据丢包和网络诱导时延的网络化控制系统跟踪性能，其结构如图 3.4 所示。主要目的就是在所有使系统稳定的单自由度补偿器结构下，得到最优跟踪误差信号。在本节中，$G$ 表示被控对象模型，$K$ 表示单自由度补偿器，它们的传递函数分别为 $G(s)$ 和 $K(s)$。信号 $r$、$y$ 和 $u$ 分别表示参考信号、系统输出以及控制输入，它们的传递函数分别为 $R(s)$、$Y(s)$ 和 $\tilde{u}(s)$。由于随机信号模型常常被应用于某些环境监测、商业、经济等领域，因此研究随机信号是十分有必要的，我们定义 $r$ 的功率谱密度是 $\sigma^2$。

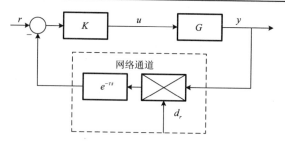

图 3.4　基于数据丢包及网络诱导时延系统结构图

通信网络的特征是由两种参数定义的：$d_r$ 表示是否发生数据丢包，$e^{-\tau s}$ 表示网络诱导时延，并且有

$$d_r = \begin{cases} 0, & \text{系统的输出信号不能成功传送到控制器} \\ 1, & \text{系统的输出信号能成功传送到控制器} \end{cases}$$

这里随机变量 $d_r \in R$ 是伯努利分布白序列。

$$\text{Prob}\{d_r = 1\} = E\{d_r\} = q, \quad \text{Prob}\{d_r = 0\} = 1 - E\{d_r\} = 1 - q,$$

这里 $q$ 表示的是数据成功传输的概率。然后有

$$E[d_r] = 1 \times \text{Prob}\{d_r = 1\} + 0 \times \text{Prob}\{d_r = 0\} = 1 - q$$

对于参考信号 $R(s)$，网络化控制系统的跟踪误差定义为 $E(s) = R(s) - Y(s)$，根据图 3.4 可以得到

$$RKG - e^{-\tau s} d_r YKG = Y \tag{3.33}$$

然后有

$$E = R - RKG + e^{-\tau s} d_r YKG \tag{3.34}$$

根据第 2 章的引理 2.1 和式（3.34），可以得到

$$S_T(j\omega) = S_{RT}(j\omega) - S_{RT}(j\omega)K(j\omega)G(j\omega) + e^{-\tau j\omega}E[d_r]S_Y(j\omega)K(j\omega)G(j\omega)$$

通过简单计算可以得到

$$S_T(j\omega) = \frac{1 + e^{-\tau j\omega}K(j\omega)(1-q)G(j\omega) - K(j\omega)G(j\omega)}{1 + e^{-\tau j\omega}K(j\omega)(1-q)G(j\omega)}S_{RT}(j\omega)$$

$$S_Y(j\omega) = \frac{K(j\omega)G(j\omega)}{1 + e^{-\tau j\omega}K(j\omega)(1-q)G(j\omega)}S_{RY}(j\omega) \tag{3.35}$$

根据第 2 章，可以得到

$$E\left\{\|e\|^2\right\} = \left\|\frac{1 + e^{-\tau s}K(1-q)G - KG}{1 + e^{-\tau s}K(1-q)G}\sigma\right\|_2^2$$

$$E\left\{\|y\|^2\right\} = \left\|\frac{KG}{1+e^{-\tau s}K(1-q)G}\sigma\right\|_2^2 \tag{3.36}$$

## 3.3.2 不考虑信道输入能量受限下的性能极限

不考虑信道输入能量的网络化控制系统的跟踪性能指标定义为

$$J := \sigma_e^2 = E\left\{\|e\|^2\right\} = \left\|\frac{1+e^{-\tau s}K(1-q)G-KG}{1+e^{-\tau s}K(1-q)G}\sigma\right\|_2^2 \tag{3.37}$$

通过所有使系统稳定的控制器的集合 $\mathcal{K}$，使得系统可达到的最小跟踪误差 $J^*$，并且 $J^*$ 定义为跟踪性能极限

$$J^* = \inf_{K\in\mathcal{K}}\left\|\frac{1+e^{-\tau s}K(1-q)G-KG}{1+e^{-\tau s}K(1-q)G}\sigma\right\|_2^2 \tag{3.38}$$

回到图 3.4，根据式（2.6）、式（2.7）、式（2.17）、式（3.5）和式（3.38），可以得到

$$J = \left\|1+(1-q)^{-1}N(Y-QM)\right\|_2^2\sigma^2 \tag{3.39}$$

根据式（3.38）和式（3.39），可以写出 $J^*$

$$J^* = \inf_{Q\in\mathbb{R}\mathcal{H}_\infty}\left\|1+(1-q)^{-1}N(Y-QM)\right\|_2^2\sigma^2 \tag{3.40}$$

很明显，为了得到 $J^*$，必须选取一个适当的 $Q$。

**定理 3.3**　对于如图 3.4 所示的网络化控制系统，假设对象有许多不稳定极点 $p_j\in\mathbb{C}_+$，$j=1,\cdots,m$ 以及非最小相位零点 $z_i\in\mathbb{C}_+$，$i=1,\cdots,n$，则跟踪性能极限可以表示为

$$J^* = \sum_{i=1}^n 2\mathrm{Re}(z_i)\sigma^2 + J_1^*\sigma^2 \tag{3.41}$$

其中

$$J_1^* = \sum_{j,i\in N}\frac{4\mathrm{Re}(p_j)\mathrm{Re}(p_i)}{\overline{p}_j+p_i}\frac{(1-e^{\tau p_i}L_z^{-1}(p_i)(1-q)^{-1})(1-e^{\tau p_j}L_z^{-1}(p_j)(1-q)^{-1})^H}{\overline{b}_j b_i}$$

证明：将式（2.6）代入式（3.40），可以得到

$$J^* = \inf_{Q\in\mathbb{R}\mathcal{H}_\infty}\left\|1+L_z N_m(Y-QM)\right\|_2^2\sigma^2$$

因为 $L_z$ 是全通因子，所以有

$$J^* = \inf_{Q\in\mathbb{R}\mathcal{H}_\infty}\left\|L_z^{-1}+N_m(Y-QM)\right\|_2^2\sigma^2$$

因此

$$J^* = \inf_{Q \in \mathbb{R}\mathcal{H}_\infty} \left\| (L_z^{-1} - 1) + (1 + N_m Y - N_m Q M) \right\|_2^2 \sigma^2$$

注意到 $(L_z^{-1} - 1) \in H_2^\perp$，同时 $(1 + N_n Y - N_m Q M) \in H_2$，又因为 $B_p$ 是全通因子，于是可以得到

$$J^* = \left\| L_z^{-1} - 1 \right\|_2^2 \sigma^2 + \inf_{Q \in \mathbb{R}\mathcal{H}_\infty} \left\| \frac{(1 + N_m Y)}{B_p} - N_m Q M_m \right\|_2^2 \sigma^2$$

根据文献[12]中的结论，有

$$\left\| L_z^{-1} - 1 \right\|_2^2 \sigma^2 = \sum_{i=1}^n 2\mathrm{Re}(z_i)\sigma^2$$

定义

$$J_1^* = \inf_{Q \in \mathbb{R}\mathcal{H}_\infty} \left\| \frac{1 + N_m Y}{B_p} - N_m Q M_m \right\|_2^2 \sigma^2$$

根据部分因式分解，有

$$\frac{1 + N_m Y}{B_p} = \sum_{j \in N} \left( \frac{\overline{p}_j + s}{s - p_j} \right) \frac{1 + N_m(p_j)Y(p_j)}{b_j} + R_1(s)$$

其中，$R_1 \in \mathbb{R}\mathcal{H}_\infty$，$b_j = \prod_{\substack{i \in N \\ i \neq j}}^m \frac{p_i - p_j}{p_j + \overline{p}_i}$。

同时根据式（3.5），又可以得到 $Y(p_j) = -e^{\tau p_j} N_m^{-1}(p_j) L_z^{-1}(p_j)(1 - q)^{-1}$ 和 $M(p_j) = 0$，然后有 $N_m(p_j)Y(p_j) = -e^{\tau p_j} L_z^{-1}(p_j)(1 - q)^{-1}$。

因此

$$J_1^* = \inf_{Q \in \mathbb{R}\mathcal{H}_\infty} \left\| \sum_{j \in N} \left( \frac{\overline{p}_j + s}{s - p_j} - 1 \right) \frac{1 - e^{\tau p_j} L_z^{-1}(p_j)(1 - q)^{-1}}{b_j} + R_2 - N_m Q M_m \right\|_2^2 \sigma^2$$

其中

$$R_2 \in \mathbb{R}\mathcal{H}_\infty, \quad R_2 = \frac{1 - e^{\tau p_j} L_z^{-1}(p_j)(1 - q)^{-1}}{b_j} + R_1$$

注意到 $\sum_{j \in N} \left( \frac{\overline{p}_j + s}{s - p_j} - 1 \right) \frac{1 - e^{\tau p_j} L_z^{-1}(p_j)(1 - q)^{-1}}{b_j} \in H_2^\perp$，并且选择一个适当的 $Q$ 使得 $(R_2 - N_m Q M_m) \in H_2$，并且

$$\inf_{Q\in\mathbb{RH}_\infty}\left\|R_2 - N_m Q M_m\right\|_2^2 \sigma^2 = 0$$

则

$$J_1^* = \left\|\sum_{j=1}^m \frac{2\mathrm{Re}(p_j)}{s-p_j} \frac{1-e^{\tau p_j}L_z^{-1}(p_j)(1-q)^{-1}}{b_j}\right\|_2^2 \tag{3.42}$$

$$= \sum_{j,i\in N} \frac{4\mathrm{Re}(p_j)\mathrm{Re}(p_i)}{\overline{p}_j+p_i} \frac{(1-e^{\tau p_i}L_z^{-1}(p_i)(1-q)^{-1})(1-e^{\tau p_j}L_z^{-1}(p_j)(1-q)^{-1})^H}{\overline{b}_j b_i}$$

证毕。

对网络通道中存在网络诱导时延及随机数据丢包的网络化控制系统，通过跟踪随机信号得到了性能极限的表达式，定理 3.3 表明系统的跟踪性能极限依赖于被控对象的非最小相位零点、不稳定极点、数据丢包率以及网络诱导时延。从定理 3.3 中同样可以看出，网络诱导时延和数据丢包的概率越小，系统的跟踪性能极限就越好。此结论也说明了网络诱导时延与数据丢包是如何破坏系统的跟踪性能极限。

下面讨论一些特殊的情况，对这个结论做进一步推广。

假设反馈通道中不存在数据丢包，于是可以得到推论 3.3。

**推论 3.3**　在定理 3.3 中，如果 $q=0$，那么有

$$J^* = \sum_{i=1}^n 2\mathrm{Re}(z_i)\sigma^2 + J_1^*\sigma^2 \tag{3.43}$$

其中

$$J_1^* = \sum_{j,i\in N} \frac{4\mathrm{Re}(p_j)\mathrm{Re}(p_i)}{\overline{p}_j+p_i} \frac{(1-e^{\tau p_i}L_z^{-1}(p_i))(1-e^{\tau p_j}L_z^{-1}(p_j))^H}{\overline{b}_j b_i}, \quad b_j = \prod_{\substack{i\in N \\ i\neq j}} \frac{p_i-p_j}{p_j+\overline{p}_i}$$

从式（3.43）中很容易看出，系统的跟踪性能极限仅仅取决于被控对象的非最小相位零点、不稳定极点以及通信网络中的诱导时延。

如果反馈通道中不存在通信网络，那么有推论 3.4。

**推论 3.4**　在定理 3.3 中，如果不考虑通信约束，那么有

$$J^* = \sum_{i=1}^n 2\mathrm{Re}(z_i)\sigma^2 + J_1^*\sigma^2$$

其中

$$J_1^* = \sum_{j,i\in N} \frac{4\mathrm{Re}(p_j)\mathrm{Re}(p_i)}{\overline{p}_j+p_i} \frac{(1-L_z^{-1}(p_i))(1-L_z^{-1}(p_j))^H}{\overline{b}_j b_i}, \quad b_j = \prod_{\substack{i\in N \\ i\neq j}} \frac{p_i-p_j}{p_j+\overline{p}_i}$$

从推论 3.4 中可以看出，系统的跟踪性能极限仅仅取决于被控对象的非最小相位零点及不稳定极点，这与文献[13]中不考虑通信约束的情况相同。

### 3.3.3 考虑信道输入能量受限下网络化控制系统性能极限

如文献[6]、[7]和文献[11]所述，为了获得最小跟踪误差，网络化控制系统的信道输入应当有着无限的能量。很明显，这在实际系统中是不可能的。为了分析网络化控制系统的跟踪性能，本节考虑网络化控制系统存在信号输入能量受限下的跟踪性能极限。定义性能指标为

$$J \triangleq (1-\alpha)E\left\{\|e\|^2\right\} + \alpha E\left\{\|y\|^2\right\}$$

其中，$0 \leq \alpha \leq 1$，表示跟踪误差与信道输入能量间的权衡指标。

通过采用与上节相同的分析方法，可以得到

$$J = (1-\alpha)\left\|\frac{1+e^{-\tau s}K(1-q)G-KG}{1+e^{-\tau s}K(1-q)G}\sigma\right\|_2^2 + \alpha\left\|\frac{KG}{1+e^{-\tau s}K(1-q)G}\sigma\right\|_2^2 \quad (3.44)$$

根据图 3.4 及式（2.17）、式（3.5）、式（3.6）和式（3.44），有

$$J = (1-\alpha)\left\|1+(1-q)^{-1}N(Y-QM)\right\|_2^2\sigma^2 + \alpha\left\|(1-q)^{-1}N(Y-QM)\right\|_2^2\sigma^2 \quad (3.45)$$

根据式（3.38）和式（3.45），可以写出

$$J^* = \inf_{Q\in\mathcal{RH}_\infty}\left[(1-\alpha)\left\|L_z^{-1}+N_m(Y-QM)\right\|_2^2\sigma^2 + \alpha\left\|N_m(Y-QM)\right\|_2^2\sigma^2\right] \quad (3.46)$$

很明显，为了得到 $J^*$ 必须选取一个适当的 $Q$。

**定理 3.4** 对于如图 3.4 所示的网络化控制系统，假设对象有许多不稳定极点 $p_j \in \mathbb{C}_+$，$j=1,\cdots,m$ 以及非最小相位零点 $z_i \in \mathbb{C}_+$，$i=1,\cdots,n$，则系统跟踪性能极限可以表示为

$$J^* = (1-\alpha)\sum_{i=1}^n 2\mathrm{Re}(z_i)\sigma^2 + \alpha(1-\alpha)\sigma^2 + J_{41}^*$$

其中

$$J_{41}^* = \sum_{i,j\in N}\frac{4\mathrm{Re}(p_j)\mathrm{Re}(p_i)}{\overline{p}_j+p_i}\left[\left(1-\frac{e^{\tau p_i}L_z^{-1}(p_i)(1-q)^{-1}}{b_i}\right)\left(1-\frac{e^{\tau p_j}L_z^{-1}(p_j)(1-q)^{-1}}{b_j}\right)^H\right.$$
$$\left.+\frac{\alpha e^{\tau \overline{p}_j}L_z^{-1}(\overline{p}_j)(1-q)^{-1}}{\overline{b}_j}+\frac{\alpha e^{\tau p_i}L_z^{-1}(p_i)(1-q)^{-1}}{b_i}-\alpha\right]\sigma^2, \quad b_j = \prod_{\substack{i\in N\\i\neq j}}^m\frac{p_i-p_j}{p_j+\overline{p}_i}$$

证明：将式（2.18）代入式（3.46），可以得到

$$J^* = \inf_{Q\in\mathcal{RH}_\infty}\left[(1-\alpha)\left\|1+L_zN_m(Y-QM)\right\|_2^2\sigma^2 + \alpha\left\|L_zN_m(Y-QM)\right\|_2^2\sigma^2\right]$$

因为 $L_z$ 是全通因子，所以有

$$J^* = \inf_{Q\in\mathbb{R}\mathcal{H}_\infty}[(1-\alpha)\|L_z^{-1}+N_m(Y-QM)\|_2^2\sigma^2+\alpha\|N_m(Y-QM)\|_2^2\sigma^2]$$

通过简单整理，$J^*$ 可以写成

$$J^* = \inf_{Q\in\mathbb{R}\mathcal{H}_\infty}[(1-\alpha)\|L_z^{-1}-1+1+N_m(Y-QM)\|_2^2\sigma^2+\alpha\|N_m(Y-QM)\|_2^2\sigma^2]$$

注意到 $(L_z^{-1}-1)\in H_2^\perp$，而 $(1+N_mY-N_mQM)\in H_2$，因此

$$J^* = (1-\alpha)\|L_z^{-1}-1\|_2^2\sigma^2+\inf_{Q\in\mathbb{R}\mathcal{H}_\infty}[(1-\alpha)\|1+N_m(Y-QM)\|_2^2\sigma^2+\alpha\|N_m(Y-QM)\|_2^2\sigma^2]$$

为了计算 $J^*$，定义

$$J_5^* = (1-\alpha)\|L_z^{-1}-1\|_2^2\sigma^2$$

$$J_4^* = \inf_{Q\in\mathbb{R}\mathcal{H}_\infty}\left\|\begin{array}{c}\sqrt{1-\alpha}[1+N_m(Y-QM)]\\\sqrt{\alpha}N_m(Y-QM)\end{array}\right\|_2^2\sigma^2$$

根据文献[13]中的结论，有

$$J_5^* = (1-\alpha)\|L_z^{-1}-1\|_2^2\sigma^2 = (1-\alpha)\sum_{i=1}2\mathrm{Re}(z_i)\sigma^2$$

又因为 $B_p$ 是全通因子，于是可以得到

$$J_4^* = \inf_{Q\in\mathbb{R}\mathcal{H}_\infty}\left\|\left\{\begin{bmatrix}\sqrt{1-\alpha}\\0\end{bmatrix}B_p^{-1}+\begin{bmatrix}\sqrt{1-\alpha}\\\sqrt{\alpha}\end{bmatrix}N_mYB_p^{-1}-\begin{bmatrix}\sqrt{1-\alpha}\\\sqrt{\alpha}\end{bmatrix}N_mQM_m\right\}\right\|_2^2\sigma^2$$

根据部分因式分解，可以得出

$$\frac{N_mY}{B_p} = \sum_{j\in N}\left(\frac{\overline{p}_j+s}{s-p_j}\right)\frac{N_m(p_j)Y(p_j)}{b_j}+R_3$$

其中，$R_3\in\mathbb{R}\mathcal{H}_\infty$，$b_j=\prod_{\substack{i\in N\\i\neq j}}^m\frac{p_i-p_j}{p_j+\overline{p}_i}$。

同样的，根据式（2.7），可以得到

$$Y(p_j)=-e^{\tau p_j}N_m^{-1}(p_j)L_z^{-1}(p_j)(1-q)^{-1}, \qquad M(p_j)=0$$

然后有

$$N_m(p_j)Y(p_j)=-e^{\tau p_j}L_z^{-1}(p_j)(1-q)^{-1}$$

因此

$$J_4^* = \inf_{Q \in \mathbb{R}\mathcal{H}_\infty} \left\| \begin{bmatrix} \sqrt{1-\alpha} \\ \sqrt{\alpha} \end{bmatrix} \sum_{j \in N} \left( \frac{\bar{p}_j + s}{s - p_j} - 1 \right) \frac{\left( -e^{\tau p_j} L_z^{-1}(p_j)(1-q)^{-1} \right)}{b_j} + \begin{bmatrix} \sqrt{1-\alpha} \\ \sqrt{\alpha} \end{bmatrix} R_4 \right.$$
$$\left. + \begin{bmatrix} \sqrt{1-\alpha} \\ 0 \end{bmatrix} \sum_{j \in N} \left( \frac{\bar{p}_j + s}{s - p_j} \right) - 1 + \begin{bmatrix} \sqrt{1-\alpha} \\ 0 \end{bmatrix} - \begin{bmatrix} \sqrt{1-\alpha} \\ \sqrt{\alpha} \end{bmatrix} N_m Q M_m \right\|_2^2 \sigma^2$$

其中，$R_4 \in \mathbb{R}\mathcal{H}_\infty$，$R_4 = \dfrac{-e^{\tau p_j} L_z^{-1}(p_j)(1-q)^{-1}}{b_j} + R_3$。

因为 $\left[ \sum_{j \in N} \left( \dfrac{\bar{p}_j + s}{s - p_j} - 1 \right) \dfrac{-e^{\tau p_j} L_z^{-1}(p_j)(1-q)^{-1}}{b_j} + \sum_{j \in N} \left( \dfrac{\bar{p}_j + s}{s - p_j} - 1 \right) \right] \in H_2^\perp$，且

$$\left[ \begin{bmatrix} \sqrt{1-\alpha} \\ 0 \end{bmatrix} + \begin{bmatrix} \sqrt{1-\alpha} \\ \sqrt{\alpha} \end{bmatrix} R_4 - \begin{bmatrix} \sqrt{1-\alpha} \\ \sqrt{\alpha} \end{bmatrix} N_m Q M_m \right] \in H_2,$$

因此

$$J_4^* = \left\| \begin{bmatrix} \sqrt{1-\alpha} \\ \sqrt{\alpha} \end{bmatrix} \sum_{j \in N} \frac{2\mathrm{Re}(p_j)}{s - p_j} \frac{-e^{\tau p_j} L_z^{-1}(p_j)(1-q)^{-1}}{b_j} + \begin{bmatrix} \sqrt{1-\alpha} \\ 0 \end{bmatrix} \sum_{j \in N} \frac{2\mathrm{Re}(p_j)}{s - p_j} \right\|_2^2 \sigma^2$$
$$+ \inf_{Q \in \mathbb{R}\mathcal{H}_\infty} \left\| \begin{bmatrix} \sqrt{1-\alpha} \\ 0 \end{bmatrix} + \begin{bmatrix} \sqrt{1-\alpha} \\ \sqrt{\alpha} \end{bmatrix} R_4 - \begin{bmatrix} \sqrt{1-\alpha} \\ \sqrt{\alpha} \end{bmatrix} N_m Q M_m \right\|_2^2 \sigma^2.$$

定义

$$J_{41}^* = \left\| \begin{bmatrix} \sqrt{1-\alpha} \\ \sqrt{\alpha} \end{bmatrix} \sum_{j \in N} \frac{2\mathrm{Re}(p_j)}{s - p_j} \frac{-e^{\tau p_j} L_z^{-1}(p_j)(1-q)^{-1}}{b_j} + \begin{bmatrix} \sqrt{1-\alpha} \\ 0 \end{bmatrix} \sum_{j \in N} \frac{2\mathrm{Re}(p_j)}{s - p_j} \right\|_2^2 \sigma^2$$

$$J_{42}^* = \inf_{Q \in \mathbb{R}\mathcal{H}_\infty} \left\| \begin{bmatrix} \sqrt{1-\alpha} \\ 0 \end{bmatrix} + \begin{bmatrix} \sqrt{1-\alpha} \\ \sqrt{\alpha} \end{bmatrix} R_4 - \begin{bmatrix} \sqrt{1-\alpha} \\ \sqrt{\alpha} \end{bmatrix} N_m Q M_m \right\|_2^2 \sigma^2$$

通过计算可以得到

$$J_{41}^* = \sum_{i,j \in N} \frac{4\mathrm{Re}(p_j)\mathrm{Re}(p_i)}{\bar{p}_j + p_i} \left[ \left( 1 - \frac{e^{\tau p_i} L_z^{-1}(p_i)(1-q)^{-1}}{b_i} \right) \left( 1 - \frac{e^{\tau p_j} L_z^{-1}(p_j)(1-q)^{-1}}{b_j} \right)^H \right.$$
$$\left. + \frac{\alpha e^{\tau \bar{p}_j} L_z^{-1}(\bar{p}_j)(1-q)^{-1}}{\bar{b}_j} + \frac{\alpha e^{\tau p_i} L_z^{-1}(p_i)(1-q)^{-1}}{b_i} - \alpha \right] \sigma^2$$

根据文献[14]，引入内外分解

$$
\begin{bmatrix} \sqrt{1-\alpha} \\ \sqrt{\alpha} \end{bmatrix} N_m M_m = \Delta_i \Delta_0
$$

又有

$$
N_m M_m = \Delta_0, \quad \text{以及} \quad \Delta_i = \begin{bmatrix} \sqrt{1-\alpha} \\ \sqrt{\alpha} \end{bmatrix}
$$

为了选择一个适当的 $Q$，引入

$$
\psi \triangleq \begin{bmatrix} \Delta_i^{\mathrm{T}}(-s) \\ I - \Delta_i \Delta_i^{\mathrm{T}}(-s) \end{bmatrix}
$$

然后有 $\psi_i^{\mathrm{T}} \psi_i = I$，并且可以得到

$$
J_{42}^* = \inf_{Q \in \mathbb{RH}_\infty} \left\| \psi \left( \begin{bmatrix} \sqrt{1-\alpha} \\ 0 \end{bmatrix} + \begin{bmatrix} \sqrt{1-\alpha} \\ \sqrt{\alpha} \end{bmatrix} R_4 - \begin{bmatrix} \sqrt{1-\alpha} \\ \sqrt{\alpha} \end{bmatrix} N_m Q M_m \right) \right\|_2^2 \sigma^2
$$

然后可以得到

$$
J_{42}^* = \tilde{J}_{42}^* + \left\| (I - \Delta_i \Delta_i^{\mathrm{T}}(-s)) \left( \begin{bmatrix} \sqrt{1-\alpha} \\ 0 \end{bmatrix} + \Delta_i R_4 - \Delta_i \Delta_0 Q \right) \right\|_2^2 \sigma^2 \tag{3.47}
$$

这里

$$
\tilde{J}_{42}^* = \left\| \Delta_i^{\mathrm{T}}(-s) \left( \begin{bmatrix} \sqrt{1-\alpha} \\ 0 \end{bmatrix} + \begin{bmatrix} \sqrt{1-\alpha} \\ \sqrt{\alpha} \end{bmatrix} R_4 - \begin{bmatrix} \sqrt{1-\alpha} \\ \sqrt{\alpha} \end{bmatrix} \Delta_0 Q \right) \right\|_2^2 \sigma^2
$$

通过选取适当的 $Q \in \mathbb{RH}_\infty$，可以使得 $\tilde{J}_{42}^*$ 无限的小，所以式（3.47）可以写成

$$
J_{42}^* = \alpha(1-\alpha)\sigma^2
$$

证毕。

定理 3.4 说明了在考虑信道输入能量受限的情况下，网络化控制系统的跟踪性能极限依赖于被控对象的非最小相位零点、不稳定极点以及通信通道中的网络诱导时延与数据丢包。定理 3.4 同时也说明了不稳定极点与非最小相位零点间隔的越远，系统的跟踪性能就越好。

### 3.3.4　数值仿真

例 3.2　考虑不稳定被控对象模型

$$
G(s) = \frac{s-k}{s(s-2)(s+3)}
$$

这里 $k \in (1,5)$，这个对象是非最小相位的，它的不稳定极点是 $p = 2$，非最小相位零点是 $z = k$，选取 $\sigma^2 = 0.5$ 作为参考信号 $r$，网络诱导时延 $\tau = 0.2$，数据的丢包率分别为 $q = 0$，$q = 0.2$ 和 $q = 0.5$，根据定理 3.4，可以得到系统的跟踪性能极限

$$J^* = 0.5k + 2\left(1 - \frac{e^{0.4}(2+k)}{(2-k)(1-q)}\right)^2 + \frac{2e^{0.4}(2+k)}{(2-k)(1-q)} - 0.875$$

随着非最小相位零点的变化，网络化控制系统跟踪性能极限如图 3.5 所示。从图 3.5 中，可以看出单输入单输出网络化控制系统在不同非最小相位零点下的跟踪性能极限，同时也指出通信通道中的网络诱导时延及数据丢包率会破坏网络化控制系统的跟踪性能极限。另一方面，当系统的不稳定极点与非最小相位零点距离很近的时候，系统的跟踪性能将会受到严重的破坏。

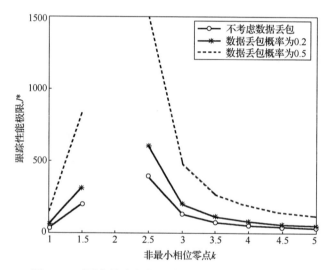

图 3.5　不同非最小相位零点下系统的跟踪性能极限

网络化控制系统中经常会出现数据丢包及网络诱导时延，会不可避免的破坏网络化控制系统的性能，甚至使得系统失稳。作者[15]研究了单输入单输出网络化控制系统在数据丢包下的最优跟踪问题，但是仅仅考虑了数据丢包。在定理 3.3 中，不仅考虑单输入单输出网络化控制系统中数据丢包的现象，同时还考虑了网络诱导时延，假设数据丢包率 $q = 0.5$，根据定理 3.3，可以得到

$$J^* = k + 2\left(1 - \frac{2e^{0.4}(2+k)}{(2-k)}\right)^2$$

根据文献[15]，$q = 0.5$，$\sigma^2 = 0.5$，系统的跟踪性能极限为

$$J^* = k + 2\left(1 - \frac{2(2+k)}{(2-k)}\right)^2$$

图 3.6 展示了单输入单输出网络化控制系统在不同非最小相位零点下的跟踪性能极限，其中圆圈线表示的是单输入单输出网络化控制系统在数据丢包及网络诱导时延下的性能极限，星型线表示的是单输入单输出网络化控制系统在数据丢包下的跟踪性能极限。从图 3.6 中可以看出通信通道中的网络诱导时延及数据丢包会破坏系统的跟踪性能极限。

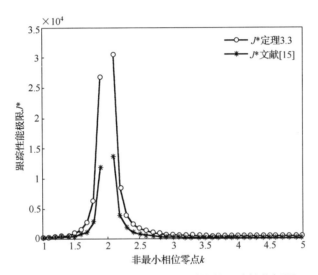

图 3.6　不同非最小相位零点下系统的跟踪性能极限

**例 3.3**　考虑不稳定被控对象模型

$$G(s) = \frac{s-3}{s(s-1)(s+2)}$$

这个被控对象是非最小相位的，它的不稳定极点是 $p = 1$，非最小相位零点是 $z = 3$，我们选取 $\sigma^2 = 0.5$ 作为参考信号 $r$，网络诱导时延 $\tau = 0.2$，根据定理 3.3，可以得到系统的跟踪性能极限为

$$J^* = 3 + (1 + 2e^{0.4}(1-q)^{-1})^2$$

图 3.7 展示了单输入单输出网络化控制系统在不同数据丢包率下的跟踪性能极限，并且可以看出，由于丢包率的存在，使得系统的跟踪性能极限受到破坏。丢包率越大，系统的跟踪性能就越差。

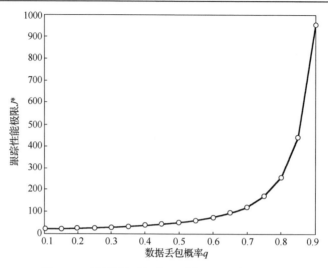

图 3.7　不同数据丢包率下系统的跟踪性能极限

## 3.4　基于网络带宽和时延约束网络化控制系统性能极限

### 3.4.1　问题描述

本节考虑网络诱导时延和带宽限制的网络化控制系统跟踪性能,其结构如图 3.8 所示。

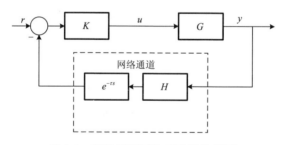

图 3.8　网络受限下的反馈系统框图

在图 3.8 中,$G$ 代表被控对象,$K$ 代表单自由度补偿器,$G(s)$ 和 $K(s)$ 分别表示其传递函数。$\tau$ 和传递函数 $H(s)$ 分别表示网络诱导时延和网络带宽。信号 $r$、$y$ 和 $e$ 分别表示系统的参考输入、系统输出以及两者之间的信号误差,$R$、$Y$ 和 $E$ 分别表示 $r$、$y$ 和 $e$ 的拉普拉斯变换。对于任何参考信号 $r$,系统的信号误差可以表示为 $E = R - Y$,根据图 3.8,很容易得到

$$RKG - e^{-\tau s}HYKG = Y \qquad\qquad (3.48)$$

进一步有

$$Y = \frac{RKG}{1 + e^{-\tau s} KHG} \tag{3.49}$$

根据式（3.48）和式（3.49），可以得到

$$E = R - Y = T_{yr} R \tag{3.50}$$

这里

$$T_{yr} = \frac{1 + e^{-\tau s} KHG - KG}{1 + e^{-\tau s} KHG} \tag{3.51}$$

本节中，系统的跟踪性能可以定义为

$$J := \|E(s)\|_2^2 = \|R(s) - Y(s)\|_2^2 \tag{3.52}$$

最优跟踪性能 $J^*$ 是通过所有可能的线性稳定的控制器可以达到的最小跟踪误差来定义的，其表示为

$$J^* = \inf_{K \in \mathcal{K}} J \tag{3.53}$$

另一方面，本节考虑的参考信号是一个单位阶跃信号，可以表示为

$$r(t) = \begin{cases} 1, & t \geq 0 \\ 0, & t < 0 \end{cases} \tag{3.54}$$

对于任何有理传递函数 $G$，考虑 $HG$ 的互质分解为

$$HG = \frac{N}{M} \tag{3.55}$$

其中，$N$，$M \in \mathbb{RH}_\infty$，并且满足 Bezout 等式

$$MX - e^{-\tau s} NY = 1 \tag{3.56}$$

其中，$X$，$Y \in \mathbb{RH}_\infty$。众所周知，所有稳定的补偿器 $K$ 都可以由 Youla 参数化来表示

$$\mathcal{K} := \left\{ K : K = -\frac{(Y - MQ)}{X - e^{-\tau s} NQ}, \quad Q \in \mathbb{RH}_\infty \right\} \tag{3.57}$$

由于一个非最小相位传递函数可以分解为最小相位部分和全通因子的乘积，所以

$$N = HL_z N_n, \quad M = B_p M_m \tag{3.58}$$

其中，$L_z$ 和 $B_p$ 为全通因子，$N_n$ 和 $M_m$ 是最小相位部分，$L_z$ 包括被控对象 $z_i \in \mathbb{C}_+$，$i = 1, \cdots, n$ 所有右半平面零点，$B_p$ 包含被控对象 $p_j \in \mathbb{C}_+$，$j = 1, \cdots, m$ 所有右半平面极点，然后有

$$L_z(s) = \prod_{i=1}^{n} \frac{\overline{z_i}}{z_i} \frac{z_i - s}{s + \overline{z_i}}, \quad B_p(s) = \prod_{j=1}^{m} \frac{\overline{p_j}}{p_j} \frac{p_j - s}{s + \overline{p_j}} \tag{3.59}$$

### 3.4.2 反馈通道中存在网络诱导时延及带宽限制

根据图 3.8，以及式（3.52）、式（3.53）、式（3.55）、式（3.56）和式（3.57），可以得到

$$J = \left\| [1 + H^{-1}N(Y - QM)] \frac{1}{s} \right\|_2^2 \tag{3.60}$$

根据式（3.54）和式（3.60），可以得到

$$J^* = \inf_{Q \in \mathbb{R}\mathcal{H}_\infty} \left\| [1 + H^{-1}N(Y - QM)] \frac{1}{s} \right\|_2^2 \tag{3.61}$$

显然，为了得到 $J^*$，必须选择一个适当的 $Q$。

**定理 3.5** 参考输入 $r$ 如式（3.54）所定义，如果被控对象 $G(s)$ 可以分解成式（3.55）和式（3.58），那么

$$J^* = \sum_{i=1}^{n} \frac{2\operatorname{Re}(z_i)}{|z_i|^2} + J_1^* \tag{3.62}$$

其中，$J_1^* = \sum_{j,i \in N} \dfrac{4\operatorname{Re}(p_j)\operatorname{Re}(p_i)}{\overline{p_j} + p_i} \dfrac{(1 - e^{\tau p_i} L_z^{-1}(p_i) H^{-1}(p_j))(1 - e^{\tau p_j} L_z^{-1}(p_j) H^{-1}(p_j))^H}{p_j \overline{p_i} \overline{b_j} b_i}$，

$$b_j = \prod_{\substack{i \in N \\ i \neq j}}^{m} \frac{\overline{p_j}}{p_j} \frac{p_i - p_j}{p_j + \overline{p_i}}$$

证明：把式（3.59）代入式（3.61）中，可以得到

$$J^* = \inf_{Q \in \mathbb{R}\mathcal{H}_\infty} \left\| [1 + L_z N_n(Y - QM)] \frac{1}{s} \right\|_2^2$$

因为 $L_z$ 是全通因子，所以有

$$J^* = \inf_{Q \in \mathbb{R}\mathcal{H}_\infty} \left\| [L_z^{-1} + N_n(Y - QM)] \frac{1}{s} \right\|_2^2$$

因此

$$J^* = \inf_{Q \in \mathbb{R}\mathcal{H}_\infty} \left\| (L_z^{-1} - 1 + 1 + N_n Y - N_n QM) \frac{1}{s} \right\|_2^2$$

$$J^* = \inf_{Q \in \mathbb{RH}_\infty} \left\| (L_z^{-1} - 1)\frac{1}{s} + (1 + N_n Y - N_n Q M)\frac{1}{s} \right\|_2^2$$

因为 $(L_z^{-1} - 1) \in H_2^\perp$，$(1 + N_n Y - N_n Q M) \in H_2$，所以

$$J^* = \left\| (L_z^{-1} - 1)\frac{1}{s} \right\|_2^2 + \inf_{Q \in \mathbb{RH}_\infty} \left\| (1 + N_n Y - N_n Q M)\frac{1}{s} \right\|_2^2$$

因为 $B_p$ 表示的是全通因子，可以得到

$$J^* = \left\| (L_z^{-1} - 1)\frac{1}{s} \right\|_2^2 + \inf_{Q \in \mathbb{RH}_\infty} \left\| \frac{(1 + N_n Y)}{B_p}\frac{1}{s} - N_n Q M_m \frac{1}{s} \right\|_2^2$$

根据 Chen[11]中的结论，可以得到

$$\left\| (L_z^{-1} - 1)\frac{1}{s} \right\|_2^2 = \sum_{i=1}^n \frac{2\,\mathrm{Re}(z_i)}{|z_i|^2}$$

定义

$$J_1^* = \inf_{Q \in \mathbb{RH}_\infty} \left\| \frac{1 + N_n Y}{B_p}\frac{1}{s} - N_n Q M_m \frac{1}{s} \right\|_2^2$$

根据部分分式分解，可以写出

$$\frac{1 + N_n Y}{B_p} = \sum_{j \in N} \left( \frac{p_j}{\overline{p}_j}\frac{\overline{p}_j + s}{p_j - s} \right)\frac{1 + N_n(p_j)Y(p_j)}{b_j} + R_1(s)$$

其中

$$R_1 \in \mathbb{RH}_\infty, \quad b_j = \prod_{\substack{i \in N \\ i \neq j}}^m \frac{\overline{p}_j}{p_j}\frac{p_i - p_j}{p_i + \overline{p}_i}$$

同时，根据式（3.56）以及 $M(p_j) = 0$，可以得到 $Y(p_j) = -e^{\tau p_j} N_n^{-1}(p_j) L_z^{-1}(p_j)$ $H^{-1}(p_j)$，然后，$N_n(p_j)Y(p_j) = -e^{\tau p_j} L_z^{-1}(p_j) H^{-1}(p_j)$。

因此

$$J_1^* = \inf_{Q \in \mathbb{RH}_\infty} \left\| \left( \sum_{j \in N} \left( \frac{p_j}{\overline{p}_j}\frac{\overline{p}_j + s}{p_j - s} \right)\frac{1 - e^{\tau p_j} L_z^{-1}(p_j) H^{-1}(p_j)}{b_j} + R_1(s) - N_n Q M_m \right)\frac{1}{s} \right\|_2^2$$

$$= \inf_{Q \in \mathbb{RH}_\infty} \left\| \left( \sum_{j \in N} \left( \frac{p_j}{\overline{p}_j}\frac{\overline{p}_j + s}{p_j - s} - 1 \right)\frac{1 - e^{\tau p_j} L_z^{-1}(p_j) H^{-1}(p_j)}{b_j} + R_2(s) - N_n Q M_m \right)\frac{1}{s} \right\|_2^2$$

其中，$R_2 \in \mathbb{RH}_\infty$，$R_2(s) = \dfrac{1 - e^{\tau p_j} L_z^{-1}(p_j) H^{-1}(p_j)}{b_j} + R_1(s)$

因为 $\sum\limits_{j \in N} \left( \dfrac{p_j}{\overline{p}_j} \dfrac{\overline{p}_j + s}{p_j - s} - 1 \right) \dfrac{1 - e^{\tau p_j} L_z^{-1}(p_j) H^{-1}(p_j)}{b_j} \in H_2^\perp$，而 $(R_2(s) - N_n Q M_m) \in H_2$，所

以有

$$J^* = \left\| \sum_{j \in N} \left( \frac{p_j}{\overline{p}_j} \frac{\overline{p}_j + s}{p_j - s} - 1 \right) \frac{1 - e^{\tau p_j} L_z^{-1}(p_j) H^{-1}(p_j)}{b_j} \frac{1}{s} \right\|_2^2 + \inf_{Q \in \mathbb{RH}_\infty} \left\| (R_2(s) - N_n Q M_m) \frac{1}{s} \right\|_2^2$$

$$= \left\| \sum_{j \in N} \frac{2 \operatorname{Re}(p_j)}{p_j - s} \frac{1 - e^{\tau p_j} L_z^{-1}(p_j) H^{-1}(p_j)}{\overline{p}_j b_j} \right\|_2^2 + \inf_{Q \in \mathbb{RH}_\infty} \left\| (R_2(s) - N_n Q M_m) \frac{1}{s} \right\|_2^2$$

因为 $N_n$ 和 $M_m$ 是最小相位部分，因此

$$\inf_{Q \in \mathbb{RH}_\infty} \left\| (R_2(s) - N_n Q M_m) \frac{1}{s} \right\|_2^2 = 0$$

所以进一步可以得到

$$
\begin{aligned}
J_1^* &= \left\| \sum_{j \in N} \frac{2 \operatorname{Re}(p_j)}{p_j - s} \frac{1 - e^{\tau p_j} L_z^{-1}(p_j) H^{-1}(p_j)}{\overline{p}_j b_j} \right\|_2^2 \\
&= \sum_{j,i \in N} \frac{4 \operatorname{Re}(p_j) \operatorname{Re}(p_i)}{\overline{p}_j + p_i} \frac{(1 - e^{\tau p_i} L_z^{-1}(p_i) H^{-1}(p_j))(1 - e^{\tau p_j} L_z^{-1}(p_j) H^{-1}(p_j))^H}{p_j \overline{p}_i \overline{b}_j b_i}
\end{aligned}
\tag{3.63}
$$

证毕。

定理 3.5 研究了单输入单输出网络化控制系统在网络诱导时延及带宽受限下的性能极限问题。跟踪性能极限主要取决于被控对象的非最小相位零点、不稳定极点、带宽和网络诱导时延。这个结果详细地说明了系统的性能极限是如何受带宽及网络诱导时延所约束的。

下面假设反馈通道中不存在网络诱导时延，可以得到推论 3.5。

**推论 3.5** 在定理 3.5 中，如果 $\tau = 0$，于是有

$$J^* = \sum_{i=1}^{n} \frac{2 \operatorname{Re}(z_i)}{|z_i|^2} + J_2^* \tag{3.64}$$

其中

$$J_2^* = \sum_{j,i \in N} \frac{4 \operatorname{Re}(p_j) \operatorname{Re}(p_i)}{\overline{p}_j + p_i} \frac{(1 - L_z^{-1}(p_i) H^{-1}(p_j))(1 - L_z^{-1}(p_j) H^{-1}(p_j))^H}{p_j \overline{p}_i \overline{b}_j b_i},$$

$$b_j = \prod_{\substack{i \in N \\ i \neq j}} \frac{\overline{p}_j}{p_j} \frac{p_i - p_j}{p_j + \overline{p}_i}$$

假设反馈通道中不存在通信网络，可以得到另外一个推论。

**推论 3.6** 在定理 3.5 中，如果不考虑通信约束，有

$$J^* = \sum_{i=1}^{n} \frac{2 \operatorname{Re}(z_i)}{|z_i|^2} + J_3^* \tag{3.65}$$

其中

$$J_3^* = \sum_{j, i \in N} \frac{4 \operatorname{Re}(p_j) \operatorname{Re}(p_i)}{\overline{p}_j + p_i} \frac{(1 - L_z^{-1}(p_i))(1 - L_z^{-1}(p_j))^H}{p_j \overline{p}_i \overline{b}_j b_i}, \quad b_j = \prod_{\substack{i \in N \\ i \neq j}} \frac{\overline{p}_j}{p_j} \frac{p_i - p_j}{p_j + \overline{p}_i}$$

推论 3.6 说明了如果不存在带宽和网络诱导时延约束，系统的跟踪性能极限取决于被控对象的非最小相位零点以及不稳定极点，这与 Chen[11] 所得到的结论相同。

### 3.4.3 前向通道存在网络诱导时延及反馈通道存在带宽限制

本节考虑前向通道存在网络诱导时延及反馈通道存在带宽限制的网络化控制系统跟踪性能极限问题，其结构图如图 3.9 所示。在图 3.9 中，所有的变量与图 3.8 中相同。

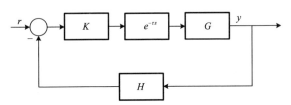

图 3.9 前向通道存在网络时延的反馈控制系统

其中

$$T_{yr} = \frac{1 + e^{-\tau s} KHG - e^{-\tau s} KG}{1 + e^{-\tau s} KHG} \tag{3.66}$$

根据式（3.52）、式（3.55）、式（3.56）、式（3.57）和式（3.66），可以把 $J$ 写成

$$J = \left\| [1 + e^{-\tau s} H^{-1} N(Y - MQ)] \frac{1}{s} \right\|_2^2 \tag{3.67}$$

显然为了得到 $J^*$，应当选择一个合适的 $Q$。

**定理 3.6** 假设 $r$ 如式（3.54）所示，并且 $G(s)$ 可以分解成式（3.55）和式（3.58），有

$$J^* = \sum_{i=1}^{n} \frac{2\operatorname{Re}(z_i)}{|z_i|^2} + \tau + J_1^* \tag{3.68}$$

其中

$$J_1^* = \sum_{j,i \in N} \frac{4\operatorname{Re}(p_j)\operatorname{Re}(p_i)}{\overline{p}_j + p_i} \frac{(1 - e^{\tau p_i} L_z^{-1}(p_i) H^{-1}(p_j))(1 - e^{\tau p_j} L_z^{-1}(p_j) H^{-1}(p_j))^H}{p_j \overline{p}_i \overline{b}_j b_i},$$

$$b_j = \prod_{\substack{i \in N \\ i \neq j}} \frac{\overline{p}_j}{p_j} \frac{p_i - p_j}{p_j + \overline{p}_i}$$

证明：根据式（3.54）和式（3.67），可以得到 $J^*$

$$J^* = \inf_{Q \in \mathbb{RH}_\infty} \left\| [1 + e^{-\tau s} H^{-1} N(Y - MQ)] \frac{1}{s} \right\|_2^2$$

因为 $e^{-\tau s}$ 是全通因子，因此可以得到

$$J^* = \inf_{Q \in \mathbb{RH}_\infty} \left\| [e^{\tau s} + H^{-1} N(Y - MQ)] \frac{1}{s} \right\|_2^2$$

$$= \inf_{Q \in \mathbb{RH}_\infty} \left\| (e^{\tau s} - 1)\frac{1}{s} + [1 + H^{-1} N(Y - MQ)] \frac{1}{s} \right\|_2^2$$

又因为 $(e^{\tau s} - 1) \in H_2^\perp$，而 $1 + H^{-1} N(Y - MQ) \in H_2$，所以有

$$J^* = \left\| (e^{\tau s} - 1)\frac{1}{s} \right\|_2^2 + \inf_{Q \in \mathbb{RH}_\infty} \left\| [1 + H^{-1} N(Y - MQ)] \frac{1}{s} \right\|_2^2 \tag{3.69}$$

又根据 Parseval 等式，有

$$\left\| (e^{\tau s} - 1)\frac{1}{s} \right\|_2^2 = \tau \tag{3.70}$$

根据式（3.69）和式（3.70），可以得到

$$J^* = \tau + \inf_{Q \in \mathbb{RH}_\infty} \left\| [1 + H^{-1} N(Y - MQ)] \frac{1}{s} \right\|_2^2$$

类似定理 3.8 的证明，可以得到

$$J^* = \sum_{i=1}^{n} \frac{2\operatorname{Re}(z_i)}{|z_i|^2} + \tau + J_1^* \tag{3.71}$$

其中

$$J_1^* = \sum_{j,i \in N} \frac{4\mathrm{Re}(p_j)\mathrm{Re}(p_i)}{\overline{p}_j + p_i} \frac{(1 - e^{\tau p_i} L_z^{-1}(p_i) H^{-1}(p_j))(1 - e^{\tau p_j} L_z^{-1}(p_j) H^{-1}(p_j))^H}{p_j \overline{p}_i \overline{b}_j b_i}$$

$$b_j = \prod_{\substack{i \in N \\ i \neq j}} \frac{\overline{p}_j}{p_j} \frac{p_i - p_j}{p_j + \overline{p}_i}$$

### 3.4.4  仿真分析

例 3.4　考虑不稳定对象模型

$$G(s) = \frac{s - 2}{s(s-1)(s+1)}$$

该对象是非最小相位的系统，不稳定极点是 $p_1 = 1$，非最小相位零点是 $z_1 = 2$。用一阶低通滤波器来模拟通信网络的带宽为

$$H(s) = \frac{w}{s + w}$$

其中，$w$ 表示通信通道的带宽。

假设网络诱导时延 $\tau = 1$，根据定理 3.6，跟踪性能极限可以写成

$$J^* = 2 + 2(1 - 3eH^{-1}(p_j))^2$$

单输入单输出网络化控制系统在不同带宽限制下的跟踪性能极限如图 3.10 所示。从图 3.10 中可以看出，系统的性能因为反馈通道中信道带宽的限制而受到破坏。

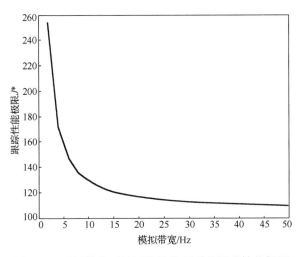

图 3.10　不同带宽下的网络化控制系统跟踪性能极限

**例 3.5**　考虑不稳定模型

$$G(s) = \frac{s-4}{s(s-1)(s+2)}$$

该被控对象是非最小相位的系统，不稳定极点是 $p_1 = 1$，非最小相位零点是 $z_1 = 4$，用滤波器来模拟通信网络的带宽，其表达式为

$$H(s) = \frac{w}{s+w}$$

其中，$w$ 表示通信通道的带宽，$H^1(s)$ 和 $H^2(s)$ 分别代表不同信道的带宽

$$H^1(s) = \frac{400}{s^2 + 28.28s + 400}, \quad H^2(s) = \frac{6400}{s^2 + 113.1s + 6400}$$

根据定理 3.6，跟踪性能极限可以写成

$$J^* = 0.5 + \tau + 2(1 - 3e^\tau H^{-1}(1))^2$$

仿真结果如图 3.11 所示。从图 3.11 中可以看出，通信诱导时延严重破坏系统的跟踪性能极限。

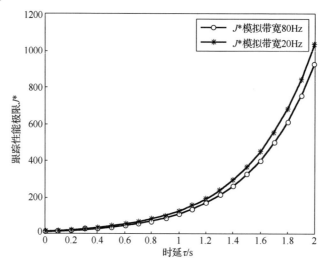

图 3.11　不同时延下网络化控制系统的跟踪性能极限

## 3.5　基于时延和信道能量受限网络化控制系统性能极限

### 3.5.1　问题描述

本节介绍在双自由度控制器作用下网络化控制系统跟踪性能极限问题，其结构图如图 3.12 所示。在图 3.12 中，$[K_1\ K_2]$ 表示双自由度控制器，$[K_1(s)\ K_2(s)]$ 表示其

传递函数。网络通道通过时延 $\tau$ 和高斯白噪声 $n$ 来体现，其他的变量与图 3.8 中相同。这里介绍的时延与 3.4 节相同。参考信号 $r$ 是一个布朗运动，另外 $E\{|r(t)|\}=0$，$E\{|r(t)|^2\}=\sigma_1^2$。高斯白噪声 $n$ 的均值是 0，方差是 $\sigma_2^2$。本节介绍的参考信号 $r$ 和 $n$ 是不相关的。

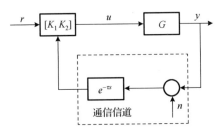

图 3.12　双自由度控制器作用下网络化控制系统

网络化控制系统的跟踪误差被定义为

$$E = R - Y$$

根据图 3.12 可以得到

$$GK_1 R + (Y+n)e^{-\tau s}K_2 G = Y \tag{3.72}$$

进一步有

$$Y = \frac{GK_1 R}{1-e^{-\tau s}K_2 G} + \frac{e^{-\tau s}K_2 Gn}{1-e^{-\tau s}K_2 G} \tag{3.73}$$

由式（3.72）和式（3.73）可得

$$E = \left(1-\frac{GK_1}{1-e^{-\tau s}K_2 G}\right) - \frac{e^{-\tau s}K_2 Gn}{1-e^{-\tau s}K_2 G} \tag{3.74}$$

一般说来，对于网络通道输入功率是有限的，即

$$\|y\|_{\text{pow}} < \Gamma$$

$\Gamma>0$ 表示网络通道最大输入能量。考虑网络化控制系统存在信号输入能量受限下系统的跟踪性能极限。定义性能指标为

$$J \triangleq (1-\alpha)E\{\|E\|^2\} + \alpha\left(E\|Y\|^2 - \Gamma\right) \tag{3.75}$$

其中，$0\leqslant\alpha\leqslant1$，表示的是跟踪误差与信道输入能量间的权衡指标。

通过所有使系统稳定的控制器的集合 $\mathcal{K}$，使得系统可达到的最小跟踪误差 $J^*$，并且 $J^*$ 定义为跟踪性能极限

$$J^* = \inf_{K\in\mathcal{K}} J \tag{3.76}$$

对于任意传递函数 $G$ 可进行互质分解，即

$$G = \frac{N}{M} \qquad (3.77)$$

其中，$N$，$M \in \mathbb{RH}_\infty$，并且满足 Bezout 等式

$$MX - e^{-\tau s}NY = 1$$

其中，$X$，$Y \in \mathbb{RH}_\infty$。所有使系统稳定的补偿器 $K$ 都可以由 Youla 参数化来表示

$$\mathcal{K} := \left\{ K : K = [K_1 \quad K_2] = (X - e^{-\tau s}DN)^{-1} \times [QY - DM], \quad Q \in \mathbb{RH}_\infty, D \in \mathbb{RH}_\infty \right\} \quad (3.78)$$

一个非最小相位传递函数可以分解为一个最小相位部分和一个全通因子部分，即

$$N = L_z N_m, \quad M = B_p M_m$$

其中，$L_z$ 和 $B_p$ 是全通因子，$N_m$ 和 $M_m$ 是最小相位部分，$L_z$ 包含了给定对象所有非最小相位零点 $z_i \in C_+$，$i = 1, \cdots, n$，$B_p$ 包含了给定对象所有不稳定的极点 $p_j \in C_+$，$j = 1, \cdots, m$，$L_z$ 和 $B_p$ 可以表示为

$$L_z(s) = \prod_{i=1}^{n} \frac{s - z_i}{s + \overline{z}_i}, \quad B_p(s) = \prod_{j=1}^{m} \frac{s - p_j}{s + \overline{p}_j} \qquad (3.79)$$

### 3.5.2 基于通信时延和信道能量受限系统性能极限

根据式（3.71）、式（3.72）和式（3.73）可以推出

$$J = (1 - \alpha)E\left\{ \left\| \frac{R - e^{-\tau s}K_2 GR - GK_1 R - e^{-\tau s}K_2 Gn}{1 - e^{-\tau s}K_2 G} \right\|^2 \right\}$$
$$+ \alpha\left( E\left\{ \left\| \frac{GK_1 R + e^{-\tau s}K_2 Gn}{1 - e^{-\tau s}K_2 G} \right\|^2 \right\} - \Gamma \right)$$

根据式（3.74）、式（3.75）、式（3.76）和式（3.79）可以得到

$$J = (1 - \alpha)\|1 - NQ\|_2^2 \sigma_1^2 + \left\| e^{-\tau s}(Y - MD)N \right\|_2^2 \sigma_2^2 + \alpha\|NQ\|_2^2 \sigma_1^2 - \alpha\Gamma \quad (3.80)$$

根据式（3.75）和式（3.80）可以把 $J^*$ 写成

$$J^* = \inf_{Q \in \mathbb{RH}_\infty} \left\| \frac{\sqrt{1 - \alpha}(1 - NQ)}{\sqrt{\alpha}NQ} \right\|_2^2 \sigma_1^2 + \inf_{D \in \mathbb{RH}_\infty} \left\| e^{-\tau s}(Y - MD)N \right\|_2^2 \sigma_2^2 - \alpha\Gamma \quad (3.81)$$

显然，为了获得 $J^*$，$D$，$Q \in \mathbb{RH}_\infty$ 的取值必须恰当。

**定理 3.7** 考虑如图 3.12 所示的网络化控制系统，假设被控对象含有不稳定极

点 $p_j \in C_+$，$j = 1, \cdots, m$ 和非最小相位零点 $z_i \in C_+$，$i = 1, \cdots, n$，基于通信时延和信道能量约束的网络化控制系统跟踪性能

$$J^* = (1-\alpha)\sum_{i=1}^{n} 2\operatorname{Re}(z_i)\sigma_1^2 + (1-\alpha)\alpha\sigma_1^2 + J_1^* - \alpha\Gamma \qquad (3.82)$$

其中

$$J_1^* = \sum_{j,i \in N} \frac{4\operatorname{Re}(p_j)\operatorname{Re}(p_i)}{\overline{p}_j + p_i} \frac{e^{\tau p_i}L_z^{-1}(p_i)^{-1}(e^{\tau p_j}L_z^{-1}(p_j))^H}{\overline{b}_j b_i}\sigma_2^2, \quad b_j = \prod_{\substack{i \in N \\ i \neq j}}^{m} \frac{p_i - p_j}{p_j + \overline{p}_i}$$

最优跟踪控制器 $K^*$ 为

$$K^* = [K_1^* \quad K_2^*] = \frac{[Q^* \quad Y - D^*M]}{X - e^{-\tau s}D^*N}$$

其中

$$Q^* = \frac{N_m}{1-\alpha}, \quad D^* = \frac{R_2}{N_m M_m}$$

$z_i$、$p_j$、$N_m$ 和 $M_m$ 在式（3.79）中被定义，$M$、$N$、$X$ 和 $Y$ 在式（3.77）和式（3.78）中被定义，$R_2$ 将在随后的证明中被定义。

从定理 3.7 中可以看出，基于信道输入能量约束的网络化控制系统的跟踪性能极限不仅取决于给定的非最小相位零点和不稳定极点的特性，还依赖于通信延迟和信道的白噪声。

证明：因为 $L_z$ 和 $e^{-\tau s}$ 是全通因子，可以得到

$$J^* = \inf_{Q \in \mathbb{RH}_\infty}\left\|\frac{\sqrt{1-\alpha}(L_z^{-1}-N_mQ)}{\sqrt{\alpha}N_mQ}\right\|_2^2\sigma_1^2 + \inf_{D \in \mathbb{RH}_\infty}\left\|(Y-MD)\right\|_2^2\sigma_2^2 - \alpha\Gamma$$

为了计算 $J^*$，定义

$$J_1^* = \inf_{D \in \mathbb{RH}_\infty}\left\|(Y-MD)\right\|_2^2\sigma_2^2 \qquad (3.83)$$

$$J_2^* = \inf_{Q \in \mathbb{RH}_\infty}\left\|\frac{\sqrt{1-\alpha}(L_z^{-1}-N_mQ)}{\sqrt{\alpha}N_mQ}\right\|_2^2\sigma_1^2 \qquad (3.84)$$

根据式（3.79）和式（3.83）可以把 $J_1^*$ 写成

$$J_1^* = \inf_{D \in \mathbb{RH}_\infty}\left\|(Y-B_pM_mD)N_m\right\|_2^2\sigma_2^2$$

因为 $B_p$ 是全通因子，$J_1^*$ 可进一步化为

$$J_1^* = \inf_{D \in \mathbb{R}\mathcal{H}_\infty} \left\| B_p^{-1} Y N_m - M_m D N_m \right\|_2^2 \sigma_2^2$$

根据部分分解有

$$B_p^{-1} Y N_m = \sum_{j \in N} \left( \frac{\overline{p}_j + s}{s - p_j} \right) \frac{Y(p_j) N_m(p_j)}{b_j} + R_1(s)$$

其中，$R_1 \in \mathbb{R}\mathcal{H}_\infty$，$b_j = \prod_{i \neq j, i \in N}^{m} \frac{p_i - p_j}{p_j + \overline{p}_i}$。

根据式（3.78）和 $M(p_j) = 0$ 可以得到

$$Y(p_j) = -e^{\tau p_j} N_m^{-1}(p_j) L_z^{-1}(p_j)$$

其中，$N_m(p_j) Y(p_j) = -e^{\tau p_j} L_z^{-1}(p_j)$。

$J_1^*$ 可以改写成

$$J_1^* = \inf_{D \in \mathbb{R}\mathcal{H}_\infty} \left\| \sum_{j \in N} \left( \frac{\overline{p}_j + s}{s - p_j} - 1 \right) \frac{-e^{\tau p_j} L_z^{-1}(p_j)}{b_j} + R_2 - N_m D M_m \right\|_2^2 \sigma_2^2$$

其中，$R_2 \in \mathbb{R}\mathcal{H}_\infty$，$R_2 = \dfrac{-e^{\tau p_j} L_z^{-1}(p_j)}{b_j} + R_1$。

注意到 $\sum_{j \in N} \left( \dfrac{\overline{p}_j + s}{s - p_j} - 1 \right) \dfrac{-e^{\tau p_j} L_z^{-1}(p_j)}{b_j} \in H_2^\perp$，$(R_2 - N_m D M_m) \in H_2$，因此

$$J_1^* = \left\| \sum_{j \in N} \left( \frac{\overline{p}_j + s}{s - p_j} - 1 \right) \frac{-e^{\tau p_j} L_z^{-1}(p_j)}{b_j} \right\|_2^2 \sigma_2^2 + \inf_{D \in \mathbb{R}\mathcal{H}_\infty} \left\| R_2 - N_m D M_m \right\|_2^2 \sigma_2^2$$

可以选择合适的 $D$，使得下式成立。

$$\inf_{D \in \mathbb{R}\mathcal{H}_\infty} \left\| R_2 - N_m D M_m \right\|_2^2 \sigma_2^2 = 0$$

进一步可以得到

$$J_1^* = \left\| \sum_{j \in N} \frac{2 \operatorname{Re}(p_j)}{s - p_j} \frac{-e^{\tau p_j} L_z^{-1}(p_j)}{b_j} \right\|_2^2 \sigma_2^2$$
$$= \sum_{j, i \in N} \frac{4 \operatorname{Re}(p_j) \operatorname{Re}(p_i)}{\overline{p}_j + p_i} \frac{e^{\tau p_i} L_z^{-1}(p_i)^{-1} (e^{\tau p_j} L_z^{-1}(p_j))^H}{\overline{b}_j b_i} \sigma_2^2$$

根据式（3.84），可以把 $J_2^*$ 改写为

$$J_2^* = \inf_{Q \in \mathbb{R}\mathcal{H}_\infty} \left\| \begin{bmatrix} \sqrt{1-\alpha}(L_z^{-1} - 1 + 1 - N_m Q) \\ \sqrt{\alpha} N_m Q \end{bmatrix} \right\|_2^2 \sigma_1^2$$

因为 $(L_z^{-1} - 1)$ 属于 $H_2^\perp$，$(1 - N_m Q)$ 属于 $H_2$，因此

$$J_2^* = \left\| \begin{bmatrix} \sqrt{1-\alpha}(L_z^{-1} - 1) \\ 0 \end{bmatrix} \right\|_2^2 \sigma_1^2 + \inf_{Q \in \mathbb{R}\mathcal{H}_\infty} \left\| \begin{bmatrix} \sqrt{1-\alpha}(1 - N_m Q) \\ \sqrt{\alpha} N_m Q \end{bmatrix} \right\|_2^2 \sigma_1^2$$

为了计算 $J_2^*$，定义

$$J_{21}^* = \left\| \begin{bmatrix} \sqrt{1-\alpha}(L_z^{-1} - 1) \\ 0 \end{bmatrix} \right\|_2^2 \sigma_1^2, \quad J_{22}^* = \inf_{Q \in \mathbb{R}\mathcal{H}_\infty} \left\| \begin{bmatrix} \sqrt{1-\alpha}(1 - N_m Q) \\ \sqrt{\alpha} N_m Q \end{bmatrix} \right\|_2^2 \sigma_1^2$$

通过简单的计算，$J_{22}^*$ 可以表示为

$$J_{22}^* = \inf_{Q \in \mathbb{R}\mathcal{H}_\infty} \left\| \begin{bmatrix} \sqrt{1-\alpha} \\ 0 \end{bmatrix} + \begin{bmatrix} -\sqrt{1-\alpha} \\ \sqrt{\alpha} \end{bmatrix} N_m Q \right\|_2^2 \sigma_1^2$$

引入内外分解

$$\begin{bmatrix} -\sqrt{1-\alpha} \\ \sqrt{\alpha} \end{bmatrix} N_m = \Delta_i \Delta_0$$

为了找到最佳的 $Q$，引入

$$\psi \triangleq \begin{bmatrix} \Delta_i^T(-s) \\ I - \Delta_i \Delta_i^T(-s) \end{bmatrix}$$

进一步可以得到 $\psi_i^T \psi_i = I$，接下来有

$$J_{22}^* = \inf_{Q \in \mathbb{R}\mathcal{H}_\infty} \left\| \psi \left( \begin{bmatrix} \sqrt{1-\alpha} \\ 0 \end{bmatrix} + \begin{bmatrix} -\sqrt{1-\alpha} \\ \sqrt{\alpha} \end{bmatrix} N_m Q \right) \right\|_2^2 \sigma_1^2$$

$$J_{22}^* = \inf_{Q \in \mathbb{R}\mathcal{H}_\infty} \left\| \Delta_i^T \begin{bmatrix} \sqrt{1-\alpha} \\ 0 \end{bmatrix} + \Delta_0 Q + (I - \Delta_i \Delta_i^T) \begin{bmatrix} \sqrt{1-\alpha} \\ 0 \end{bmatrix} \right\|_2^2 \sigma_1^2$$

$$= \inf_{Q \in \mathbb{R}\mathcal{H}_\infty} \left\| \Delta_i^T \begin{bmatrix} \sqrt{1-\alpha} \\ 0 \end{bmatrix} + \Delta_0 Q \right\|_2^2 \sigma_1^2 + \left\| (I - \Delta_i \Delta_i^T) \begin{bmatrix} \sqrt{1-\alpha} \\ 0 \end{bmatrix} \right\|_2^2 \sigma_1^2$$

根据 $Q \in \mathbb{R}\mathcal{H}_\infty$，可以选择任意 $Q \in \mathbb{R}\mathcal{H}_\infty$，使

$$\inf_{R \in \mathbb{R}\mathcal{H}_\infty} \left\| \Delta_i^T \begin{bmatrix} \sqrt{1-\alpha} \\ 0 \end{bmatrix} + \Delta_0 Q \right\|_2^2 = 0$$

进行简单计算，可以得到

$$J_{22}^* = \alpha(1-\alpha)\sigma_1^2$$

根据王后能[12]等的结论，可以得到

$$J_{21}^* = \left\| \begin{bmatrix} \sqrt{1-\alpha}\,(L_z^{-1}-1) \\ 0 \end{bmatrix} \right\|_2^2 \sigma_1^2$$

$$= (1-\alpha)\sum_{i=1}^{n} 2\operatorname{Re}(z_i)\sigma_1^2$$

证毕。

### 3.5.3　仿真分析

考虑不稳定的对象模型

$$G(s) = \frac{s-k}{s(s-2)(s+2)}$$

其中，$k \in (1,5)$。

为了验证定理 3.7 正确性，这里输入信号 $r$ 和 $n$ 选择 $\sigma_1^2 = 0.5$，$\sigma_2^2 = 0.2$，$\alpha = 0.5$。$\tau$ 分别表示不同的通信时延

$$\tau = 0, \quad \tau = 0.2, \quad \tau = 0.4$$

根据定理 3.7，可以得到最优的控制器

$$D^*(s) = -\frac{e^{2\tau}(2+k)}{2(2-k)(s+k)}, \quad Q^*(s) = \frac{s+k}{(s+2)(1-\alpha)}$$

根据定理 3.7，得到网络控制系统的跟踪性能极限

$$J^* = 0.5k + 0.125 + 0.8e^{4\tau}\left(\frac{k+2}{2-k}\right)^2$$

基于不同非最小相位零点或通信时延的网络化控制系统跟踪性能极限如图 3.13 所示。根据图 3.13 可以看出，由于通信时延导致跟踪性能极限降低。根据图 3.13 还可以得到，当通信时延较长时，跟踪性能极限较差。另一方面，当非最小相位零点和不稳定极点接近时，系统性能会严重恶化。

基于不同的权衡指标 $\alpha$ 的网络化控制系统跟踪性能极限如图 3.14 所示。从图 3.14 中可以看出，$\alpha$ 取值不同，网络化控制系统跟踪性能极限也不同。很明显 $J^*$ 的增减性与 $\alpha$ 有关。这一结论将为网络化控制系统设计提供理论指导。

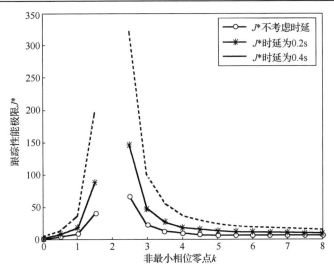

图 3.13　基于不同非最小相位零点网络化控制系统性能极限

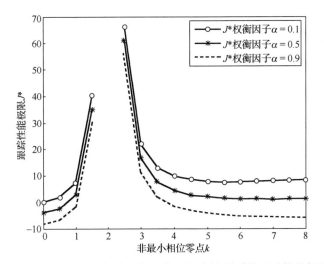

图 3.14　基于不同的权衡指标 $\alpha$ 的网络化控制系统跟踪性能极限

## 3.6　本　章　小　结

本章分别讨论了网络化控制系统在网络诱导时延约束下的连续系统和离散系统的跟踪性能极限问题，其次讨论了在网络诱导时延和数据丢包约束下的性能极限问题，随后讨论了在网络诱导时延和带宽约束下的性能极限问题，最后讨论了在双自由度控制器作用下基于时延和能量受限下网络化控制系统跟踪性能极限问题。得到的结果都表明跟踪性能极限仅仅依赖于被控对象的非最小相位零点、不稳定极点以及通信网络参数（时延、丢包和带宽等）。一些仿真实例验证了此理论结果的准确性。

# 参 考 文 献

[ 1 ] Fu M Y, Xie L H. The sector bound approach to quantized feedback control. IEEE Trans on Automatic Control, 2005, 50(11): 1698-1711.

[ 2 ] Liu G P, Xia Y Q, Chen J. Networked predictive control of systems with random network delays in both forward and feedback channels. IEEE Transactions on Industrial Electronics, 2007, 54(3): 1282-1297.

[ 3 ] 杨春曦, 关治洪, 黄剑. 马尔可夫时滞网络控制系统的稳定性. 华中科技大学学报: 自然科学版, 2009, 37(3): 86-89.

[ 4 ] Rojas A, Braslavsky H, Middleton H. Output feedback stabilization over bandwidth limited, signal to noise ratio constrained communication channels // Proceedings of the 2006 American Control Conference, Minneapolis, MN, 2006: 14-16.

[ 5 ] Xiong J L, Lam J. Stabilization of linear systems over networks with bounded packet loss. Automatica, 2009, 43(1): 80-87.

[ 6 ] 詹习生, 关治洪, 吴博. 网络化控制系统最优跟踪性能. 华中科技大学学报: 自然科学版, 2010, 38(12): 48-51.

[ 7 ] Zhan X S, Guan Z H, Zhang X H, et al. Optimal performance of SISO discrete-time systems based on network-induced delay. European Journal of Control, 2013, 19(1): 37-41.

[ 8 ] Zhan X S, Li T, Guan Z H, et al. Performance limitation of networked systems with network-induced delay and packet-dropout constraints. Asian Journal of Control, 2015, 17(6): 2452-2459.

[ 9 ] Zhan X S, Guan Z H, Zhang X H, et al. Best tracking performance of networked control systems based on communication constraints. Asian Journal of Control, 2014, 16(4): 1155-1163.

[10] Wu J, Zhan X S, Zhang X H, et al. Optimal tracking performance of networked control systems with communication delays under channel input power constraint. Transactions of the Institute of Measurement and Control, 2016.

[11] Chen J, Qiu L, Toker O. Limitations on maximal tracking accuracy. IEEE Transactions on Automatic Control, 2000, 45(2): 326-331.

[12] Toker O, Chen J, Qiu L. Tracking performance limitations in LTI multivariable discrete-time systems. IEEE Transactions on Circuits Systems-I, 2002, 49(5): 657-670.

[13]　Wang H N, Guan Z H, Ding L. Limitations on minimum tracking energy for SISO plants // Proceedings of Chinese Control and Decision Conference, Guilin, 2009: 1487-1492.

[14]　Guan Z H, Chen C Y, Feng G, et al. Optimal tracking performance limitation of networked control systems with limited bandwidth and additive colored white gaussian noise. IEEE Transactions on Circuits and Systems I: Regular Papers, 2013, 60(1): 189-198.

[15]　Zhan X S, Guan Z H, Zhang X H, et al. Optimal tracking performance and design of networked control systems with packet dropout. Journal of the Franklin Institute, 2013, 350(10): 3205-3216.

# 第 4 章　基于网络容量约束网络化控制系统性能极限

## 4.1　引　　言

本章主要介绍前向通道中存在信噪比约束的单输入单输出线性时不变网络化控制系统跟踪性能极限问题。而香农定理精确的说明了对于信噪比为 $\gamma$ 的附加高斯白噪声的通信信道容量为

$$C = B\log_2(1+\gamma)$$

值得一提的是，本章的研究结论间接给出了网络化控制系统跟踪性能极限是由被控对象的不稳定极点和网络信道的容量所决定的。这就为网络信道容量受限的控制系统设计提供了理论指导。在 4.2 节中介绍了网络容量受限环境下网络化控制系统性能极限[1]；在 4.3 节中介绍了基于信噪比约束网络化控制系统性能极限[2]；在 4.4 节中给出了具体的仿真实例；在 4.5 节中给出了本章的结论。

## 4.2　网络容量受限下网络化控制系统性能极限

### 4.2.1　问题描述

本节考虑如图 4.1 所示模型。$G$ 表示被控对象模型，$[K_1\ K_2]$ 表示双参数（双自由度）补偿器，它们的传递函数分别是 $G(s)$ 和 $[K_1(s)\ K_2(s)]$，通信通道中的特征是通过高斯白噪声 $n$ 表示的，信号 $r$、$y$、$v$ 和 $u$ 分别表示参考输入、系统输出、通信通道输入和通信通道输出。本节中 $\tilde{r}$、$\tilde{y}$、$\tilde{v}$ 和 $\tilde{u}$ 分别表示 $r(t)$、$y(t)$、$v(t)$ 和 $u(t)$ 的拉普拉斯变换。对于一个给定的参考信号 $\tilde{r}$，网络化控制系统的跟踪误差定义为 $\tilde{e} = \tilde{r} - \tilde{y}$，根据图 4.1，可以得到

$$\tilde{e} = \tilde{r} - \tilde{y} = S_1\tilde{r} + S_2\tilde{n}$$

其中

$$S_1 \triangleq \frac{1 - GK_2 - GK_1}{1 - GK_2}, \quad S_2 \triangleq \frac{G}{1 - GK_2} \tag{4.1}$$

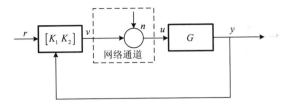

图 4.1　网络化控制系统结构图

这里参考信号 $r$ 被认为是均值为 0，方差为 $\sigma^2$ 的广义随机平稳过程[3]。假设输入信号和信道噪声之间相互独立，网络化控制系统的跟踪性能定义为

$$J = \sigma_e^2 = \|S_1\|_2^2 \sigma^2 + \sigma_n^2 \|S_2\|_2^2 \tag{4.2}$$

网络化控制系统的跟踪性能极限定义为 $J^*$，在使系统稳定的所有控制器的集合 $\mathcal{K}$ 中选择一个适当的控制器，可以得到

$$J^* = \inf_{K \in \mathcal{K}} J \tag{4.3}$$

根据图 4.1 可以得到

$$\tilde{u} = \tilde{v} + \tilde{n}$$

其中，$\tilde{n}$ 表示通信通道中的噪声，并且假设 $\tilde{n}$ 均值为 0，方差为 $\sigma_n^2$，且功率谱密度为 $\Phi_n(\mathrm{j}w) = \sigma_n^2$，$\forall w \in (-\infty, \infty)$。

信道输入的功率谱密度为 $\Phi_v(\mathrm{j}w) = \sigma_v^2$，$\forall w \in (-\infty, \infty)$。通信通道的信噪比定义为

$$\gamma \triangleq \frac{\sigma_v^2}{\sigma_n^2} \tag{4.4}$$

根据图 4.1，可以得到

$$\sigma_v^2 = \|S_0\|_2^2 \sigma^2 + \sigma_n^2 \|S_3\|_2^2$$

其中，$S_0 \triangleq \dfrac{K_1}{1 - GK_2}$，$S_3 \triangleq \dfrac{GK_2}{1 - GK_2}$。

则

$$\gamma = \frac{\sigma_v^2}{\sigma_n^2} = \frac{1}{\sigma_n^2} \|S_0\|_2^2 \sigma^2 + \|S_3\|_2^2 \tag{4.5}$$

对于有理传递函数 $G$，对其做互质分解，于是有

$$G = NM^{-1} \tag{4.6}$$

这里 $N, M \in \mathbb{R}\mathcal{H}_\infty$，并且满足 Bezout 等式

$$MX - NY = 1 \tag{4.7}$$

对任意的 $X$，$Y \in \mathbb{R}\mathcal{H}_\infty$ 都成立，任何稳定的控制器都可以通过 Youla 参数化得到

$$\mathcal{K} := \left\{ K : K = [K_1 \quad K_2] = (X - RN)^{-1} \\ \cdot [Q \quad Y - RM], Q \in \mathbb{R}\mathcal{H}_\infty, R \in \mathbb{R}\mathcal{H}_\infty \right\} \tag{4.8}$$

任意非最小相位传递函数可以分解成一个最小相位部分与全通因子的乘积，所以有

$$N = L_z N_m, \quad M = B_p M_m \tag{4.9}$$

其中，$L_z$ 和 $B_p$ 为全通因子，$N_m$ 和 $M_m$ 是最小相位部分，$N_m(\infty) = 1$，$M_m(\infty) = 0$，$L_z$ 包括被控对象 $z_i \in \mathbb{C}_+$，$i = 1, \cdots, n$ 所有右半平面零点，$B_p$ 包含被控对象 $p_j \in \mathbb{C}_+$，$j = 1, \cdots, m$ 所有右半平面极点，$L_z$ 和 $B_p$ 分别可以分解为

$$L_z(s) = \prod_{i=1}^{n} \frac{s - z_i}{s + \overline{z}_i}, \quad B_p(s) = \prod_{j=1}^{m} \frac{s - p_j}{s + \overline{p}_j} \tag{4.10}$$

## 4.2.2　基于网络容量约束网络化控制系统性能极限

根据图 4.1 以及式（4.3）和式（4.5），可以得到

$$J = \left\| S_1 \right\|_2^2 \sigma^2 + \frac{\left\| S_2 \right\|_2^2 \left\| S_0 \right\|_2^2 \sigma^2}{\gamma - \left\| S_3 \right\|_2^2} \tag{4.11}$$

根据式（4.4）、式（4.6）、式（4.7）、式（4.8）和式（4.11），有

$$J^* = \inf_{Q \in \mathbb{R}\mathcal{H}_\infty} \left\| (1 - NQ) \right\|_2^2 \sigma^2 + \frac{\inf_{Q \in \mathbb{R}\mathcal{H}_\infty} \left\| MQ \right\|_2^2 \inf_{R \in \mathbb{R}\mathcal{H}_\infty} \left\| N(X - NR) \right\|_2^2 \sigma^2}{\gamma - \inf_{R \in \mathbb{R}\mathcal{H}_\infty} \left\| N(Y - MR) \right\|_2^2} \tag{4.12}$$

很明显，为了得到 $J^*$，必须选择合适的 $R$ 和 $Q$。

**定理 4.1**　如图 4.1 所示的网络化控制系统，假设有不稳定极点 $p_j \in \mathbb{C}_+$，$j = 1, \cdots, m$ 和非最小相位零点 $z_i \in \mathbb{C}_+$，$i = 1, \cdots, n$，并且通信通道存在信噪比 $\gamma$ 的约束，可得跟踪性能极限为

$$J^* = \sigma^2 \sum_{i=1}^{n} 2\mathrm{Re}(z_i) + 2\sigma^2 \sum_{i=1}^{n_s} s_i - \frac{2\sigma^2}{\pi} \int_0^\infty \log |f(\mathrm{j}w)| \mathrm{d}w$$

其中，$z_i$ 如式（4.10）中所定义，$s_i$ 和 $f(s)$ 将在下面证明过程中被定义。

证明：根据式（4.12），可以得到

$$J_1^* = \frac{\inf_{R \in \mathbb{R}\mathcal{H}_\infty} \left\| N(X - NR) \right\|_2^2}{\gamma - \inf_{R \in \mathbb{R}\mathcal{H}_\infty} \left\| N(Y - MR) \right\|_2^2} \tag{4.13}$$

然后可以得到

$$J_{11}^* = \inf_{R \in \mathbb{RH}_\infty} \left\| N(Y - MR) \right\|_2^2, \quad J_{12}^* = \inf_{R \in \mathbb{RH}_\infty} \left\| N(X - NR) \right\|_2^2$$

因为 $L_z$ 和 $B_p$ 是全通因子，所以有

$$J_{11}^* = \inf_{R \in \mathbb{RH}_\infty} \left\| \frac{Y N_m}{B_p} - M_m R N_m \right\|_2^2$$

根据部分分式分解可以写出

$$\frac{Y N_m}{B_p} = \Gamma^\perp + \Gamma$$

其中，$\Gamma^\perp \in H_2^\perp$，$\Gamma \in H_2$。

因此

$$J_{11}^* = \inf_{R \in \mathbb{RH}_\infty} \left\| \Gamma^\perp + \Gamma - M_m R N_m \right\|_2^2$$

因为 $N_m$，$M_m$ 是最小相位部分，所以有

$$J_{11}^* = \left\| \Gamma^\perp \right\|_2^2 + \inf_{R \in \mathbb{RH}_\infty} \left\| \Gamma - M_m R N_m \right\|_2^2$$

因此

$$J_{11}^* = \left\| \Gamma^\perp \right\|_2^2$$

根据文献[4]的方法，可以得到

$$J_{11}^* = \sum_{j=1}^m \sum_{k=1}^m \left( \frac{Y_j \overline{Y}_k}{p_j + \overline{p}_k} \right), \quad Y_j \triangleq -2\,\mathrm{Re}(p_j) L_z^{-1}(p_j) \prod_{\substack{i \in N \\ i \neq j}}^m \frac{(p_j + \overline{p}_k)}{(p_j - p_k)} \qquad (4.14)$$

同样可以得到

$$J_{12}^* = \sum_{i=1}^n \sum_{k=1}^n \left( \frac{\lambda_i \overline{\lambda}_k}{z_i + \overline{z}_k} \right), \quad \lambda_i \triangleq -2\,\mathrm{Re}(z_i) B_p^{-1}(z_i) \prod_{\substack{i \in N \\ i \neq j}}^m \frac{(z_i + \overline{z}_k)}{(z_i - z_k)} \qquad (4.15)$$

根据式（4.13）、式（4.14）和式（4.15）有

$$J_1^* \geqslant \frac{J_{12}^*}{\gamma - J_{11}^*} \qquad (4.16)$$

根据式（4.12）和式（4.16），$J^*$ 可以写成

$$J^* = \inf_{Q \in \mathbb{RH}_\infty} \left\| (1 - NQ) \right\|_2^2 \sigma^2 + \inf_{Q \in \mathbb{RH}_\infty} \left\| MQ \right\|_2^2 J_1^* \sigma^2$$

$$= \inf_{Q \in \mathbb{RH}_\infty} \left\| \begin{array}{c} (I - NQ) \\ \sqrt{J_1^*} MQ \end{array} \right\|_2^2 \sigma^2$$

因为 $L_z$ 和 $B_p$ 是全通因子，所以有

$$J^* = \inf_{Q \in \mathbb{RH}_\infty} \left\| \begin{array}{c} (L_z^{-1} - 1 + 1 - N_m Q) \\ \sqrt{J_1^*} M_m Q \end{array} \right\|_2^2 \sigma^2$$

可以注意到 $(L_z^{-1} - 1) \in H_2^\perp$，同时 $(1 - N_m Q) \in H_2$，$M_m Q \in H_2$ 所以

$$J^* = \left\| \begin{array}{c} L_z^{-1} - 1 \\ 0 \end{array} \right\|_2^2 \sigma^2 + \inf_{Q \in \mathbb{RH}_\infty} \left\| \begin{array}{c} 1 - N_m Q \\ \sqrt{J_1^*} M_m Q \end{array} \right\|_2^2 \sigma^2$$

根据文献[5]的结论可以得到

$$\left\| \begin{array}{c} L_z^{-1} - 1 \\ 0 \end{array} \right\|_2^2 \sigma^2 = \sigma^2 \sum_{i=1}^n 2 \operatorname{Re}(z_i)$$

定义

$$J_2^* = \inf_{Q \in \mathbb{RH}_\infty} \left\| \begin{array}{c} 1 - N_m Q \\ \sqrt{J_1^*} M_m Q \end{array} \right\|_2^2 \sigma^2$$

根据简单的计算可以得到

$$J_2^* = \inf_{Q \in \mathbb{RH}_\infty} \left\| \begin{pmatrix} 1 \\ 0 \end{pmatrix} + \begin{pmatrix} -N_m \\ \sqrt{J_1^*} M_m \end{pmatrix} Q \right\|_2^2 \sigma^2$$

根据 Francis[6] 中的知识，引入内外分解

$$\begin{pmatrix} -N_m \\ \sqrt{J_1^*} M_m \end{pmatrix} = \Delta_i \Delta_0 \tag{4.17}$$

定义

$$\psi \triangleq \begin{pmatrix} \Delta_i^{\mathrm{T}} \\ I - \Delta_i \Delta_i^{\mathrm{T}} \end{pmatrix}$$

很容易可以看出 $\psi^{\mathrm{T}} \psi = I$，随后有

$$J_2^* = \inf_{Q \in \mathbb{R}\mathcal{H}_\infty} \left\| \psi\left( \begin{pmatrix} 1 \\ 0 \end{pmatrix} + \begin{pmatrix} -N_m \\ \sqrt{J_1^*}\, M_m \end{pmatrix} Q \right) \right\|_2^2 \sigma^2$$

$$= \inf_{Q \in \mathbb{R}\mathcal{H}_\infty} \left\| W_1 + W_2 + \Delta_0 Q \right\|_2^2 \sigma^2$$

其中，$W_1 = -\Delta_0^{-H} N_m$，$W_2 = \begin{pmatrix} 1 - N_m \Delta_0^{-1} \Delta_0^{-H} N_m \\ \sqrt{J_1^*}\, M_m \Delta_0^{-1} \Delta_0^{-H} N_m \end{pmatrix}$。

定义

$$f(s) = N_m(s) \Delta_0^{-1}(s) \Delta_0^{-H}(\infty) N_m(\infty)$$

并且作 $f(s)$ 的分解

$$f(s) = \left( \prod_{i=1}^{n_s} \frac{s - s_i}{\bar{s}_i + s} \right) f_m(s)$$

其中，$f_m(s) \in \mathbb{R}\mathcal{H}_\infty$，$s_i \in \mathbb{C}_+$ 分别是 $f(s)$ 的非最小相位零点与 $f_m(s)$ 的最小相位零点，然后有 $f_m(\infty) = f(\infty) = 1$，可以得到

$$J_2^* = \left\| \Delta_0^{-H} N_m - \Delta_0^{-H}(\infty) N_m(\infty) \right\|_2^2 \sigma^2 + \left\| W_2 \right\|_2^2 \sigma^2$$

根据 Chen[7]的结论有

$$J_2^* = 2\sigma^2 \sum_{i=1}^{n_s} s_i - \frac{2\sigma^2}{\pi} \int_0^\infty \log |f(jw)| \mathrm{d}w$$

通过简单的计算，可以得到

$$J^* = \sigma^2 \sum_{i=1}^{n} 2\,\mathrm{Re}(z_i) + 2\sigma^2 \sum_{i=1}^{n_s} s_i - \frac{2\sigma^2}{\pi} \int_0^\infty \log |f(jw)| \mathrm{d}w$$

证毕。

定理 4.1 说明了在单输入单输出网络化控制系统跟踪参考信号性能极限取决于被控对象的非最小相位零点、不稳定极点以及参考信号的功率谱密度和网络通道中的信噪比约束。由于网络通道中信噪比约束的作用，使得系统的最小跟踪误差变大。

**推论 4.1**　（1）在定理 4.1 中，如果 $\gamma \to \gamma_{\mathrm{inf}}$，于是有 $J^* \to \infty$。其中，$\gamma_{\mathrm{inf}}$ 表示在系统稳定下的信噪比的最大下界。

（2）在定理 4.1 中，如果 $\gamma \to \infty$，于是有 $J^* \to \sigma^2 \sum_{i=1}^{n} 2\,\mathrm{Re}(z_i)$。

### 4.2.3　仿真分析

为了验证系统跟踪性能极限是如何受信噪比限制的，考虑网络通道的模型 Silva[8]

$$\gamma = \frac{3}{\alpha^2}(2^b - 1)$$

其中，$b$ 表示量化的比特数，$\alpha$ 表示过载系数，在本节中，考虑 $\alpha = 4$，考虑被控对象传递函数为

$$G(s) = \frac{s-1}{s(s+3)(s+2)}$$

其中，$b \in (1,10)$，非最小相位零点 $z = 1$，参考信号的功率谱密度是 $\sigma^2 = 0.4$，根据定理 4.1，得到系统跟踪性能极限为

$$J^* = 0.8 + 0.8\left(\sum_{i=1}^{n_s} s_i - \frac{1}{\pi}\int_0^{\infty} \log|f(jw)|\mathrm{d}w\right)$$

随着不同信噪比约束下单输入单输出网络化控制系统的跟踪性能极限如图 4.2 所示。从图 4.2 中可以看出，跟踪性能极限由于通信约束而变得更差，还可以看出，通信通道的信噪比越大，网络化控制系统的跟踪性能极限就越好。

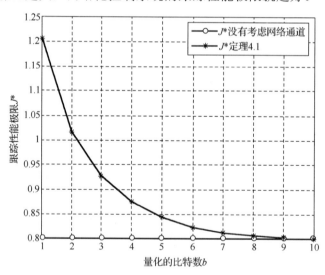

图 4.2　网络化控制系统跟踪性能极限

考虑 Silva[8]的网络通道模型

$$\gamma = \frac{3}{\alpha^2}(2^b - 1)$$

其中，$b$ 表示量化的比特数，$\alpha$ 表示过载系数，在本节中，考虑 $\alpha = 4$，$b = 16$。

考虑不稳定系统传递函数为

$$G(s) = \frac{(s-1)(s+1)}{s(s-k)(s+2)}$$

非最小相位零点 $z=1$，对任何的 $|k| > 1$，系统有不稳定极点 $p_1 = k$，参考信号的功率谱密度是 $\sigma^2 = 0.4$，可以得到

$$J_1^* \geq \frac{18}{12287.8(k-1)^2 - 2k(k+2)^2}$$

根据定理 4.1，跟踪性能极限为

$$J^* = 0.8 + 0.8\left(\sum_{i=1}^{n_s} s_i - \frac{1}{\pi}\int_0^\infty \log|f(jw)|\mathrm{d}w\right)$$

随着不稳定极点的变化，单输入单输出网络化控制系统的跟踪性能极限如图 4.3 所示。从图 4.3 中可以看出，系统的跟踪性能由于不稳定极点的存在而变的很差，同时也可以看出当通信通道不存在的时候，跟踪性能极限取决于非最小相位零点。

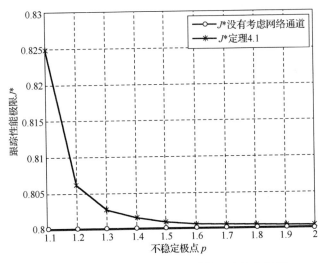

图 4.3　不同不稳定极点下的系统跟踪性能极限

## 4.3　基于信噪比约束网络化控制系统性能极限

### 4.3.1　问题描述

本节考虑通信信道参数约束是通信信道的容量（即信噪比 SNR）情况。基于通信信道 SNR 约束单输入单输出线性时不变网络化控制系统如图 4.4 所示。

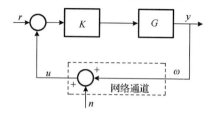

图 4.4　基于信噪比单自由度控制框图

问题：基于通信信道信噪比约束研究网络化控制系统的跟踪性能极限。

在图 4.4 中，$G$ 代表对象的模型，$K$ 代表单自由度补偿器，$G(s)$ 和 $K(s)$ 分别代表它们的传递函数。通信信道的特征通过高斯白噪声 $n$ 体现。信号 $r$、$y$、$\omega$ 和 $u$ 分别代表了参考输入信号、系统输出、通信信道输入和输出。对于给定的参考信号 $\tilde{r}$，系统的跟踪误差定义为 $\tilde{e} = \tilde{r} - \tilde{y}$。根据图 4.4 很容易得到

$$\tilde{e} = \tilde{r} - \tilde{y} = S(s)\tilde{r} + T(s)\tilde{n}$$

其中

$$S(s) \triangleq \frac{1}{(1 + G(s)K(s))}, \quad T(s) \triangleq 1 - S(s) \tag{4.18}$$

根据图 4.4，有

$$u = \omega + n$$

其中，$n$ 为通信信道的附加噪声。

本节考虑参考输入信号 $r$ 是一个均值为零、方差为 $\sigma^2$ 的广义随机变量。由于这里只关心网络化控制系统的性能问题，因此系统的跟踪性能指标被定义为跟踪误差的方差，同时假设高斯白噪声和参考信号是互不关联的，则

$$J = \sigma_e^2 = \|S(s)\|_2^2 \sigma^2 + \sigma_n^2 \|T(s)\|_2^2 \tag{4.19}$$

通过图 4.4 可以得到

$$\sigma_\omega^2 = \|T\|_2^2 \sigma^2 + \sigma_n^2 \|T\|_2^2$$

根据式（4.4）可以得到

$$\gamma = \frac{\sigma_\omega^2}{\sigma_n^2} = \frac{1}{\sigma_n^2} \|T\|_2^2 \sigma^2 + \|T\|_2^2 \tag{4.20}$$

根据文献[6]，所有使系统稳定的补偿器集合 $\mathcal{K}$ 都可以用 Youla 参数化来表示

$$\mathcal{K} := \left\{ K : K = -\frac{(Y - MQ)}{X - NQ}, \quad Q \in \mathbb{R}\mathcal{H}_\infty \right\} \tag{4.21}$$

其中，$X$，$Y \in \mathbb{R}\mathcal{H}_\infty$。

**引理 4.1**（$\gamma$ 的界定）　考虑图 4.4 中的单输入单输出的线性时不变系统，当参考输入信号 $r=0$ 时，为了使反馈系统稳定，$\gamma$ 必须满足

$$\gamma > \gamma_{\inf} = \sum_{i,j=1}^{m} \frac{4\operatorname{Re}(p_j)\operatorname{Re}(p_i)}{\overline{b}_j b_i(\overline{p}_j + p_i)}, \quad b_j = \prod_{\substack{i \in m \\ i \neq j}} \frac{p_i - p_j}{\overline{p}_i + p_j}$$

其中，$\gamma_{\inf}$ 是使本节中的网络化控制系统稳定的通信信道信噪比的最大下确界。

证明：根据式（4.20）和王后能[9]中的理论，为了使反馈系统稳定，信道信噪比 $\gamma$ 必须满足 $\gamma > \gamma_{\inf}$，其中

$$\gamma_{\inf} \triangleq \inf_{Q \in \mathbb{R}\mathcal{H}_\infty} \|T\|_2^2 \tag{4.22}$$

根据式（4.6）、式（4.7）、式（4.18）和式（4.22），可以得到

$$\gamma_{\inf} = \inf_{Q \in \mathbb{R}\mathcal{H}_\infty} \|(Y - MQ)N\|_2^2$$

由于 $B_p$ 是全通因子，则

$$\gamma_{\inf} = \inf_{Q \in \mathbb{R}\mathcal{H}_\infty} \|B_p^{-1}YN - M_m QN\|_2^2$$

根据部分分式展开，可以得到

$$B_p^{-1}(s)N(s)Y(s) = \sum_{j=1}^{m} \frac{s + \overline{p}_j}{s - p_j} \frac{N(p_j)Y(p_j)}{b_j} + R_1$$

其中，$R_1 \in \mathbb{R}\mathcal{H}_\infty$，$b_j = \prod_{\substack{i \in N \\ i \neq j}} \frac{p_i - p_j}{\overline{p}_i + p_j}$。

则

$$\gamma_{\inf} = \inf_{Q \in \mathbb{R}\mathcal{H}_\infty} \left\| \sum_{j=1}^{m} \frac{s + \overline{p}_j}{s - p_j} \frac{N(p_j)Y(p_j)}{b_j} + R_1 - M_m QN \right\|_2^2$$

$$= \inf_{Q \in \mathbb{R}\mathcal{H}_\infty} \left\| \sum_{j=1}^{m} \left( \frac{s + \overline{p}_j}{s - p_j} - 1 \right) \frac{N(p_j)Y(p_j)}{b_j} + R_2 - M_m QN \right\|_2^2$$

其中，$R_2 \in \mathbb{R}\mathcal{H}_\infty$，$R_2 = R_1 + \sum_{j=1}^{m} \frac{N(p_j)Y(p_j)}{b_j}$。

因为 $\sum_{j=1}^{m} \left( \frac{s + \overline{p}_j}{s - p_j} - 1 \right) \frac{N(p_j)Y(p_j)}{b_j}$ 属于 $H_2^\perp$ 空间，$(R_2 - M_m QN)$ 属于 $H_2$ 空间。所以

$$\gamma_{\text{inf}} = \left\| \sum_{j=1}^{m} \left( \frac{s + \overline{p}_j}{s - p_j} - 1 \right) \frac{N(p_j)Y(p_j)}{b_j} \right\|_2^2 + \inf_{Q \in \mathbb{R}\mathcal{H}_\infty} \left\| R_2 - M_m Q N \right\|_2^2$$

由于 $N$ 和 $M_m$ 都是外部函数和最小相位，可以得到

$$\inf_{Q \in \mathbb{R}\mathcal{H}_\infty} \left\| (R_2 - M_m Q N) \right\|_2^2 = 0$$

通过计算可以得到

$$\frac{s + \overline{p}_j}{s - p_j} - 1 = \frac{2\operatorname{Re}(p_j)}{s - p_j}$$

因此可以重新得到 $\gamma_{\text{inf}}$

$$\gamma_{\text{inf}} = \left\| \sum_{j=1}^{m} \frac{2\operatorname{Re}(p_j)}{s - p_j} \frac{N(p_j)Y(p_j)}{b_j} \right\|_2^2$$
$$= \sum_{i,j=1}^{m} \frac{4\operatorname{Re}(p_j)\operatorname{Re}(p_i)}{\overline{b}_j b_i (\overline{p}_j + p_i)} (N(p_i)Y(p_j))^H N(p_i)Y(p_j)$$

同时，根据式（4.7）和 $M(p_j) = 0$ 可以得到

$$Y(p_j) = -N^{-1}(p_j)$$

则

$$N(p_i)Y(p_j) = -1$$

证明完毕。

### 4.3.2　基于 SNR 约束的单自由度跟踪性能极限

回到图 4.4 中，根据式（4.19）和式（4.20），可将 $J$ 写为

$$J = \left\| S(s) \right\|_2^2 \sigma^2 + \frac{\left\| T(s) \right\|_2^2 \left\| T(s) \right\|_2^2 \sigma^2}{\gamma - \left\| T(s) \right\|_2^2} \tag{4.23}$$

根据式（4.3）和式（4.23），可以将 $J^*$ 写为

$$J^* = \inf_{Q \in \mathbb{R}\mathcal{H}_\infty} \left\| S(s) \right\|_2^2 \sigma^2 + \inf_{Q \in \mathbb{R}\mathcal{H}_\infty} \frac{\left\| T(s) \right\|_2^2 \left\| T(s) \right\|_2^2 \sigma^2}{\gamma - \left\| T(s) \right\|_2^2} \tag{4.24}$$

很明显，要想得到 $J^*$，必须选择合适的 $Q$。

**定理 4.2**　如果 $G(s)$ 可因式分解成式（4.6）和式（4.9），并且通信信道的信噪比为 $\gamma$（可以使系统稳定），则

$$J^* > \frac{J_2^2}{\gamma - J_2} \sigma^2 \tag{4.25}$$

其中

$$J_2^* = \sum_{i,j=1}^{m} \frac{4\,\mathrm{Re}(p_j)\mathrm{Re}(p_i)}{\overline{b}_j b_i (\overline{p}_j + p_i)}, \quad b_j = \prod_{\substack{i \in m \\ i \neq j}} \frac{p_i - p_j}{\overline{p}_i + p_j}$$

证明：根据式（4.24），定义

$$J_1^* = \inf_{Q \in \mathbb{RH}_\infty} \|S(s)\|_2^2, \quad J_2^* = \inf_{Q \in \mathbb{RH}_\infty} \|T(s)\|_2^2 \tag{4.26}$$

根据式（4.6）、式（4.7）、式（4.18）和式（4.26），可得到

$$J_1^* = \inf_{Q \in \mathbb{RH}_\infty} \|(X - NQ_1)M\|_2^2$$

因为 $B_p$ 是全通因子，可得到

$$J_1^* = \inf_{Q \in \mathbb{RH}_\infty} \|XM_m - NQ_1 M_m\|_2^2$$

因为 $M_m$ 和 $N$ 都是外部函数和最小相位，则

$$J_1^* = 0$$

根据引理 4.1 中同样的证明，可得到

$$J_2^* = \sum_{i,j=1}^{m} \frac{4\,\mathrm{Re}(p_j)\mathrm{Re}(p_i)}{\overline{b}_j b_i (\overline{p}_j + p_i)}, \quad b_j = \prod_{\substack{i \in m \\ i \neq j}} \frac{p_i - p_j}{\overline{p}_i + p_j}$$

证明完毕。

定理 4.2 表明了基于通信信道信噪比约束的单输入单输出网络化控制系统跟踪参考信号性能极限。跟踪性能极限主要取决于给定对象的不稳定极点、给定参考信号的功率谱密度和信道的 SNR。由于网络化控制系统通信信道的 SNR 约束，恶化了网络化控制系统跟踪性能极限。

**推论 4.2** （1）在定理 4.2 中，若 $\gamma \to \gamma_{\mathrm{inf}}$，则 $J^* \to \infty$。

（2）在定理 4.2 中，若 $\gamma \to \infty$，则 $J^* \to 0$。

### 4.3.3　基于 SNR 约束的双自由度性能极限

本节考虑系统模型结构如图 4.5 所示。图 4.5 中所有变量定义与图 4.4 中一样。控制系统的跟踪误差定义为

$$E = R - Y = S_1(s)R + S_2(s)N$$

其中

$$S_1(s) \triangleq \frac{1 - GK_2 - GK_1}{1 - GK_2}, \quad S_2(s) \triangleq \frac{GK_2}{1 - GK_2} \tag{4.27}$$

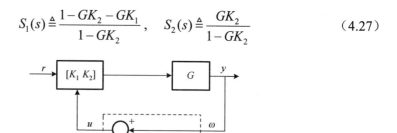

图 4.5  基于信噪比双自由度控制框图

网络化控制系统的跟踪性能指标被定义为跟踪误差的方差

$$J = \sigma_e^2 = \|S_1(s)\|_2^2 \sigma^2 + \sigma_n^2 \|S_2(s)\|_2^2 \tag{4.28}$$

根据图 4.5 可以得到通信信道输入信号功率

$$\sigma_\omega^2 = \|S_0(s)\|_2^2 \sigma^2 + \sigma_n^2 \|S_2(s)\|_2^2$$

其中

$$S_0(s) \triangleq \frac{GK_1}{1 - GK_2}$$

根据式（4.4），可以得到通信信道的信噪比

$$\gamma = \frac{\sigma_\omega^2}{\sigma_n^2} = \frac{1}{\sigma_n^2} \|S_0(s)\|_2^2 \sigma^2 + \|S_2(s)\|_2^2 \tag{4.29}$$

根据式（4.28）和式（4.29），可以得到网络化控制系统的跟踪性能指标

$$J = \|S_1(s)\|_2^2 \sigma^2 + \frac{\|S_2(s)\|_2^2 \|S_0(s)\|_2^2 \sigma^2}{\gamma - \|S_2(s)\|_2^2} \tag{4.30}$$

根据式（4.3）、式（4.8）和式（4.30）可以将 $J^*$ 写成

$$J^* = \inf_{Q \in \mathbb{R}\mathcal{H}_\infty} \|(1 - NQ)\|_2^2 \sigma^2 + \frac{\displaystyle\inf_{Q \in \mathbb{R}\mathcal{H}_\infty} \|NQ\|_2^2 \sigma^2 \inf_{R \in \mathbb{R}\mathcal{H}_\infty} \|N(Y - MR)\|_2^2}{\gamma - \displaystyle\inf_{R \in \mathbb{R}\mathcal{H}_\infty} \|N(Y - MR)\|_2^2} \tag{4.31}$$

**定理 4.3**  如果 $G(s)$ 可分解为式（4.6）和式（4.9），考虑给定通信信道信噪比 $\gamma$（使得系统稳定的 $\gamma$），则

$$J^* = \frac{J_1^*}{\gamma} \sigma^2 \tag{4.32}$$

$$J_1^* = \sum_{i,j=1}^m \frac{4\mathrm{Re}(p_j)\mathrm{Re}(p_i)}{\overline{b}_j b_i (\overline{p}_j + p_i)}, \quad b_j = \prod_{\substack{i\in m \\ i\neq j}} \frac{p_i - p_j}{\overline{p}_i + p_j}$$

证明：根据式（4.31），定义

$$J_1^* = \inf_{R \in \mathbb{RH}_\infty} \left\| N(Y - MR) \right\|_2^2$$

根据定理 4.2，可以得到

$$J_1^* = \sum_{i,j=1}^m \frac{4\mathrm{Re}(p_j)\mathrm{Re}(p_i)}{\overline{b}_j b_i (\overline{p}_j + p_i)}, \quad b_j = \prod_{\substack{i\in m \\ i\neq j}} \frac{p_i - p_j}{\overline{p}_i + p_j}$$

则式（4.31）可以重新表示成

$$J^* = \inf_{Q \in \mathbb{RH}_\infty} \left\| (1 - NQ) \right\|_2^2 \sigma^2 + \inf_{Q \in \mathbb{RH}_\infty} \left\| NQ \right\|_2^2 \sigma^2 \frac{J_1^*}{\gamma - J_1^*} \qquad （4.33）$$

定义

$$\varepsilon = \frac{J_1^*}{\gamma - J_1^*}$$

则式（4.33）可以改写成

$$J^* = \inf_{Q \in \mathbb{RH}_\infty} \left\| \begin{matrix} (1 - NQ) \\ \sqrt{\varepsilon} NQ \end{matrix} \right\|_2^2 \sigma^2$$

进一步 $J^*$ 可以表示成

$$J^* = \inf_{Q \in \mathbb{RH}_\infty} \left\| \begin{bmatrix} 1 \\ 0 \end{bmatrix} + \begin{bmatrix} -1 \\ \sqrt{\varepsilon} \end{bmatrix} NQ \right\|_2^2 \sigma^2$$

根据 Francis[6]，同样引入一个内外部的因式分解

$$\begin{bmatrix} -1 \\ \sqrt{\varepsilon} \end{bmatrix} N = \Delta_i \Delta_0$$

因为 $N$ 是最小相位的，因此很容易得到

$$N\sqrt{1 + \varepsilon} = \Delta_0$$

和

$$\Delta_i = \frac{1}{\sqrt{1 + \varepsilon}} \begin{bmatrix} -1 \\ \sqrt{\varepsilon} \end{bmatrix}$$

为找到 $Q$，定义

$$\psi \triangleq \begin{bmatrix} \Delta_i^{\mathrm{T}} \\ I - \Delta_i \Delta_i^{\mathrm{T}} \end{bmatrix}$$

$J^*$ 可以改写成

$$J^* = \inf_{Q \in \mathbb{RH}_\infty} \left\| \psi \left( \begin{bmatrix} 1 \\ 0 \end{bmatrix} + \begin{bmatrix} -1 \\ \sqrt{\varepsilon} \end{bmatrix} NQ \right) \right\|_2^2 \sigma^2$$

$$= \inf_{Q \in \mathbb{RH}_\infty} \left\| \left( \Delta_i^{\mathrm{T}} \begin{bmatrix} 1 \\ 0 \end{bmatrix} + \Delta_i^{\mathrm{T}} \begin{bmatrix} -1 \\ \sqrt{\varepsilon} \end{bmatrix} NQ \right) \right\|_2^2 \sigma^2 + \left\| \left[ (I - \Delta_i \Delta_i^{\mathrm{T}}) \begin{bmatrix} 1 \\ 0 \end{bmatrix} + (I - \Delta_i \Delta_i^{\mathrm{T}}) \begin{bmatrix} -1 \\ \sqrt{\varepsilon} \end{bmatrix} NQ \right] \right\|_2^2 \sigma^2$$

$$= \inf_{Q \in \mathbb{RH}_\infty} \left\| \left( \Delta_i^{\mathrm{T}} \begin{bmatrix} 1 \\ 0 \end{bmatrix} + \Delta_i^{\mathrm{T}} \Delta_i \Delta_0 Q \right) \right\|_2^2 \sigma^2 + \left\| \left[ (I - \Delta_i \Delta_i^{\mathrm{T}}) \begin{bmatrix} 1 \\ 0 \end{bmatrix} + (I - \Delta_i \Delta_i^{\mathrm{T}}) \Delta_i \Delta_0 Q \right] \right\|_2^2 \sigma^2$$

又因为

$$\Delta_i^{\mathrm{T}} \Delta_i = I$$

所以进一步化简 $J^*$，得到

$$J^* = \inf_{Q \in \mathbb{RH}_\infty} \left\| \left( \Delta_i^{\mathrm{T}} \begin{bmatrix} 1 \\ 0 \end{bmatrix} + \Delta_0 Q \right) \right\|_2^2 \sigma^2 + \left\| (I - \Delta_i \Delta_i^{\mathrm{T}}) \begin{bmatrix} 1 \\ 0 \end{bmatrix} \right\|_2^2 \sigma^2$$

因为 $Q \in \mathbb{RH}_\infty$，所以

$$\inf_{Q \in \mathbb{RH}_\infty} \left\| \left( \Delta_i^{\mathrm{T}} \begin{bmatrix} 1 \\ 0 \end{bmatrix} + \Delta_0 Q \right) \right\|_2^2 \sigma^2 = 0$$

通过简单的计算，可以得到 $J^*$

$$J^* = \left\| (I - \Delta_i \Delta_i^{\mathrm{T}}) \begin{bmatrix} 1 \\ 0 \end{bmatrix} \right\|_2^2 \sigma^2$$

$$= \left\| \begin{bmatrix} \dfrac{\varepsilon}{1+\varepsilon} & \dfrac{\sqrt{\varepsilon}}{1+\varepsilon} \\ \dfrac{\sqrt{\varepsilon}}{1+\varepsilon} & \dfrac{1}{1+\varepsilon} \end{bmatrix} \begin{bmatrix} 1 \\ 0 \end{bmatrix} \right\|_2^2 \sigma^2$$

$$= \left\| \begin{bmatrix} \dfrac{\varepsilon}{1+\varepsilon} \\ \dfrac{\sqrt{\varepsilon}}{1+\varepsilon} \end{bmatrix} \right\|_2^2 \sigma^2$$

$$= \begin{bmatrix} \dfrac{\varepsilon}{1+\varepsilon} & \dfrac{\sqrt{\varepsilon}}{1+\varepsilon} \end{bmatrix} \begin{bmatrix} \dfrac{\varepsilon}{1+\varepsilon} \\ \dfrac{\sqrt{\varepsilon}}{1+\varepsilon} \end{bmatrix} \sigma^2$$

$$= \dfrac{\varepsilon}{1+\varepsilon} \sigma^2$$

证明完毕。

定理 4.3 表明了网络化控制系统的跟踪性能极限是由给定对象的不稳定极点、给定参考信号的功率谱密度和通信信道信噪比决定的。

### 4.3.4 数值仿真

基于通信信道信噪比约束的网络化控制系统被用来验证定理 4.2 和定理 4.3。采用 Silva 等[8]给出的信噪比模型

$$\gamma = \frac{3}{\alpha^2}(2^b - 1)$$

其中，$b$ 是量化位数，$\alpha$ 为负载因数。在这里 $\alpha = 4$。

考虑不稳定的对象及参考信号模型为

$$G(s) = \frac{0.3}{s(s-1)(s+3)}, \quad \sigma^2 = 0.02$$

采样周期为 1s。

当 $b \in (4,16)$，根据定理 4.2，网络化控制系统跟踪性能极限

$$J^* > \frac{0.08}{\gamma - 2}$$

根据定理 4.3，网络化控制系统跟踪性能极限

$$J^* = \frac{0.04}{\gamma}$$

基于不同的信噪比的单输入单输出网络化控制系统的跟踪性能极限如图 4.6 所示。从图 4.6 中可以看出，由于反馈控制系统中通信信道的信噪比的约束，网络化控制系统的跟踪性能受到破坏，同时还可以看出采用二自由度控制器能够提高控制系统跟踪性能。

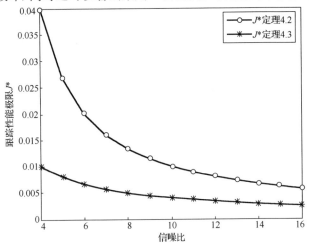

图 4.6 基于不同信噪比的系统性能极限

# 4.4　本　章　小　结

本章主要讨论了基于通信信道容量（信噪比）约束的单输入单输出网络化控制系统跟踪性能极限的问题。并且提供了基于通信信道信噪比约束的网络化控制系统结构。通过 $H_2$ 范数和谱分解技术得到网络化控制系统跟踪性能极限显式表达式。结果表明网络化控制系统跟踪性能极限受到给定对象的不稳定极点、给定参考信号的功率谱密度和通信信道信噪比限制，同时研究也清楚地表明了通信信道信噪比是如何从根本上降低系统的跟踪能力。通信信道信噪比越大，网络化控制系统跟踪性能极限越好，通信信道信噪比越小，网络化控制系统跟踪性能极限越小，甚至不稳定。仿真结果验证了该理论的正确性。

## 参 考 文 献

[ 1 ] Zhan X S, Guan Z H, Zhang X H, et al. Optimal performance of networked control systems over limited communication channels. Transactions of the Institute of Measurement and Control, 2014, 36(5): 637-643.

[ 2 ] Zhan X S, Guan Z H, Fuan F S, et al. Performance analysis of networked control systems based on SNR constraints. International Journal of Innovative Computing Information and Control, 2012, 8(12): 8287-8298.

[ 3 ] Li Y Q, Tuncel E, Chen J. Optimal tracking over an additive white Gaussian noise channel// Proceedings of 2009 American Control Conference, USA, 2009: 4026-4031.

[ 4 ] Wang H N, Guan Z H, Ding L, et al. Tracking and disturbance rejection for networked feedback systems under control energy constraint // Proceeding of the 27th Chinese Control Conference, Kunming, 2008: 578-581.

[ 5 ] Braslavsky J H, Middleton R H, Freudenberg J S. Feedback stabilization over signal-to-noise ratio constrained channels. IEEE Transactions on Automatic Control, 2007, 52: 1391-1403.

[ 6 ] Francis B A. A Course in H∞ Control Theory. Berlin: Springer-Verlag, 1987.

[ 7 ] Chen J, Hara S, Chen G. Best tracking and regulation performance under control energy constraint. IEEE Transactions on Automatic Control, 2003, 48(8): 1320-1336.

[ 8 ] Silva E I, Quevedo D E, Goodwin G C. Optimal controller design for networked control systems// Proceeding of the 17th World Congress the International Federation of Automatic Control, Seoul, Korea, 2008: 5167-5172.

[ 9 ] 王后能. 控制系统性能优化分析与设计限制研究[博士学位论文]. 武汉: 华中科技大学, 2009.

# 第5章  基于带宽约束网络化控制系统性能极限

## 5.1  引　　言

信道的带宽对于网络化控制系统的设计是非常重要的。Rojas 等[1]研究了具有高斯有色噪声通信信道影响下单输入单输出连续线性时不变时滞系统的稳定性。本章主要介绍基于通信带宽约束和信道编码优化设计研究多输入多输出网络化控制系统性能极限。在 5.2 节中介绍了问题的描述[2]；在 5.3 节中介绍了基于带宽约束多输入多输出网络化控制系统性能极限；在 5.4 节中给出了具体的仿真实例；在 5.5 节中给出了本章的结论。

## 5.2  问 题 描 述

考虑如图 5.1 所描述的多输入多输出网络化控制系统跟踪参考信号，并且通信网络在反馈回路中经过编码器和解码器，并且考虑带宽限制，同时采用了双自由度控制器控制方案。在图 5.1 中，$G$ 表示对象模型，$[K_1\ K_2]$ 表示双自由度控制器，它们的传递函数矩阵分别为 $G(s)$ 和 $[K_1(s)\ K_2(s)]$；$A$ 表示编码器，$A^{-1}$ 表示解码器；通信网络用两个参数来描述：网络传递函数矩阵 $F(s)$ 和附加高斯白噪声 $n(t)$。其中 $F(s)$ 被用来模拟网络带宽，并假定它是稳定，最小相位。这里选择低通 Butterworth 滤波器。

$$F(s) = \mathrm{diag}(f_1(s), \cdots, f_n(s))$$

为了技术分析的方便，假设 $A = \sqrt{\lambda}I$ 。

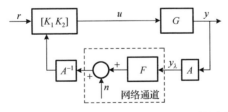

图 5.1　基于信道约束和编码设计控制系统框图

信号 $r$、$y$、$y_\lambda$ 和 $e$ 分别表示参考输入、系统输出、通信信道输入信号和系统的跟踪误差信号。信号 $R$、$Y$、$U$、$\tilde{n}$、$\tilde{y}_\lambda$ 和 $E$ 分别表示信号 $r$、$y$、$u$、$n$、$y_\lambda$ 和 $e$ 的

拉氏变换。对于任意给定参考输入信号 $R$，系统的跟踪误差定义为 $E = R - Y$，很容易可以看出

$$U = K_1 R + K_2 FY + \frac{K_2 \tilde{n}}{\sqrt{\lambda}}, \quad \tilde{y} = G\tilde{u} \tag{5.1}$$

从式（5.1）很容易得到

$$U = (I - K_2 FG)^{-1}\left(K_1 R + \frac{K_2 \tilde{n}}{\sqrt{\lambda}}\right), \quad Y = G(I - K_2 FG)^{-1}\left(K_1 R + \frac{K_2 \tilde{n}}{\sqrt{\lambda}}\right) \tag{5.2}$$

根据式（5.2）可以得到

$$E = R - Y = T_1 R + \frac{1}{\sqrt{\lambda}} T_2 \tilde{n} \tag{5.3}$$

其中

$$T_1 = I - G(I - K_2 FG)^{-1} K_1, \quad T_2 = -G(I - K_2 FG)^{-1} K_2 \tag{5.4}$$

根据图 5.1 和式（5.2）可以得到

$$\tilde{y}_\lambda = \sqrt{\lambda} T_3 R + T_2 \tilde{n}$$

其中

$$T_3 = G(I - K_2 FG)^{-1} K_1$$

另一方面，考虑的参考信号是随机信号

$$r(t) = [r_1(t), \cdots, r_n(t)]^{\mathrm{T}}$$

参考信号是均值为零、方差为 $\gamma_i^2$ 的随机变量，并且每个不同随机变量是互不相关的。

定义 $\phi = \mathrm{diag}(\gamma_1, \gamma_2, \cdots, \gamma_n)$。

$n(t)$ 表示网络化控制系统的通信信道均值为 0 的高斯白噪声，并且每个通道的噪声信号是互不相关的。

$$n(t) = [n_1(t), \cdots, n_n(t)], \quad E[n_i(t_1) n_i(t_2)] = \begin{cases} \sigma_i^2, & t_1 = t_2 \\ 0, & t_1 \neq t_2 \end{cases}, \quad i = 1, 2, \cdots, n \tag{5.5}$$

定义 $V = \mathrm{diag}(\sigma_1, \sigma_2, \cdots, \sigma_n)$。

在本章中，为了在通道输入能量受限情况下获得最小跟踪误差，共同设计通道编码解码和控制系统的控制器。

$$\inf_{K \in \mathcal{K}} \varepsilon\left\{\|\tilde{e}\|_2^2\right\}, \quad 满足 \ \varepsilon\left\{\|\tilde{y}_\lambda\|_2^2\right\} \leqslant \Gamma \tag{5.6}$$

定义跟踪性能指标为

$$J \triangleq (1-\alpha)\varepsilon\left\{\left\|\tilde{e}\right\|_2^2\right\} + \alpha(\varepsilon\left\{\left\|\tilde{y}_\lambda\right\|_2^2\right\} - \Gamma) \tag{5.7}$$

其中，$0 \leqslant \alpha \leqslant 1$。

定义最优跟踪性能 $J^*$，并且从所有可能的线性稳定控制器和编码器 $\lambda > 0$ 中选择一个控制器和最优编码器使系统跟踪误差的性能达到最优 $J^*$

$$J^* = \inf_{\lambda > 0} \inf_{K \in \mathcal{K}} J \tag{5.8}$$

任意可逆传递函数矩阵 $G$，考虑 $FG$ 互质因式分解为

$$FG = NM^{-1} = \tilde{M}^{-1}\tilde{N} \tag{5.9}$$

其中，$N$，$\tilde{N}$，$M$，$\tilde{M} \in \mathbb{RH}_\infty$ 并且满足双 Bezout 恒等式

$$\begin{bmatrix} \tilde{X} & -\tilde{Y} \\ -\tilde{N} & \tilde{M} \end{bmatrix} \begin{bmatrix} M & Y \\ N & X \end{bmatrix} = I \tag{5.10}$$

其中，$X$，$\tilde{X}$，$Y$，$\tilde{Y} \in \mathbb{RH}_\infty$。根据 Francis[3]可以得知，所有使控制系统稳定的补偿器集合都可以用 Youla 参数化表示为

$$\mathcal{K} := \left\{ K : K = [K_1 \quad K_2] = (\tilde{X} - R\tilde{N})^{-1} \cdot [Q \quad \tilde{Y} - R\tilde{M}], \quad Q \in \mathbb{RH}_\infty, \quad R \in \mathbb{RH}_\infty \right\} \tag{5.11}$$

根据文献[1]得知，一个非最小相位传递函数矩阵可以因式分解为一个最小相位部分和一个全通因子部分，所以有

$$N = FB_z N_n, \quad \tilde{M} = M_m B_p F^{-1} \tag{5.12}$$

其中，$B_z$ 和 $B_p$ 是全通因子部分，$N_n$ 和 $M_m$ 是最小相位部分，$B_z$ 包括对象所有右半平面的零点 $z_i \in \mathbb{C}_+$，$i = 1, \cdots, n_z$，$B_p$ 包括了对象所有右半平面的极点 $p_j \in \mathbb{C}_+$，$j = 1, \cdots, m$。根据 Chen[4]中的结论，$B_z$ 和 $B_p$ 可以分别分解为

$$B_z(s) = \prod_{i=1}^{n_z} B_i(s), \quad B_p(s) = \prod_{j=1}^{m} D_j(s) \tag{5.13}$$

其中，$B_i(s) = I - \dfrac{2\operatorname{Re}(z_i)}{s + \overline{z}_i}\eta_i\eta_i^H$，$D_j(s) = I - \dfrac{2\operatorname{Re}(p_j)}{s + \overline{p}_j}\omega_j\omega_j^H$，$\eta_i$ 是单位向量且为零点方向，$\omega_j$ 是单位向量且为极点方向。

假定输入信号 $r$ 和通信信道噪声信号 $n$ 不相关，因此控制系统跟踪误差的能量和输入通道能量被表示为

$$\varepsilon\left\{\left\|\tilde{e}\right\|_2^2\right\} = \left\|T_1\phi\right\|_2^2 + \frac{1}{\lambda}\left\|T_2 V\right\|_2^2$$

$$\varepsilon\left\{\left\|\tilde{y}_\lambda\right\|_2^2\right\} = \lambda\left\|T_3\phi\right\|_2^2 + \left\|T_2 V\right\|_2^2 \tag{5.14}$$

## 5.3 基于通信带宽约束和编码设计性能极限

考虑图 5.1 所示的网络化控制系统结构，根据式（5.4）、式（5.9）、式（5.10）和式（5.11），可以得到

$$
\begin{aligned}
T_1 &= I - G_0(I - K_2 F G_0)^{-1} K_1 \\
&= I - F^{-1} N M^{-1} [I - (\tilde{X} - R\tilde{N})^{-1}(\tilde{Y} - R\tilde{M})\tilde{M}^{-1}\tilde{N}]^{-1}(\tilde{X} - R\tilde{N})^{-1} Q \\
&= I - F^{-1} N M^{-1} [(\tilde{X} - R\tilde{N})^{-1}(\tilde{X} - \tilde{Y}\tilde{M}^{-1}\tilde{N})]^{-1}(\tilde{X} - R\tilde{N})^{-1} Q \\
&= I - F^{-1} N M^{-1} [(\tilde{X} - R\tilde{N})^{-1}(\tilde{X} - \tilde{Y} N M^{-1})]^{-1}(\tilde{X} - R\tilde{N})^{-1} Q \\
&= I - F^{-1} N M^{-1} [(\tilde{X} - R\tilde{N})^{-1} M^{-1}(\tilde{X} M - \tilde{Y} N)]^{-1}(\tilde{X} - R\tilde{N})^{-1} Q \\
&= I - F^{-1} N M^{-1} [(\tilde{X} - R\tilde{N})^{-1} M^{-1}]^{-1}(\tilde{X} - R\tilde{N})^{-1} Q \\
&= I - F^{-1} N M^{-1} M(\tilde{X} - R\tilde{N})(\tilde{X} - R\tilde{N})^{-1} Q \\
&= I - F^{-1} N Q
\end{aligned}
\tag{5.15}
$$

类似 $T_1$，能够得到

$$
T_2 = -F^{-1} N(\tilde{Y} - R\tilde{M}), \quad T_3 = F^{-1} N Q
\tag{5.16}
$$

根据式（5.5）、式（5.14）、式（5.15）和式（5.16），$J$ 可重写为

$$
\begin{aligned}
J &= (1-\alpha)\left[ \left\| (I - F^{-1} N Q)\phi \right\|_2^2 + \frac{1}{\lambda}\left\| F^{-1} N(\tilde{Y} - R\tilde{M})V \right\|_2^2 \right] \\
&\quad + \alpha\left[ \lambda\left\| F^{-1} N Q\phi \right\|_2^2 + \left\| F^{-1} N(\tilde{Y} - R\tilde{M})V \right\|_2^2 - \Gamma \right]
\end{aligned}
\tag{5.17}
$$

根据式（5.6）和式（5.17），$J^*$ 可表示为

$$
\begin{aligned}
J^* &= \inf_{\lambda>0}\left[ \inf_{Q\in\mathbb{RH}_\infty}\left\| \begin{bmatrix} \sqrt{1-\alpha}(I - F^{-1} N Q) \\ \sqrt{\lambda\alpha} F^{-1} N Q \end{bmatrix} \phi \right\|_2^2 + \left( \frac{1-\alpha}{\lambda} + \alpha \right) \inf_{R\in\mathbb{RH}_\infty}\left\| F^{-1} N(\tilde{Y} - R\tilde{M})V \right\|_2^2 \right] \\
&\quad - \alpha\Gamma
\end{aligned}
\tag{5.18}
$$

定义

$$
J_1^* = \inf_{Q\in\mathbb{RH}_\infty}\left\| \begin{bmatrix} \sqrt{1-\alpha}(I - F^{-1} N Q) \\ \sqrt{\lambda\alpha} F^{-1} N Q \end{bmatrix} \phi \right\|_2^2
$$

$$
J_2^* = \left( \frac{1-\alpha}{\lambda} + \alpha \right) \inf_{R\in\mathbb{RH}_\infty}\left\| F^{-1} N(\tilde{Y} - R\tilde{M})V \right\|_2^2
\tag{5.19}
$$

很容易知道，为了获得 $J^*$，$Q$ 和 $R$ 可以任意选取。

**定理 5.1** 如果 $G(s)$ 可以分解为式（5.9）和式（5.12），并且最优编码为

$$\lambda^* = \frac{1-\alpha}{\sqrt{\alpha(1-\alpha)B^{-1}\mathrm{tr}(\phi^H\phi)} - \alpha}$$

则跟踪性能极限可以表示为

$$J^* = 2(1-\alpha)\sum_{i=1}^{n}\mathrm{Re}(z_i)\eta_i^H\phi^H\phi\eta_i + 2\sqrt{\alpha(1-\alpha)\mathrm{tr}(\phi^H\phi)}B - \alpha\Gamma$$

其中

$$B = \sum_{k,j=1}^{m}\frac{4\mathrm{Re}(p_j)\mathrm{Re}(p_k)}{p_j + \bar{p}_k}[\zeta_j^H E_j^H V^H \gamma_j^H \gamma_k V E_k \zeta_k \zeta_k^H F_k F_j^H \zeta_j]$$

$$E_j = \left(\prod_{k=1}^{j-1}D_{\Lambda k}(p_j)\right)^{-1}, \quad F_j = \left(\prod_{k=j+1}^{m}D_{\Lambda k}(p_j)\right)^{-1}, \quad \gamma_j = -B_z^{-1}(p_j)F^{-1}(p_j)$$

$$F = \mathrm{diag}(f_1(s),\cdots,f_n(s)), \quad \phi = \mathrm{diag}(\gamma_1,\gamma_2,\cdots,\gamma_n), \quad V = \mathrm{diag}(\sigma_1,\sigma_2,\cdots,\sigma_n)$$

证明：根据式（5.12）和式（5.19），可以得到

$$J_1^* = \inf_{Q\in\mathbb{R}\mathcal{H}_\infty}\left\|\begin{bmatrix}\sqrt{1-\alpha}(I - B_z N_n Q)\\\sqrt{\lambda\alpha}B_z N_n Q\end{bmatrix}\phi\right\|_2^2$$

$$J_2^* = \left(\frac{1-\alpha}{\lambda}+\alpha\right)\inf_{R\in\mathbb{R}\mathcal{H}_\infty}\left\|B_z N_n(\tilde{Y} - R\tilde{M})V\right\|_2^2$$

通过简单的计算可以得到

$$J_1^* = \inf_{Q\in\mathbb{R}\mathcal{H}_\infty}\left\|\begin{bmatrix}\sqrt{1-\alpha}(B_z^{-1} - N_n Q)\\\sqrt{\lambda\alpha}N_n Q\end{bmatrix}\phi\right\|_2^2$$

$$= \inf_{Q\in\mathbb{R}\mathcal{H}_\infty}\left\|\begin{bmatrix}\sqrt{1-\alpha}(B_z^{-1} - I + I - N_n Q)\\\sqrt{\lambda\alpha}N_n Q\end{bmatrix}\phi\right\|_2^2$$

$$= \inf_{Q\in\mathbb{R}\mathcal{H}_\infty}\left\|\left(\begin{bmatrix}\sqrt{1-\alpha}(B_z^{-1} - I)\\0\end{bmatrix}+\begin{bmatrix}\sqrt{1-\alpha}(I - N_n Q)\\\sqrt{\lambda\alpha}N_n Q\end{bmatrix}\right)\phi\right\|_2^2$$

因为 $\sqrt{1-\alpha}(B_z^{-1} - I)$ 是属于 $H_2^\perp$，$\sqrt{1-\alpha}(I - N_n Q)$ 是属于 $H_2$，则

$$J_1^* = \left\|\begin{bmatrix}\sqrt{1-\alpha}(B_z^{-1} - I)\\0\end{bmatrix}\phi\right\|_2^2 + \inf_{Q\in\mathbb{R}\mathcal{H}_\infty}\left\|\begin{bmatrix}\sqrt{1-\alpha}(I - N_n Q)\\\sqrt{\lambda\alpha}N_n Q\end{bmatrix}\phi\right\|_2^2$$

$$= \left\|\begin{bmatrix}\sqrt{1-\alpha}(B_z^{-1} - I)\\0\end{bmatrix}\phi\right\|_2^2 + \inf_{Q\in\mathbb{R}\mathcal{H}_\infty}\left\|\begin{bmatrix}\sqrt{1-\alpha}I\\0\end{bmatrix}\phi + \begin{bmatrix}-\sqrt{1-\alpha}I\\\sqrt{\lambda\alpha}I\end{bmatrix}N_n Q\phi\right\|_2^2$$

定义

$$J_{11}^* = \left\| \begin{bmatrix} \sqrt{1-\alpha}\,(B_z^{-1}-I) \\ 0 \end{bmatrix} \phi \right\|_2^2, \quad J_{12}^* = \inf_{Q \in \mathbb{R}\mathcal{H}_\infty} \left\| \begin{bmatrix} \sqrt{1-\alpha}\,I \\ 0 \end{bmatrix} \phi + \begin{bmatrix} -\sqrt{1-\alpha}\,I \\ \sqrt{\lambda\alpha}\,I \end{bmatrix} N_n Q \phi \right\|_2^2$$

根据 Francis [3]，同样可以进行一个内外分解

$$\begin{bmatrix} -\sqrt{1-\alpha}\,I \\ \lambda\sqrt{\alpha}\,I \end{bmatrix} N_n = \Delta_i \Delta_0$$

因为 $N_n$ 是最小相位，所以很容易得到

$$N_n \sqrt{1-\alpha+\lambda\alpha} = \Delta_0$$

和

$$\Delta_i = \frac{1}{\sqrt{1-\alpha+\lambda\alpha}} \begin{bmatrix} -\sqrt{1-\alpha}\,I \\ \sqrt{\lambda\alpha}\,I \end{bmatrix}$$

定义

$$\psi \triangleq \begin{bmatrix} \Delta_i^{\mathrm{T}} \\ I - \Delta_i \Delta_i^{\mathrm{T}} \end{bmatrix}$$

因为 $\psi^{\mathrm{T}}\psi = I$ ，所以有

$$\begin{aligned}
J_{12}^* &= \inf_{Q \in \mathbb{R}\mathcal{H}_\infty} \left\| \psi \left( \begin{bmatrix} \sqrt{1-\alpha} \\ 0 \end{bmatrix} + \begin{bmatrix} -\sqrt{1-\alpha}\,I \\ \sqrt{\lambda\alpha}\,I \end{bmatrix} N_n Q \right) \phi \right\|_2^2 \\
&= \inf_{Q \in \mathbb{R}\mathcal{H}_\infty} \left\| \left( \Delta_i^H \begin{bmatrix} \sqrt{1-\alpha} \\ 0 \end{bmatrix} + (I - \Delta_i \Delta_i^H) \begin{bmatrix} \sqrt{1-\alpha} \\ 0 \end{bmatrix} + \Delta_0 Q \right) \phi \right\|_2^2 \\
&= \inf_{Q \in \mathbb{R}\mathcal{H}_\infty} \left\| \left( \frac{(\alpha-1)I}{\sqrt{1-\alpha+\lambda\alpha}} + \sqrt{1-\alpha+\lambda\alpha}\,N_n Q + (I - \Delta_i \Delta_i^H) \begin{bmatrix} \sqrt{1-\alpha} \\ 0 \end{bmatrix} \right) \phi \right\|_2^2 \\
&= \inf_{Q \in \mathbb{R}\mathcal{H}_\infty} \left\| \left[ \frac{(\alpha-1)I}{\sqrt{1-\alpha+\lambda\alpha}} + \sqrt{1-\alpha+\lambda\alpha}\,N_n Q \right] \phi \right\|_2^2 + \left\| (I - \Delta_i \Delta_i^H) \begin{bmatrix} \sqrt{1-\alpha} \\ 0 \end{bmatrix} \phi \right\|_2^2
\end{aligned}$$

因为 $N_n$ 是最小相位，所以很容易得到

$$\inf_{Q \in \mathbb{R}\mathcal{H}_\infty} \left\| \left( \frac{(\alpha-1)I}{\sqrt{1-\alpha+\lambda\alpha}} + \sqrt{1-\alpha+\lambda\alpha}\,N_n Q \right) \phi \right\|_2^2 = 0$$

通过简单的计算，很容易得到

$$J_{12}^* = \frac{\lambda\alpha(1-\alpha)}{1-\alpha+\lambda\alpha} \operatorname{tr}(\phi^H \phi) \tag{5.20}$$

根据 Chen[4]可以得到

$$J_{11}^* = 2(1-\alpha)\sum_{i=1}^{n}\mathrm{Re}(z_i)\eta_i^H \phi^H \phi \eta_i \qquad (5.21)$$

同时，可以定义

$$\tilde{M}V = \tilde{M}_\Lambda B_\Lambda$$

根据 Li [5]同样可以定义

$$B_\Lambda(s) = \prod_{j=1}^{m} D_{\Lambda j}(s)$$

其中，$D_{\Lambda j}(s) = I - \dfrac{2\mathrm{Re}(p_j)}{s+\bar{p}_j}\zeta_j\zeta_j^H$，$\zeta_j$ 是单位向量。

所以

$$J_2^* = \left(\frac{1-\alpha}{\lambda}+\alpha\right)\inf_{R\in\mathbb{RH}_\infty}\left\|N_n\tilde{Y}V - N_n R\tilde{M}_\Lambda B_\Lambda\right\|_2^2$$

因为 $B_\Lambda$ 是全通因子，所以

$$J_2^* = \left(\frac{1-\alpha}{\lambda}+\alpha\right)\inf_{R\in\mathbb{RH}_\infty}\left\|N_n\tilde{Y}VB_\Lambda^{-1} - N_n R\tilde{M}_\Lambda\right\|_2^2$$

根据部分分式展开，有

$$N_n\tilde{Y}VB_\Lambda^{-1} = \sum_{j=1}^{m} N_n(p_j)\tilde{Y}(p_j)VE_j(D_{\Lambda j}^{-1}-I)H_j + R_1$$

其中，$R_1\in\mathbb{RH}_\infty$，$E_j = \left(\prod_{k=1}^{j-1}D_{\Lambda k}(p_j)\right)^{-1}$，$H_j = \left(\prod_{k=j+1}^{m}D_{\Lambda k}(p_j)\right)^{-1}$。

所以

$$J_2^* = \left(\frac{1-\alpha}{\lambda}+\alpha\right)\inf_{R\in\mathbb{RH}_\infty}\left\|\sum_{j=1}^{m}N_n(p_j)\tilde{Y}(p_j)VE_j(D_{\Lambda j}^{-1}-I)H_j + R_1 - N_n R\tilde{M}_\Lambda\right\|_2^2$$

因为 $\sum\limits_{j=1}^{m}N_n(p_j)\tilde{Y}(p_j)VE_j(D_{\Lambda j}^{-1}-I)H_j$ 属于 $H_2^\perp$，并且 $(R_1 - N_n R\tilde{M}_\Lambda)$ 属于 $H_2$，所以

$$J_2^* = \left(\frac{1-\alpha}{\lambda}+\alpha\right)\left(\inf_{R\in\mathbb{RH}_\infty}\left\|R_1 - N_n R\tilde{M}_\Lambda\right\|_2^2 + \left\|\sum_{j=1}^{m}N_n(p_j)\tilde{Y}(p_j)VE_j(D_{\Lambda j}^{-1}-I)H_j\right\|_2^2\right) \qquad (5.22)$$

因为 $\tilde{M}_\Lambda$ 是最小相位的，所以得到

$$\inf_{R \in \mathbb{R}\mathcal{H}_\infty} \left\| R_1 - N_n R \tilde{M}_\Lambda \right\|_2^2 = 0 \tag{5.23}$$

把式（5.23）代入式（5.22）可以得到

$$J_2^* = \left( \frac{1-\alpha}{\lambda} + \alpha \right) \left\| \sum_{j=1}^m N_n(p_j) \tilde{Y}(p_j) V E_j (D_{\Lambda j}^{-1} - I) H_j \right\|_2^2$$

通过简单计算，可以得到

$$\left\| \sum_{j=1}^m N_n(p_j) \tilde{Y}(p_j) V E_j (D_{\Lambda j}^{-1} - I) H_j \right\|_2^2$$

$$= \sum_{i,j=1}^m \frac{4 \operatorname{Re}(p_i) \operatorname{Re}(\bar{p}_j)}{p_i + \bar{p}_j} \operatorname{tr}[(N_n(p_j) \tilde{Y}(p_j) V E_j (D_{\Lambda j}^{-1} - I) H_j)^H (N_n(p_j) \tilde{Y}(p_j) V E_j (D_{\Lambda j}^{-1} - I) H_j)]$$

$$= \sum_{k,j=1}^m \frac{4 \operatorname{Re}(p_j) \operatorname{Re}(p_k)}{p_j + \bar{p}_k} [\zeta_j^H E_j^H V^H \gamma_j^H \gamma_k V E_k \zeta_k \zeta_k^H H_k H_j^H \zeta_j]$$

其中，$\gamma_j = N_n(p_i) \tilde{Y}(p_j)$。

同时，根据式（5.10）和 $M(p_j) = 0$ 可以得到

$$\tilde{Y}(p_j) = -N_n^{-1}(p_j) B_z^{-1}(p_j) F^{-1}(p_j)$$

进一步可以得到

$$\gamma_j = -B_z^{-1}(p_j) F^{-1}(p_j)$$

因此

$$J_2^* = \left( \frac{1-\alpha}{\lambda} + \alpha \right) \sum_{k,j=1}^m \frac{4 \operatorname{Re}(p_j) \operatorname{Re}(p_k)}{p_j + \bar{p}_k} [\zeta_j^H E_j^H V^H \gamma_j^H \gamma_k V E_k \zeta_k \zeta_k^H H_k H_j^H \zeta_j] \tag{5.24}$$

根据式（5.21）和式（5.24），可以进一步得到

$$J^* = \inf_{\lambda > 0} \left[ 2(1-\alpha) \sum_{i=1}^n \operatorname{Re}(z_i) \eta_i^H \phi^H \phi \eta_i + \frac{\lambda \alpha (1-\alpha)}{1-\alpha+\lambda\alpha} \operatorname{tr}(\phi^H \phi) + \left( \frac{1-\alpha}{\lambda} + \alpha \right) B \right] - \alpha \Gamma$$

其中

$$B = \sum_{k,j=1}^m \frac{4 \operatorname{Re}(p_j) \operatorname{Re}(p_k)}{p_j + \bar{p}_k} [\zeta_j^H E_j^H V^H \gamma_j^H \gamma_k V E_k \zeta_k \zeta_k^H H_k H_j^H \zeta_j]$$

通过简单的计算，可以得到

$$\lambda^* = \frac{1-\alpha}{\sqrt{\alpha(1-\alpha) B^{-1} \operatorname{tr}(\phi^H \phi)} - \alpha}$$

综上所述，最优跟踪性能为

$$J^* = 2(1-\alpha)\sum_{i=1}^{n}\mathrm{Re}(z_i)\eta_i^H\phi^H\phi\eta_i + 2\sqrt{\alpha(1-\alpha)\mathrm{tr}(\phi^H\phi)B} - \alpha\Gamma$$

证明完毕。

从定理 5.1 可以看出，基于通信带宽约束和通道编码设计的网络化控制系统的跟踪性能极限不仅仅取决于给定对象的内部特性，如非最小相位零点、不稳定极点、零点方向和极点方向，也取决于通信信道的编码设计、带宽和高斯白噪声。

**推论 5.1**　在定理 5.1 中，如果通信信道不考虑高斯白噪声，且带宽无限，同时也不考虑编码设计，则有

$$J^* = 2\sum_{i=1}^{n}\mathrm{Re}(z_i)\eta_i^H\phi^H\phi\eta_i$$

推论 5.1 表明控制系统的跟踪性能仅依赖于给定对象非最小相位零点和零点方向以及参考输入信号。

**推论 5.2**　在定理 5.1 中，如果线性时不变系统是单输入单输出控制系统，则有

$$J^* = 2(1-\alpha)\sum_{i=1}^{n}\mathrm{Re}(z_i)\gamma^2 + 2\gamma\sqrt{\alpha(1-\alpha)B} - \alpha\Gamma$$

其中

$$B = \sum_{k,j=1}^{m}\frac{4\mathrm{Re}(p_j)\mathrm{Re}(p_k)}{p_j+\overline{p}_k}\delta_j^H\delta_k\sigma^2, \quad \delta_j = -\frac{1}{B_z(p_j)F(p_j)}\prod_{\substack{i=1\\i\neq j}}^{m}\frac{p_j+\overline{p}_i}{p_j-p_i}$$

推论 5.2 表明跟踪性能受给定对象的非最小相位零点、不稳定极点以及通信信道的最优编码、带宽和高斯白噪声的限制。

**推论 5.3**　在定理 5.1 中，如果线性时不变单输入单输出系统的输入信号 $r=0$，$\alpha=1$，那么

$$J^* = \sum_{k,j=1}^{m}\frac{4\mathrm{Re}(p_j)\mathrm{Re}(p_k)}{(p_j+\overline{p}_k)}\gamma_j^H\gamma_k\sigma^2$$

其中

$$\gamma_j = -B_z^{-1}(p_j)F^{-1}(p_j)\prod_{\substack{i=1\\i\neq j}}^{m}\frac{p_j+\overline{p}_i}{p_j-p_i}$$

在推论 5.3 中，$J^*$ 也是通信信道输入信号能量。根据 Rojas[1]可以得知，单输入单输出网络化控制系统稳定的条件，即通信信道信噪比 $\dfrac{\rho}{V}$ 必须满足

$$\frac{\rho}{V} \geqslant \sum_{k,j=1}^{m}\frac{4\mathrm{Re}(p_j)\mathrm{Re}(p_k)}{(p_j+\overline{p}_k)}\gamma_j^H\gamma_k, \quad \gamma_j = -\frac{1}{B_z(p_j)F(p_j)}\prod_{\substack{i=1\\i\neq j}}^{m}\frac{p_j+\overline{p}_i}{p_j-p_i}$$

推论 5.3 给出了线性时不变反馈控制系统稳定所需的最小信噪比的必要条件。这个条件仅决定于对象的不稳定极点和信道的带宽。

## 5.4　数　值　仿　真

考虑一个不稳定被控对象，其传递矩阵如下

$$G(s) = \begin{bmatrix} \dfrac{1}{s+1} & 0 \\ \dfrac{1}{s+2} & \dfrac{s-8}{(s-k)(s+1)} \end{bmatrix}$$

其中，$k \in [4, 20]$。

该对象是可逆的，且为非最小相位系统。其非最小相位零点是 $z_1 = 8$，输出零点方向向量 $\eta_1$ 为

$$\eta_1 = \begin{bmatrix} 1 \\ 0 \end{bmatrix}$$

对于任意的 $k > 0$，存在不稳定的极点 $p_1 = k$，输出极点方向向量 $\omega_1$ 为

$$\omega_1 = \begin{bmatrix} 0 \\ 1 \end{bmatrix}$$

全通因子 $B_z^{-1}(s)$ 可以表示为

$$B_z^{-1}(s) = \begin{bmatrix} \dfrac{s+8}{s-8} & 0 \\ 0 & 1 \end{bmatrix}$$

参考信号 $\phi$ 定义为

$$\phi = \begin{bmatrix} 1 & 0 \\ 0 & 2 \end{bmatrix}$$

通信信道高斯白噪声 $n(k)$ 的频谱密度为 $V = \mathrm{diag}(0.1, 0.1)$。

根据 Li[5]中相关结论，可以得到

$$\zeta_1 = \frac{V^{-1} F \omega_1}{\left\| V^{-1} F \omega_1 \right\|} = \begin{bmatrix} 0 \\ 1 \end{bmatrix}$$

通信信道的带宽 $F(s)$ 用三阶巴氏低通滤波器来表示。

根据定理 5.1，如果 $\alpha = 0.5$ 和 $\Gamma = 2$，可得到跟踪性能极限

$$J^* = 7 + \sqrt{0.1 p_j \varsigma_j^H \gamma_j^H \gamma_k \varsigma_k}, \quad \gamma_j = -B_z^{-1}(p_j) F^{-1}(p_j)$$

随着不稳定极点的变化，具有不同带宽的多输入多输出网络化控制系统的跟踪

性能指标曲线如图 5.2 所示。从图 5.2 可以看出：通信信道的带宽越宽，多输入多输出网络化控制系统的跟踪性能极限越好；当非最小相位零点靠近不稳定极点时，跟踪性能极限趋于无穷；当通信信道不存在时，控制系统跟踪性能极限仅依赖于非最小相位零点、零点方向和参考输入信号。

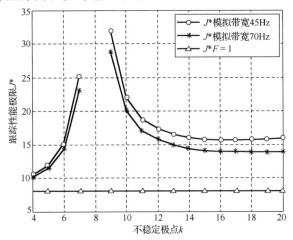

图 5.2　基于不同极点网络化控制系统性能极限

当不考虑通道编码设计时，如果 $\alpha = 0.5$，$\lambda = 1$ 和 $\Gamma = 10$，则跟踪性能为

$$J^* = 8.25 + 0.02 p_j \varsigma_j^H \gamma_j^H \gamma_k \varsigma_k, \qquad \gamma_j = -B_z^{-1}(p_j)F^{-1}(p_j)$$

随着不同极点的变化，多输入多输出线性时不变连续控制系统的跟踪性能指标曲线如图 5.3 所示。从图 5.3 可以看出：采用编码设计的跟踪性能极限要远远优于不采用编码的性能。进一步也说明了通信信道的编码影响着控制系统跟踪性能极限。

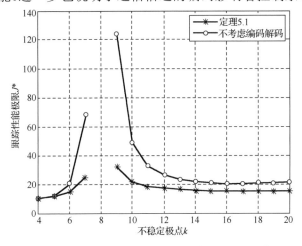

图 5.3　基于不同极点网络化控制系统跟踪性能极限

# 5.5　本　章　小　结

在本章中，考虑基于通信约束和编码设计研究多输入多输出网络化控制系统的跟踪性能极限问题。多输入多输出网络化控制系统的跟踪性能极限通过谱分解技术得到。研究结果说明了给定对象的非最小相位零点、零点方向、不稳定极点、极点方向、参考输入信号、带宽以及高斯白噪声限制了控制系统对参考输入信号的跟踪能力。同时结论也清楚地显示了通信信道的编码、带宽和白噪声是如何从本质上降低系统跟踪能力。这个结论为以后如何更好地设计网络化控制系统的通信信道提供了理论依据。仿真结果验证本章结论的正确性。

## 参 考 文 献

[ 1 ]　Rojas A J, Braslavsky H, Middleton H. Fundamental limitations in control over a communication channel. Automatica, 2008, 44(12): 3147-3151.

[ 2 ]　Zhan X S, Guan Z H, Zhang X H, et al. Optimal tracking performance of MIMO control systems with communication constraints and a code scheme. International Journal of Systems Science, 2015, 46(3): 464-473.

[ 3 ]　Francis B A. A Course in H∞ Control Theory. Berlin: Springer-Verlag, 1987.

[ 4 ]　Chen J, Qiu L, Toker O. Limitations on maximal tracking accuracy. IEEE Transactions on Automatic Control, 2000, 45(2): 326-331.

[ 5 ]　Li Y. Optimal tracking performance of discrete-time systems over an additive white noise channel//Proceedings of the 48th IEEE Conference on Decision and Control and 28th Chinese Control Conference, Shanghai, 2009: 2070-2075.

# 第6章 基于编码约束网络化控制系统性能极限

## 6.1 引　言

前面章节介绍到为了获得最小跟踪误差，在跟踪性能极限问题上常常需要网络化控制系统的信道输入能量是无限的，但是在实际应用中这是不可能的，而且在网络通信中，编码解码技术是非常重要的，它可以发现并修正误差。本章分别介绍了基于数据丢包、信道噪声和编码解码约束离散网络化控制系统跟踪性能极限问题和基于带宽和编码解码约束网络化控制系统跟踪性能极限问题。

本章主要内容如下：在 6.2 节中介绍了基于数据丢包、信道噪声和编码解码约束离散网络化控制系统跟踪性能极限[1]，分别讨论了单自由度和双自由度控制器作用的两种网络化控制系统结构，基于这两种结构分别得到了在考虑信道输入能量受限下系统跟踪性能极限的一个下界和下确界；在 6.3 节中介绍了基于带宽和编码解码约束网络化控制系统跟踪性能极限[2]；分别讨论了编码在前向通道和带宽在反馈通道的两种网络化控制系统结构图，在单自由度控制器作用下基于这两种结构分别得到了在考虑信道输入能量受限下系统跟踪性能极限的下界；在 6.4 节中给出了本章的结论。

## 6.2　基于编码和白噪声约束下网络化控制系统性能极限

### 6.2.1　问题描述

本节考虑反馈通道中存在数据丢包、编码解码、白噪声影响的离散网络化控制系统如图 6.1 所示。在图 6.1 中，$G$ 表示的是被控对象模型，$K$ 表示的是单自由度控制器，它们的 $z$ 变换分别是 $G(z)$ 和 $K(z)$，网络通道的特征通过三种参数体现：传递函数 $A$ 和 $A^{-1}$，信道噪声 $n$ 以及参数 $d_r$。传递函数 $A$ 和 $A^{-1}$ 表示编码与解码的模型，并且假设它们是非最小相位的，参数 $d_r$ 表示是否会发生数据丢包。

$$d_r = \begin{cases} 0, & \text{系统的输出信号不能成功传送到控制器} \\ 1, & \text{系统的输出信号能成功传送到控制器} \end{cases}$$

这里随机变量 $d_r \in R$ 是伯努利分布白序列

$$\text{Prob}\{d_r = 1\} = E\{d_r\} = q, \quad \text{Prob}\{d_r = 0\} = 1 - E\{d_r\} = 1 - q$$

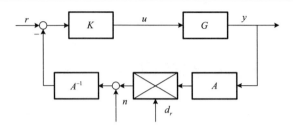

图 6.1　数据丢包及信道噪声下网络化控制系统结构图

信号 $r$、$y$ 和 $u$ 分别表示参考信号、系统输出与控制输入，它们的 $z$ 变换分别为 $\tilde{r}$、$\tilde{y}$ 和 $\tilde{u}$。参考信号 $r$ 是一个随机信号，并且 $E\{r(k)\} = 0$，$E\{|r(k)|^2\} = \sigma_1^2$，信道噪声信号 $n$ 是均值为 0 的高斯白噪声，$E\{|n(k)|^2\} = \sigma_2^2$，本节中 $r$、$y$、$n$ 和 $d_r$ 相互独立。

对于一个给定的参考信号 $\tilde{r}$，网络化控制系统的跟踪误差定义为 $\tilde{e} = \tilde{r} - \tilde{y}$，根据图 6.1，可以得到

$$\tilde{u} = K(z)\left(\tilde{r} - d_r\tilde{y} - A^{-1}(z)n\right), \quad \tilde{y} = G\tilde{u}, \quad \tilde{e} = \tilde{r} - \tilde{y} = \tilde{r} - G\tilde{u} \qquad (6.1)$$

根据文献[3]中的方法，经过计算可以得出

$$S(e^{j\omega}) = 1 - \frac{G(e^{j\omega})K(e^{j\omega})}{1 + (1-q)G(e^{j\omega})K(e^{j\omega})}S_{re} + \frac{A^{-1}(e^{j\omega})G(e^{j\omega})K(e^{j\omega})}{1 + (1-q)G(e^{j\omega})K(e^{j\omega})}S_{ne}$$

$S_{re}$ 表示的是 $r$ 到 $e$ 的频率特性，$S_{ne}$ 表示的是 $n$ 到 $e$ 的频率特性，根据文献[3]以及 $r$、$y$、$n$ 和 $d_r$ 相互独立，可以得到

$$E\{\|\tilde{e}\|_2^2\} = \left\|1 - \frac{GK}{1 + (1-q)GK}\right\|_2^2 \sigma_1^2 + \left\|\frac{A^{-1}GK}{1 + (1-q)GK}\right\|_2^2 \sigma_2^2 \qquad (6.2)$$

同样的，可以得到

$$E\{\|\tilde{y}\|_2^2\} = \left\|\frac{GK}{1 + (1-q)GK}\right\|_2^2 \sigma_1^2 + \left\|\frac{A^{-1}GK}{1 + (1-q)GK}\right\|_2^2 \sigma_2^2 \qquad (6.3)$$

总的来说，信道输入能量一般满足约束 $E\{\|\tilde{y}\|^2\} < \Gamma$，对于一些预先设定好的能量水平 $\Gamma > 0$，本节考虑信道输入能量约束下的离散网络化控制系统的跟踪性能指标定义为

$$J := (1-\varepsilon)E\left\{\|\tilde{e}\|_2^2\right\} + \varepsilon\left\{E\{\|\tilde{y}\|_2^2\} - \Gamma\right\} \qquad (6.4)$$

这里 $0 \le \varepsilon < 1$，表示的是跟踪性能误差与信道输入能量间的权衡因子。

定义通信通道中存在数据丢包、编码解码、白噪声的单输入单输出离散网络化控制系统的跟踪性能极限指标为 $J^*$，并且在使系统稳定的所有控制器的集合中选择一个适当的控制器，可以得到

$$J^* = \inf_{K \in \mathcal{K}} J$$

因此

$$J^* = \inf_{K \in \mathcal{K}} \left\{ (1-\varepsilon) \left( \left\| 1 - \frac{GK}{1+(1-q)GK} \right\|_2^2 \sigma_1^2 + \left\| \frac{A^{-1}GK}{1+(1-q)GK} \right\|_2^2 \sigma_2^2 \right) \right.$$
$$\left. + \varepsilon \left( \left\| \frac{GK}{1+(1-q)GK} \right\|_2^2 \sigma_1^2 + \left\| \frac{A^{-1}GK}{1+(1-q)GK} \right\|_2^2 \sigma_2^2 \right) \right\} - \varepsilon \Gamma \qquad (6.5)$$

对于有理传递函数 $(1-q)G$，$q$ 表示的是反馈通道中数据丢包率，并且 $0 \leqslant q < 1$，并对其做互质分解，于是有

$$(1-q)G = NM^{-1} \qquad (6.6)$$

这里 $N$，$M \in \mathbb{RH}_\infty$，并且满足 Bezout 等式

$$MX - NY = 1 \qquad (6.7)$$

对任意的 $X$，$Y \in \mathbb{RH}_\infty$ 都成立，任何稳定的控制器都可以通过 Youla 参数化得到[4]

$$\mathcal{K} := \left\{ K : K = -\frac{Y-MQ}{X-NQ}, \quad Q \in \mathbb{RH}_\infty \right\} \qquad (6.8)$$

任何一个非最小相位传递函数都可以分解成一个最小相位部分与全通因子的乘积，则

$$N = L_z N_m, \quad M = B_p M_m, \quad A = A_z O_m \qquad (6.9)$$

其中，$L_z$、$B_p$ 和 $A_z$ 为全通因子，$N_m$、$O_m$ 和 $M_m$ 是最小相位部分，$L_z$ 包括被控对象所有单位圆外的零点 $s_i \in \overline{\mathbb{D}}^c$，$i=1,\cdots,n$，$B_p$ 包含被控对象所有单位圆外的极点 $p_j \in \overline{\mathbb{D}}^c$，$i=1,\cdots,m$，并且 $A_z$ 包含所有单位圆外的点 $o_i \in \overline{\mathbb{D}}^c$，$i=1,\cdots,n_o$。考虑 $L_z$，$B_p$ 和 $A_z$ 分别可以分解为

$$L_z = \prod_{i=1}^{n} \frac{z-s_i}{1-\bar{s}_i z}, \quad B_p = \prod_{j=1}^{m} \frac{z-p_i}{1-\bar{p}_i z}, \quad A_z = \prod_{i=1}^{n_0} \frac{z-o_i}{1-\bar{o}_i z} \qquad (6.10)$$

## 6.2.2　单自由度控制器下网络化控制系统性能极限

根据式（6.5）、式（6.6）、式（6.7）和式（6.8），可以得到

$$J^* = \inf_{Q \in \mathbb{RH}_\infty} \left\{ (1-\varepsilon) \left( \left\| -\frac{q}{1-q} + \frac{1}{1-q}MX - \frac{1}{1-q}NQM \right\|_2^2 \sigma_1^2 + \left\| \frac{N(Y-MQ)}{(1-q)A} \right\|_2^2 \sigma_2^2 \right) \right.$$
$$\left. + \varepsilon \left( \left\| \frac{Y-MQ}{1-q}N \right\|_2^2 \sigma_1^2 + \left\| \frac{N(Y-MQ)}{(1-q)A} \right\|_2^2 \sigma_2^2 \right) \right\} - \varepsilon \Gamma$$

因此

$$J^* = \inf_{Q \in \mathbb{R}\mathcal{H}_\infty} \left\{ \frac{1}{(1-q)^2} \left\| \begin{matrix} \sqrt{1-\varepsilon}(-q+MX-MQN) \\ \sqrt{\varepsilon}(Y-MQ)N \end{matrix} \right\|_2^2 \sigma_1^2 + \left\| \frac{N(Y-MQ)}{(1-q)A} \right\|_2^2 \sigma_2^2 \right\} - \varepsilon\Gamma$$

很明显，为了得到 $J^*$，必须选取一个适当的 $Q$。

**定理 6.1** 对于一个给定的如图 6.1 所示的离散网络化控制系统，如果 $(1-q)G$ 可以分解成式（6.6），那么在输入能量限制下的跟踪性能极限可以表示为

$$J^* \geqslant (1-\varepsilon)\sum_{i=1}^n \frac{\left(1-|s_i|^2\right)\left(1-|s_j|^2\right)}{\left(\overline{s}_j s_i - 1\right)}\sigma_1^2 + \frac{1}{(1-q)^2}\sum_{j=1}^m \frac{\left(1-|p_i|^2\right)\left(1-|p_j|^2\right)}{\left(\overline{p}_j p_i - 1\right)}\frac{\left(L_z^{-1}(p_j)\right)^2}{\overline{b}_j b_i}\sigma_1^2$$

$$+ \frac{1}{(1-q)^2}\sum_{j=1}^m \frac{\left(1-|p_i|^2\right)\left(1-|p_j|^2\right)}{\left(\overline{p}_j p_i - 1\right)}\frac{\gamma_j \gamma_j^H}{\overline{b}_j b_i}\sigma_2^2 - \varepsilon\Gamma$$

其中，$b_j = \prod_{\substack{i=1 \\ i \neq j}}^m \dfrac{p_j - p_i}{1 - p_j \overline{p}_i}$，$\gamma_j = O_m^{-1}(p_j)L_z^{-1}(p_j)$。

证明：为了计算 $J^*$，定义

$$J_1^* = \inf_{Q \in \mathbb{R}\mathcal{H}_\infty} \left\{ \frac{1}{(1-q)^2} \left\| \begin{matrix} \sqrt{1-\varepsilon}(-q+MX-MQN) \\ \sqrt{\varepsilon}(Y-MQ)N \end{matrix} \right\|_2^2 \sigma_1^2 \right\}$$

$$J_2^* = \inf_{Q \in \mathbb{R}\mathcal{H}_\infty} \left\| (1-q)^{-1}A^{-1}N(Y-MQ) \right\|_2^2 \sigma_2^2$$

根据式（6.7），可以得到

$$J_1^* = \inf_{Q \in \mathbb{R}\mathcal{H}_\infty} \left\{ \frac{1}{(1-q)^2} \left\| \begin{matrix} \sqrt{1-\varepsilon}(-q+1+NY-MQN) \\ \sqrt{\varepsilon}(YN-MQN) \end{matrix} \right\|_2^2 \sigma_1^2 \right\}$$

因为 $L_z$ 是全通因子，所以有

$$J_1^* = \inf_{Q \in \mathbb{R}\mathcal{H}_\infty} \left\{ \frac{1}{(1-q)^2} \left\| \begin{matrix} \sqrt{1-\varepsilon}\left((1-q)L_z^{-1}+N_mY-MQN_m\right) \\ \sqrt{\varepsilon}(YN_m-MQN_m) \end{matrix} \right\|_2^2 \sigma_1^2 \right\}$$

根据式（6.10），可以得到

$$L_z^{-1}(\infty) = -\prod_{i=1}^n \overline{s}_i$$

因为 $L_z^{-1}(z) - L_z^{-1}(\infty) \in H_2^\perp$，并且 $(1-q)L_z^{-1}(\infty) + N_mY - MQN_m \in H_2$，所以

$$J_1^* = \frac{1}{(1-q)^2} \left\| \begin{matrix} \sqrt{1-\varepsilon}(1-q)\left(L_z^{-1}(z) - L_z^{-1}(\infty)\right) \\ 0 \end{matrix} \right\|_2^2 \sigma_1^2$$
$$+ \frac{1}{(1-q)^2} \inf_{Q \in \mathbb{RH}_\infty} \left\| \begin{matrix} \sqrt{1-\varepsilon}\left((1-q)L_z^{-1}(\infty) + N_m Y - MQN_m\right) \\ \sqrt{\varepsilon}(YN_m - MQN_m) \end{matrix} \right\|_2^2 \sigma_1^2 \tag{6.11}$$

为了得到 $J_1^*$，定义

$$J_{11}^* = \frac{1}{(1-q)^2} \inf_{Q \in \mathbb{RH}_\infty} \left\| \begin{matrix} \sqrt{1-\varepsilon}\left((1-q)L_z^{-1}(\infty) + N_m Y - MQN_m\right) \\ \sqrt{\varepsilon}(YN_m - MQN_m) \end{matrix} \right\|_2^2 \sigma_1^2$$
$$= \frac{1}{(1-q)^2} \inf_{Q \in \mathbb{RH}_\infty} \left\| \begin{matrix} \sqrt{1-\varepsilon}\left((q-1)\prod_{i=1}^{n}\bar{s}_i + N_m YB_p^{-1} - M_m QN_m\right) \\ \sqrt{\varepsilon}\left(YN_m B_p^{-1} - M_m QN_m\right) \end{matrix} \right\|_2^2 \sigma_1^2 \tag{6.12}$$

$$J_{12}^* = \frac{1}{(1-q)^2} \left\| \begin{matrix} \sqrt{1-\varepsilon}(1-q)\left(L_z^{-1}(z) - L_z^{-1}(\infty)\right) \\ 0 \end{matrix} \right\|_2^2 \sigma_1^2$$

根据部分分式分解，有

$$YN_m B_p^{-1} = \sum_{j=1}^{m} \frac{1 - \bar{p}_j z}{z - p_j} \frac{Y(p_j)N_m(p_j)}{b_j} + R_1 \tag{6.13}$$

这里 $R_1 \in \mathbb{RH}_\infty$，$b_j = \prod_{\substack{i=1 \\ i \neq j}}^{m} \frac{p_j - p_i}{1 - p_j \bar{p}_i}$。

根据式（6.7）及 $M(p_j) = 0$，有

$$Y(p_j) = -N_m^{-1}(p_j)L_z^{-1}(p_j) \tag{6.14}$$

于是，根据式（6.12）、式（6.13）和式（6.14）有

$$J_{11}^* = \frac{1}{(1-q)^2} \inf_{Q \in \mathbb{RH}_\infty} \left\| \begin{matrix} \sqrt{1-\varepsilon}\left((q-1)\prod_{i=1}^{n}\bar{s}_i + \sum_{j=1}^{m}\left(B_p^{-1}(z) - B_p^{-1}(\infty)\right)\dfrac{Y(p_j)N_m(p_j)}{b_j} + R_2 - M_m QN_m\right) \\ \sqrt{\varepsilon}\left(\sum_{j=1}^{m}\left(B_{pk}^{-1}(z) - B_p^{-1}(\infty)\right)\dfrac{Y(p_j)N_m(p_j)}{b_j} + R_2 - M_m QN_m\right) \end{matrix} \right\|_2^2 \sigma_1^2$$

其中

$$B_p^{-1}(z) = \frac{1 - \bar{p}_j z}{z - p_j}, \quad B_p^{-1}(\infty) = -\bar{p}_j, \quad R_2 = -\sum_{j=1}^{m} \bar{p}_j \frac{Y(p_j)N_m(p_j)}{b_j} + R_1$$

注意到 $B_p^{-1}(z) - B_p^{-1}(\infty) \in H_2^{\perp}$，所以有

$$J_{11}^* = \inf_{Q \in \mathbb{R}\mathcal{H}_\infty} \frac{1}{(1-q)^2} \left\| \begin{pmatrix} \sqrt{1-\varepsilon} \left( (q-1)\prod_{i=1}^n \overline{s}_i + R_2 \right) \\ \sqrt{\varepsilon} R_2 \end{pmatrix} - \begin{pmatrix} \sqrt{1-\varepsilon} \\ \sqrt{\varepsilon} \end{pmatrix} M_m Q N_m \right\|_2^2 \sigma_1^2$$

$$+ \frac{1}{(1-q)^2} \left\| \begin{pmatrix} \sqrt{1-\varepsilon} \sum_{j=1}^m \left( B_p^{-1}(z) - B_p^{-1}(\infty) \right) \dfrac{Y(p_j)N_m(p_j)}{b_j} \\ \sqrt{\varepsilon} \sum_{j=1}^m \left( B_p^{-1}(z) - B_p^{-1}(\infty) \right) \dfrac{Y(p_j)N_m(p_j)}{b_j} \end{pmatrix} \right\|_2^2 \sigma_1^2$$

可以选取一个适当的 $Q$ 使得

$$\begin{pmatrix} \sqrt{1-\varepsilon} \left( (q-1)\prod_{i=1}^n \overline{s}_i + R_2 \right) \\ \sqrt{\varepsilon} R_2 \end{pmatrix} - \begin{pmatrix} \sqrt{1-\varepsilon} \\ \sqrt{\varepsilon} \end{pmatrix} M_m Q N_m = 0$$

因此，$J_{11}^*$ 可以写成

$$J_{11}^* = \frac{1}{(1-q)^2} \sum_{j=1}^m \frac{\left(1-|p_i|^2\right)\left(1-|p_j|^2\right)}{(\overline{p}_j p_i - 1)} \frac{\left(L_z^{-1}(p_j)\right)^2}{\overline{b}_j b_i} \sigma_1^2$$

其中，$b_j = \prod_{\substack{i=1 \\ i \neq j}}^m \dfrac{p_j - p_i}{1 - p_j \overline{p}_i}$。

根据 Toker[5] 中的方法，可以写出 $J_{12}^*$

$$J_{12}^* = (1-\varepsilon) \sum_{i,j=1}^n \frac{\left(1-|s_i|^2\right)\left(1-|s_j|^2\right)}{(\overline{s}_j s_i - 1)} \sigma_1^2$$

根据式（6.11）和式（6.15），可以得到

$$J_1^* = (1-\varepsilon) \sum_{i,j=1}^n \frac{\left(1-|s_i|^2\right)\left(1-|s_j|^2\right)}{(\overline{s}_j s_i - 1)} \sigma_1^2 + \frac{1}{(1-q)^2} \sum_{i,j=1}^m \frac{\left(1-|p_i|^2\right)\left(1-|p_j|^2\right)}{(\overline{p}_j p_i - 1)} \frac{\left(L_z^{-1}(p_j)\right)^2}{\overline{b}_j b_i} \sigma_1^2$$

其中，$b_j = \prod_{\substack{i=1 \\ i \neq j}}^m \dfrac{p_j - p_i}{1 - p_j \overline{p}_i}$。

因为 $A_z$ 和 $L_z$ 都是全通因子，因此可以得到

$$J_2^* = \frac{1}{(1-q)^2} \inf_{Q \in \mathbb{R}\mathcal{H}_\infty} \left\| O_m^{-1} N_m Y B_p^{-1} - N_m Q M_m \right\|_2^2 \sigma_2^2$$

根据计算 $J_1^*$ 的方法，可以写出

$$J_2^* = \frac{1}{(1-q)^2} \sum_{i,j=1}^m \frac{\left(1-|p_i|^2\right)\left(1-|p_j|^2\right)}{\left(\bar{p}_j p_i - 1\right)} \frac{\gamma_j \gamma_j^H}{\bar{b}_j b_i} \sigma_2^2$$

其中，$\gamma_j = O_m^{-1}(p_j) L_z^{-1}(p_j)$。

综合起来，可以得到

$$J^* \geq (1-\varepsilon) \sum_{i,j=1}^n \frac{\left(1-|s_i|^2\right)\left(1-|s_j|^2\right)}{\left(\bar{s}_j s_i - 1\right)} \sigma_1^2 + \frac{1}{(1-q)^2} \sum_{i,j=1}^m \frac{\left(1-|p_i|^2\right)\left(1-|p_j|^2\right)}{\left(\bar{p}_j p_i - 1\right)} \frac{\left(L_z^{-1}(p_j)\right)^2}{\bar{b}_j b_i} \sigma_1^2$$

$$+ \frac{1}{(1-q)^2} \sum_{i,j=1}^m \frac{\left(1-|p_i|^2\right)\left(1-|p_j|^2\right)}{\left(\bar{p}_j p_i - 1\right)} \frac{\gamma_j \gamma_j^H}{\bar{b}_j b_i} \sigma_2^2 - \varepsilon \Gamma$$

其中，$b_j = \prod_{\substack{i=1 \\ i \neq j}}^m \frac{p_j - p_i}{1 - p_j \bar{p}_i}$，$\gamma_j = O_m^{-1}(p_j) L_z^{-1}(p_j)$。

证毕。

## 6.2.3 双自由度控制器下网络化控制系统性能极限

本节考虑在双自由度控制器作用下单输入单输出网络化控制系统模型如图 6.2 所示。$[K_1 \, K_2]$ 表示的是双自由度控制器，它们的 $z$ 变换为 $[K_1(z) \, K_2(z)]$，其他的变量与图 6.1 中定义的相同。根据图 6.2，可以得到

$$\tilde{y} = G\tilde{r}K_1 + G(\tilde{y}Ad_r + n)A^{-1}K_2$$

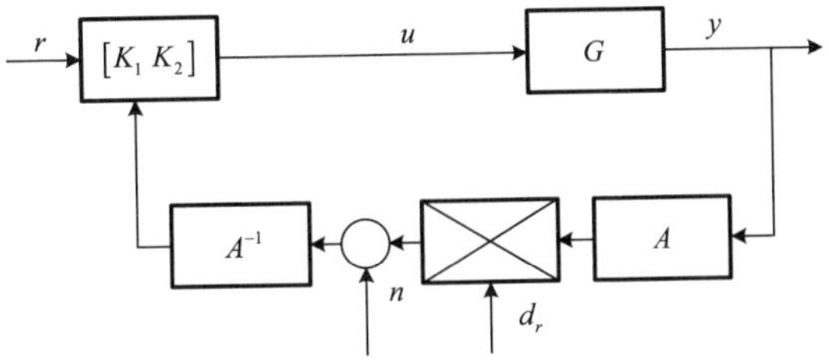

图 6.2　双自由度补偿器结构图

根据引理 2.1 及文献[3]中的计算方法可以得到

$$S(e^{j\omega}) = 1 - \frac{G(e^{j\omega})K_1(e^{j\omega})}{1-(1-q)G(e^{j\omega})K_2(e^{j\omega})}S_{re} - \frac{A^{-1}(e^{j\omega})G(e^{j\omega})K_2(e^{j\omega})}{1-(1-q)G(e^{j\omega})K_2(e^{j\omega})}S_{ne}$$

$S_{re}$ 表示的是 $r$ 到 $e$ 的频率特性，$S_{ne}$ 表示的是 $n$ 到 $e$ 的频率特性，根据文献[3] 中 $r$、$y$、$n$ 和 $d_r$ 相互独立，可以得到

$$E\{\|\tilde{e}\|_2^2\} = \left\|1 - \frac{GK_1}{1-(1-q)GK_2}\right\|_2^2 \sigma_1^2 + \left\|\frac{A^{-1}GK_2}{1-(1-q)GK_2}\right\|_2^2 \sigma_2^2$$

同样地，可以写出

$$E\{\|\tilde{y}\|_2^2\} = \left\|\frac{GK_1}{1-(1-q)GK_2}\right\|_2^2 \sigma_1^2 + \left\|\frac{A^{-1}GK_2}{1-(1-q)GK_2}\right\|_2^2 \sigma_2^2$$

定义双自由度控制器作用下离散网络化控制系统在数据丢包、编码解码、信道噪声以及考虑信道输入能量限制下的跟踪性能极限为 $J^*$，跟踪性能极限 $J^*$ 是通过所有可能的线性稳定的控制器可以达到的最小跟踪误差来定义的，其表示为

$$J^* = \inf_{K \in \mathcal{K}} J$$

因此

$$
\begin{aligned}
J^* = \inf_{K \in \mathcal{K}} &\left\{ (1-\varepsilon)\left( \left\|1 - \frac{GK_1}{1-(1-q)GK_2}\right\|_2^2 \sigma_1^2 + \left\|\frac{A^{-1}GK_2}{1-(1-q)GK_2}\right\|_2^2 \sigma_2^2 \right) \right. \\
&\left. + \varepsilon\left( \left\|\frac{GK_1}{1-(1-q)GK_2}\right\|_2^2 \sigma_1^2 + \left\|\frac{A^{-1}GK_2}{1-(1-q)GK_2}\right\|_2^2 \sigma_2^2 \right) \right\} - \varepsilon\Gamma
\end{aligned}
\tag{6.15}
$$

任何稳定的双自由度控制器都可以通过 Youla 参数化得到[4]

$$
\begin{aligned}
\mathcal{K} := &\left\{ K : K = [K_1 \quad K_2] = (X - DN)^{-1} \right. \\
&\left. \times [Q \quad Y - DM], Q \in \mathbb{R}\mathcal{H}_\infty, D \in \mathbb{R}\mathcal{H}_\infty \right\}
\end{aligned}
\tag{6.16}
$$

根据式（6.6）、式（6.7）、式（6.15）和式（6.16）可以写出

$$
\begin{aligned}
J^* = \inf_{Q,D \in \mathbb{R}\mathcal{H}_\infty} &\left\{ (1-\varepsilon)\left( \left\|1 - \frac{1}{1-q}NQ\right\|_2^2 \sigma_1^2 + \left\|\frac{N(Y-MD)}{(1-q)A}\right\|_2^2 \sigma_2^2 \right) \right. \\
&\left. + \varepsilon\left( \left\|\frac{NQ}{1-q}\right\|_2^2 \sigma_1^2 + \left\|\frac{N(Y-MD)}{(1-q)A}\right\|_2^2 \sigma_2^2 \right) \right\} - \varepsilon\Gamma
\end{aligned}
$$

通过简单的计算，可以得到

$$J^* = \frac{1}{(1-q)^2} \inf_{Q \in \mathbb{RH}_\infty} \left\| \begin{bmatrix} \sqrt{1-\varepsilon}(1-q-NQ) \\ \sqrt{\varepsilon}NQ \end{bmatrix} \right\|_2^2 \sigma_1^2$$
$$+ \frac{1}{(1-q)^2} \inf_{D \in \mathbb{RH}_\infty} \left\| A^{-1}N(Y-MD) \right\|_2^2 \sigma_2^2 - \varepsilon \Gamma$$

显然，为了得到 $J^*$，必须选取适当的 $Q$ 和 $D$。

**定理 6.2**　对于一个给定的如图 6.2 所示的离散网络化控制系统，假设对象有单位圆外的零点 $s_i \in \overline{\mathbb{D}}^c$，$i=1,\cdots,n$，以及单位圆外的极点 $p_j \in \overline{\mathbb{D}}^c$，$i=1,\cdots,m$，在双自由度模型结构及信道输入能量限制下的跟踪性能极限为

$$J^* = (1-\varepsilon)\sum_{i,j=1}^n \frac{\left(1-|s_i|^2\right)\left(1-|s_j|^2\right)}{\overline{s}_j s_i - 1}\sigma_1^2 + \varepsilon(1-\varepsilon)\sigma_1^2 \lambda_i \lambda_i^H$$
$$+ \frac{1}{(1-q)^2}\sum_{i,j=1}^m \frac{\left(1-|p_i|^2\right)\left(1-|p_j|^2\right)}{\overline{p}_j p_i - 1}\frac{\gamma_j \gamma_j^H}{\overline{b}_j b_i}\sigma_2^2 - \varepsilon\Gamma$$

这里

$$b_j = \prod_{\substack{j=1 \\ i \neq j}}^m \frac{p_j - p_i}{1 - p_j \overline{p}_i}, \quad \lambda_i = \prod_{i=1}^n \overline{s}_i, \quad \gamma_j = O_m^{-1}(p_j)L_z^{-1}(p_j)$$

从定理 6.2 中的表达式可以看出，离散网络化控制系统的跟踪性能极限取决于两方面：一方面是被控对象的非最小相位零点、参考信号，另一方面是被控对象的不稳定极点、数据丢包率、编码解码及信道噪声，并且双自由度控制器可以优化系统的性能。结果表明了通信通道中的丢包率及白噪声是如何制约着网络化控制系统的跟踪性能极限。

证明：因为 $A_z$ 和 $L_z$ 都是全通因子，因此可以得到

$$J^* = \frac{1}{(1-q)^2} \inf_{Q \in \mathbb{RH}_\infty} \left\| \begin{bmatrix} \sqrt{1-\varepsilon}((1-q)L_z^{-1} - N_m Q) \\ \sqrt{\varepsilon}N_m Q \end{bmatrix} \right\|_2^2 \sigma_1^2$$
$$+ \frac{1}{(1-q)^2} \inf_{D \in \mathbb{RH}_\infty} \left\| O_m^{-1}N_m(Y-MD) \right\|_2^2 \sigma_2^2 - \varepsilon\Gamma$$

为了计算 $J^*$，定义

$$J_3^* = \frac{1}{(1-q)^2} \inf_{Q \in \mathbb{RH}_\infty} \left\| \begin{bmatrix} \sqrt{1-\varepsilon}((1-q)L_z^{-1} - N_m Q) \\ \sqrt{\varepsilon}N_m Q \end{bmatrix} \right\|_2^2 \sigma_1^2 \tag{6.17}$$

$$J_4^* = \frac{1}{(1-q)^2} \inf_{D \in \mathbb{R}\mathcal{H}_\infty} \left\| O_m^{-1} N_m (Y - MD) \right\|_2^2 \sigma_2^2 \tag{6.18}$$

根据式（6.17），可以得到

$$J_3^* = \frac{1}{(1-q)^2} \inf_{Q \in \mathbb{R}\mathcal{H}_\infty} \left\| \begin{matrix} \sqrt{1-\varepsilon}\left((1-q)\left(L_z^{-1}(z) - L_z^{-1}(\infty)\right) + L_z^{-1}(\infty) - q L_z^{-1}(\infty) - N_m Q\right) \\ \sqrt{\varepsilon} N_m Q \end{matrix} \right\| \sigma_1^2$$

因为 $(1-q)\left(L_z^{-1}(z) - L_z^{-1}(\infty)\right) \in H_2^\perp$，而另一部分在 $H_2$ 中，所以

$$J_3^* = \frac{1}{(1-q)^2} \left\| \begin{matrix} \sqrt{1-\varepsilon}(1-q)\left(L_z^{-1}(z) - L_z^{-1}(\infty)\right) \\ 0 \end{matrix} \right\|_2^2 \sigma_1^2$$

$$+ \frac{1}{(1-q)^2} \inf_{Q \in \mathbb{R}\mathcal{H}_\infty} \left\| \begin{matrix} \sqrt{1-\varepsilon}\left(L_z^{-1}(\infty) - q L_z^{-1}(\infty) - N_m Q\right) \\ \sqrt{\varepsilon} N_m Q \end{matrix} \right\|_2^2 \sigma_1^2$$

为了计算 $J_3^*$，定义

$$J_{31}^* = \frac{1}{(1-q)^2} \left\| \begin{matrix} \sqrt{1-\varepsilon}(1-q)\left(L_z^{-1}(z) - L_z^{-1}(\infty)\right) \\ 0 \end{matrix} \right\|_2^2 \sigma_1^2$$

$$J_{32}^* = \frac{1}{(1-q)^2} \inf_{Q \in \mathbb{R}\mathcal{H}_\infty} \left\| \begin{matrix} \sqrt{1-\varepsilon}\left(L_z^{-1}(\infty) - q L_z^{-1}(\infty) - N_m Q\right) \\ \sqrt{\varepsilon} N_m Q \end{matrix} \right\|_2^2 \sigma_1^2$$

根据计算 $J_{12}^*$ 的方法，可以得到

$$J_{31}^* = \sqrt{1-\varepsilon} \sum_{i=1}^n \frac{\left(1-|s_i|^2\right)\left(1-|s_j|^2\right)}{(\bar{s}_j s_i - 1)} \sigma_1^2$$

同样，$J_{32}^*$ 可以表示为

$$J_{32}^* = \frac{1}{(1-q)^2} \inf_{Q \in \mathbb{R}\mathcal{H}_\infty} \left\| \begin{pmatrix} \sqrt{1-\varepsilon} \prod_{i=1}^n \bar{s}_i(q-1) \\ 0 \end{pmatrix} + \begin{pmatrix} -\sqrt{1-\varepsilon} \\ \sqrt{\varepsilon} \end{pmatrix} N_m Q \right\|_2^2 \sigma_1^2$$

根据文献[4]，引入内外分解

$$\begin{bmatrix} -\sqrt{1-\varepsilon} \\ \sqrt{\varepsilon} \end{bmatrix} N_m = \Delta_i \Delta_0$$

为了寻找合适的 $Q$，引入

$$\psi \triangleq \begin{bmatrix} \Delta_i^{\mathrm{T}}(-z) \\ I - \Delta_i(-z)\Delta_i^{\mathrm{T}}(-z) \end{bmatrix}$$

然后可以得到 $\psi_i^{\mathrm{T}}\psi_i = I$，随后又有

$$J_{32}^* = \frac{1}{(1-q)^2} \inf_{Q\in\mathbb{RH}_\infty} \left\| \psi \left[ \begin{pmatrix} \sqrt{1-\varepsilon}\prod_{i=1}^n \overline{s}_i(q-1) \\ 0 \end{pmatrix} + \begin{pmatrix} -\sqrt{1-\varepsilon} \\ \sqrt{\varepsilon} \end{pmatrix} N_m Q \right] \right\|_2^2 \sigma_1^2$$

通过简单的计算可以得到

$$J_{32}^* = \frac{1}{(1-q)^2} \inf_{Q\in\mathbb{RH}_\infty} \left\| \Delta_i^{\mathrm{T}} \begin{pmatrix} \sqrt{1-\varepsilon}\prod_{i=1}^n \overline{s}_i(q-1) \\ 0 \end{pmatrix} + \Delta_0 Q \right\|_2^2 \sigma_1^2$$

$$+ \frac{1}{(1-q)^2} \left\| (I - \Delta_i\Delta_i^{\mathrm{T}}) \begin{pmatrix} \sqrt{1-\varepsilon}\prod_{i=1}^n \overline{s}_i(q-1) \\ 0 \end{pmatrix} \right\|_2^2 \sigma_1^2$$

根据 $Q\in\mathbb{RH}_\infty$，并且 $\inf_{Q\in\mathbb{RH}_\infty} \left\| \Delta_i^{\mathrm{T}} \begin{pmatrix} \sqrt{1-\varepsilon}\prod_{i=1}^n \overline{s}_i(q-1) \\ 0 \end{pmatrix} + \Delta_0 Q \right\|_2$ 可以在 $Q\in\mathbb{RH}_\infty$ 上无限

的小，所以可以得到 $J_{32}^* = \varepsilon(1-\varepsilon)\sigma_1^2 \lambda_i\lambda_i^H$，其中 $\lambda_i = \prod_{i=1}^n \overline{s}_i$。

根据计算 $J_2^*$ 的方法，同样地，可以得到 $J_4^*$

$$J_4^* = \frac{1}{(1-q)^2} \sum_{i,j=1}^m \frac{(1-|p_i|^2)(1-|p_j|^2)}{(\overline{p}_j p_i - 1)} \frac{\gamma_j\gamma_j^H}{\overline{b}_j b_i} \sigma_2^2$$

其中，$\gamma_j = O_m^{-1}(p_j)L_z^{-1}(p_j)$。

因此

$$J^* = (1-\varepsilon)\sum_{i,j=1}^n \frac{(1-|s_i|^2)(1-|s_j|^2)}{(\overline{s}_j s_i - 1)}\sigma_1^2 + \varepsilon(1-\varepsilon)\sigma_1^2 \lambda_i\lambda_i^H$$

$$+ \frac{1}{(1-q)^2} \sum_{i,j=1}^m \frac{(1-|p_i|^2)(1-|p_j|^2)}{(\overline{p}_j p_i - 1)} \frac{\gamma_j\gamma_j^H}{\overline{b}_j b_i}\sigma_2^2 - \varepsilon\Gamma$$

这里 $b_j = \prod\limits_{\substack{j=1 \\ i \neq j}}^{m} \dfrac{p_j - p_i}{1 - p_j \bar{p}_i}$ ， $\lambda_i = \prod\limits_{i=1}^{n} \bar{s}_i$ ， $\gamma_j = O_m^{-1}(p_j) L_z^{-1}(p_j)$ 。

证毕。

如果反馈通道中不存在通信网络，那么就有如下推论。

**推论 6.1** 根据定理 6.2，如果不考虑网络约束，那么有

$$J^* = \sum_{i,j=1}^{n} \frac{\left(1-|s_i|^2\right)\left(1-|s_j|^2\right)}{\left(\bar{s}_j s_i - 1\right)} \sigma_1^2 + \frac{1}{(1-q)^2} \sum_{i,j=1}^{m} \frac{\left(1-|p_i|^2\right)\left(1-|p_j|^2\right)}{\left(\bar{p}_j p_i - 1\right)} \frac{\gamma_j \gamma_j^H}{\bar{b}_j b_i} \sigma_2^2$$

推论 6.1 说明了在不考虑通信约束的情况下，控制系统的跟踪性能极限取决于被控对象的非最小相位零点与不稳定极点，结果与文献[5]中不考虑通信约束下的跟踪性能极限一样。

## 6.2.4 仿真分析

**例 6.1** 考虑被控系统的传递函数如下

$$G(z) = \frac{z - k}{z(z + 0.5)(z - 3)}$$

其中，$k \in (1,10)$ 。该对象是非最小相位的系统，被控对象的不稳定极点是 $p = 3$ ，对于任何的 $k > 1$ ，被控对象都有非最小相位零点 $z = k$ ，参考信号的功率谱密度是 $\sigma_1^2 = 0.5$ 。

网络通道的参数如下：编码器的传递函数为 $A = \dfrac{z-3}{z+0.2}$ ，信道噪声的功率谱密度是 $\sigma_2^2 = 0.3$ ，数据丢包率是 $q = 0.5$ 。并且权衡因子 $\varepsilon = 0.2$ ，信道输入能量为 $\Gamma = 10$ ，根据定理 6.1，网络化控制系统跟踪性能极限为

$$J^* \geq 0.4(k^2 - 1) + 17.84\left(\frac{1 - 3k}{k - 3}\right)^2 - 2$$

仿真结果如图 6.3 所示。图 6.3 显示了单输入单输出网络化控制系统的不同的非最小相位零点及考虑和不考虑编码解码时的跟踪性能极限。可以看出当非最小相位零点与不稳定极点很接近的时候，系统的跟踪性能极限趋于无穷大，同样可以看出，通过考虑反馈通道中的编码与解码，可以在一定程度上优化系统的跟踪性能极限。

为了验证数据丢包率对系统跟踪性能极限的影响，假设被控对象的非最小相位零点为 $z_1 = 0.5$ 。根据定理 6.2，可以得到跟踪性能极限的表达式

$$J^* = 0.6 + 90.04\left(\frac{1}{1 - q}\right)^2$$

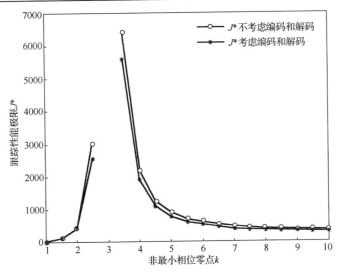

图 6.3　网络化控制系统的跟踪性能极限

单输入单输出网络化控制系统在不同丢包率下的跟踪性能极限如图 6.4 所示。

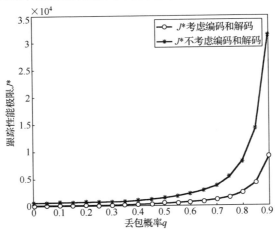

图 6.4　不同数据丢包率下系统跟踪性能极限

从图 6.4 中可以看出，系统的跟踪性能极限会被网络通道中的数据丢包概率所破坏。

## 6.3　基于编码和带宽约束网络化控制系统性能极限

### 6.3.1　问题描述

本节考虑在前向通道存在编码解码和反馈通道存在带宽约束的网络化控制系统，如图 6.5 所示。问题：基于编码解码和带宽约束研究网络化控制系统的跟踪性能极限。

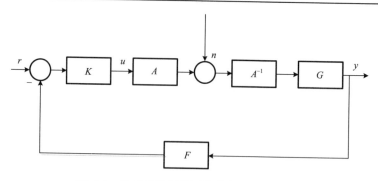

图 6.5　基于编码解码网络化控制系统框图

在图 6.5 中，$K$ 表示单自由度控制器，$G$ 表示被控对象模型，它们的传递函数矩阵分别定义为 $K(z)$ 和 $G(z)$。通信信道的特征由三个因素确定：信道带宽 $F$、通信编码器 $A$ 与通信解码器 $A^{-1}$、高斯白噪声 $n$；它们的传递函数矩阵分别定义为 $F(z)$、$A(z)$ 与 $A^{-1}(z)$，此外高斯白噪声 $n$ 的 $z$ 变换定义为 $\tilde{n}$。在这里通信信道带宽用滤波器来模拟；信号 $r$ 和 $y$ 分别表示的是参考输入信号与系统输出信号，它们的 $z$ 变换定义为 $\tilde{r}$ 和 $\tilde{y}$；在本节中，考虑参考输入信号 $r$ 为一个随机过程并且有 $r(k) = (r_1(k), \cdots, r_i(k))^{\mathrm{T}}$，高斯白噪声 $n$ 的均值为 0，并且在不同的通信信道中，它们相互独立；对于不同的信道 $i$，定义参考输入信号 $r_i$ 的功率谱密度为 $\alpha_i$，高斯白噪声 $n_i$ 的功率谱密度为 $\beta_i$；然后定义矩阵 $U = \mathrm{diag}(\alpha_1, \alpha_2, \cdots, \alpha_l)$，$V = \mathrm{diag}(\beta_1, \beta_2, \cdots, \beta_l)$。本节中假设参考输入信号 $r$ 与高斯白噪声信号 $n$ 相互独立。

网络化控制系统的跟踪误差定义为 $\tilde{e} = \tilde{r} - \tilde{y}$。根据图 6.5，可以得到

$$\tilde{u} = K\tilde{r} - KF\tilde{y} \tag{6.19}$$

$$\tilde{y} = GA^{-1}(A\tilde{u} + \tilde{n}) = G\tilde{u} + GA^{-1}\tilde{n} \tag{6.20}$$

根据式（6.19）和式（6.20），可以得到

$$\tilde{y} = G(I + KFG)^{-1}K\tilde{r} + G(I + KFG)^{-1}A^{-1}\tilde{n} \tag{6.21}$$

因此可以得到

$$\tilde{e} = \left(I - G(I + KFG)^{-1}K\right)\tilde{r} - G(I + KFG)^{-1}A^{-1}\tilde{n} \tag{6.22}$$

## 6.3.2　带宽约束和编码影响多变量系统性能极限

定义信道输入能量受限和在前向通道存在编码解码的情况下多输入多输出线性时不变离散网络化控制系统跟踪性能极限为 $J^*$，并且在所有使系统稳定的控制器集合 $\mathcal{K}$ 中选取一个适当的控制器 $K$，可使得系统达到跟踪性能极限 $J^*$，即

$$J^* = \inf_{K \in \mathcal{K}} J \tag{6.23}$$

对于任何的正则实有理传递函数矩阵 $FG$，都可以分解成为

$$FG = NM^{-1} = \tilde{M}^{-1}\tilde{N} \tag{6.24}$$

其中，$N$、$M$、$\tilde{N}$、$\tilde{M} \in \mathbb{R}\mathcal{H}_\infty$，并且满足 Bezout 等式

$$\begin{pmatrix} \tilde{X} & -\tilde{Y} \\ -\tilde{N} & \tilde{M} \end{pmatrix}\begin{pmatrix} M & Y \\ N & X \end{pmatrix} = I, \quad \begin{pmatrix} M & Y \\ N & X \end{pmatrix}\begin{pmatrix} \tilde{X} & -\tilde{Y} \\ -\tilde{N} & \tilde{M} \end{pmatrix} = I \tag{6.25}$$

对于任何的 $X$、$Y$、$\tilde{X}$、$\tilde{Y} \in \mathbb{R}\mathcal{H}_\infty$。

任何使得系统稳定的控制器都可以通过 Youla 参数化得到

$$\mathcal{K} := \left\{ K : K = -(\tilde{X} - Q\tilde{N})^{-1}(\tilde{Y} - Q\tilde{M}) = -(\tilde{Y} - Q\tilde{M})(\tilde{X} - Q\tilde{N})^{-1}, \quad Q \in \mathbb{R}\mathcal{H}_\infty \right\} \tag{6.26}$$

一个非最小相位传递函数矩阵可以分解成一个最小相位部分与一个全通因子的乘积

$$N = FL_z N_m, \quad \tilde{M} = \tilde{M}_m \tilde{B}_p \tag{6.27}$$

其中，$L_z$ 和 $\tilde{B}_p$ 表示的是全通因子，$N_m$ 和 $\tilde{M}_m$ 表示的是最小相位部分；所有非最小相位零点 $s_i \in \overline{\mathbb{D}}^c$，$i = 1, \cdots, n$ 都在 $L_z$ 内，并且 $\tilde{B}_p$ 包含了所有不稳定极点 $p_i \in \overline{\mathbb{D}}^c$，$j = 1, \cdots, m$；$L_z$ 和 $\tilde{B}_p$ 可以分别表示为

$$L(z) = \prod_{i=1}^{n} L_i(z), \quad \tilde{B}_p(z) = \prod_{j=1}^{m} D_j(z) \tag{6.28}$$

其中，$L(z) = \dfrac{z - \overline{s}_i}{1 - \overline{s}_i z}\eta_i\eta_i^H + Y_iY_i^H$，$\tilde{D}_j(z) - \dfrac{z - \overline{p}_j}{1 - \overline{p}_j z}\omega_j\omega_j^H + W_jW_j^H$，$\eta_i$ 与 $\omega_j$ 是单位向量，分别表示的是非最小相位零点的方向与不稳定极点的方向，并且满足 $\eta_i\eta_i^H + Y_iY_i^H = I$，$\omega_j\omega_j^H + W_jW_j^H = I$。

根据式（6.21）、式（6.22）、式（6.24）、式（6.25）和式（6.26），可以得到

$$E\left\{\|\tilde{e}\|_2^2\right\} = \|(I - T_1)U\|_2^2 + \|T_2V\|_2^2 \tag{6.29}$$

$$E\left\{\|\tilde{y}\|_2^2\right\} = \|T_1U\|_2^2 + \|T_2V\|_2^2 \tag{6.30}$$

其中，$T_1 = -F^{-1}N(\tilde{Y} - Q\tilde{M})$，$T_2 = -F^{-1}N(\tilde{X} - Q\tilde{N})A^{-1}$。

根据式（6.4）、式（6.23）、式（6.29）和式（6.30），有

$$J^* \geq \inf_{Q \in \mathbb{R}\mathcal{H}_\infty}\left\|\begin{pmatrix} \sqrt{1-\varepsilon}\left(I + F^{-1}N\left(\tilde{Y} - Q\tilde{M}\right)\right) \\ \sqrt{\varepsilon}F^{-1}N(\tilde{Y} - Q\tilde{M}) \end{pmatrix}U\right\|_2^2 + \inf_{Q \in \mathbb{R}\mathcal{H}_\infty}\left\|F^{-1}N(\tilde{X} - Q\tilde{N})A^{-1}V\right\|_2^2 - \varepsilon\Gamma$$

**定理 6.3** 对于一个如图 6.5 所示的网络化控制系统模型，系统的跟踪性能极限可以表示为

$$J^* \geq (1-\varepsilon) \sum_{i,j=1}^{n} \frac{(1-s_i\bar{s}_i)(1-s_j\bar{s}_j)}{\bar{s}_i s_j - 1} \prod_{k=1}^{i} \left| f(s_k) \right|^2 \mathrm{tr}\left( [\eta_i\eta_i^H U][\eta_j\eta_j^H U] \right)$$

$$+ (1-\varepsilon) \sum_{i,j=1}^{m} \frac{(1-p_j\bar{p}_j)(1-p_i\bar{p}_i)}{\bar{p}_j p_i - 1} \mathrm{tr}(\gamma_j^H \gamma_i) + \varepsilon \sum_{i,j=1}^{m} \frac{(1-p_j\bar{p}_j)(1-p_i\bar{p}_i)}{\bar{p}_j p_i - 1} \mathrm{tr}(\lambda_j^H \lambda_i)$$

$$+ \sum_{i,j=1}^{n} \frac{(1-s_i\bar{s}_i)(1-s_j\bar{s}_j)}{\bar{s}_i s_j - 1} \mathrm{tr}(\Omega_j^H \Omega_i) - \varepsilon \Gamma$$

其中

$$E_j = \prod_{k=1}^{j-1} \left( \tilde{B}_{\varphi k}(p_j) \right)^{-1}, \quad \Phi_j = \prod_{k=j+1}^{m} \left( \tilde{B}_{\varphi k}(p_j) \right)^{-1}, \quad \gamma_j = \left( \Theta U - L_z^{-1}(p_j) F^{-1}(p_j) \right) E_j \xi_j \xi_j^H \Phi_j,$$

$$\Omega_j = N_m^{-1}(z_i) M_m^{-1}(z_i) B_p^{-1}(z_i) A^{-1}(z_i) V X_j \vartheta_j \vartheta_j^H C_j, \quad \lambda_j = -L_z^{-1}(p_j) F^{-1}(p_j) U E_j \xi_j \xi_j^H \Phi_j \text{。}$$

证明：为了得到 $J^*$，首先定义

$$J_1^* = \inf_{Q \in \mathbb{R}\mathcal{H}_\infty} \left\| \begin{pmatrix} \sqrt{1-\varepsilon}(1 + F^{-1}N(\tilde{Y} - Q\tilde{M})) \\ \sqrt{\varepsilon} F^{-1} N(\tilde{Y} - Q\tilde{M}) \end{pmatrix} U \right\|_2^2 \tag{6.31}$$

$$J_2^* = \inf_{Q \in \mathbb{R}\mathcal{H}_\infty} \left\| F^{-1} N(\tilde{X} - Q\tilde{N}) A^{-1} V \right\|_2^2 \tag{6.32}$$

根据式（6.27）和式（6.31），可以得到

$$J_1^* = \inf_{Q \in \mathbb{R}\mathcal{H}_\infty} \left\| \begin{pmatrix} \sqrt{1-\varepsilon}(1 + L_z N_m(\tilde{Y} - Q\tilde{M})) \\ \sqrt{\varepsilon} L_z N_m(\tilde{Y} - Q\tilde{M}) \end{pmatrix} U \right\|_2^2$$

因为 $L_z$ 是全通因子，因此有

$$J_1^* = \inf_{Q \in \mathbb{R}\mathcal{H}_\infty} \left\| \begin{pmatrix} \sqrt{1-\varepsilon}(L_z^{-1} + N_m(\tilde{Y} - Q\tilde{M})) \\ \sqrt{\varepsilon} N_m(\tilde{Y} - Q\tilde{M}) \end{pmatrix} U \right\|_2^2 \tag{6.33}$$

$$J_2^* = \inf_{Q \in \mathbb{R}\mathcal{H}_\infty} \left\| N_m(\tilde{X} - Q\tilde{N}) A^{-1} V \right\|_2^2 \tag{6.34}$$

定义 $f(s_i) = -\bar{s}_i \eta_i \eta_i^H + Y_i Y_i^H$，$\Theta = \prod_{i=1}^{n} f(s_i)$。

通过简单的计算，$J_1^*$ 可以表示为

$$J_1^* = \inf_{Q \in \mathbb{R}\mathcal{H}_\infty} \left\| \begin{pmatrix} \sqrt{1-\varepsilon}\left( L_z^{-1} - \Theta + \Theta + N_m(\tilde{Y} - Q\tilde{M}) \right) \\ \sqrt{\varepsilon} N_m(\tilde{Y} - Q\tilde{M}) \end{pmatrix} U \right\|_2^2$$

在上式中，$(L_z^{-1} - \Theta) \in H_2^{\perp}$，并且 $\left(\Theta + N_m(\tilde{Y} - Q\tilde{M})\right) \in H_2$，因此有

$$J_1^* = \left\| \begin{pmatrix} \sqrt{1-\varepsilon}(L_z^{-1} - \Theta) \\ 0 \end{pmatrix} U \right\|_2^2 + \inf_{Q \in \mathbb{R}\mathcal{H}_\infty} \left\| \begin{pmatrix} \sqrt{1-\varepsilon}\left(\Theta + N_m(\tilde{Y} - Q\tilde{M})\right) \\ \sqrt{\varepsilon}N_m(\tilde{Y} - Q\tilde{M}) \end{pmatrix} U \right\|_2^2$$

为了计算 $J_1^*$，定义

$$J_{11}^* = \left\| \begin{pmatrix} \sqrt{1-\varepsilon}(L_z^{-1} - \Theta) \\ 0 \end{pmatrix} U \right\|_2^2$$

$$J_{12}^* = \inf_{Q \in \mathbb{R}\mathcal{H}_\infty} \left\| \begin{pmatrix} \sqrt{1-\varepsilon}\left(\Theta + N_m(\tilde{Y} - Q\tilde{M})\right) \\ \sqrt{\varepsilon}N_m(\tilde{Y} - Q\tilde{M}) \end{pmatrix} U \right\|_2^2$$

根据文献[6]，可以得到

$$\left\| \sqrt{1-\varepsilon}(L_z^{-1} - \Theta)U \right\|_2^2 = (1-\varepsilon) \sum_{i=1}^n \prod_{k=1}^i |f(s_k)|^2 \left\| (L_i^{-1}(z) - f(s_i))U \right\|_2^2$$

因此，$J_{11}^*$ 可以化成

$$J_{11}^* = (1-\varepsilon) \sum_{i,j=1}^n \frac{(1-s_i\overline{s_i})(1-s_j\overline{s_j})}{\overline{s_i}s_j - 1} \prod_{k=1}^i |f(s_k)|^2 \operatorname{tr}\left([\eta_i\eta_i^H U][\eta_j\eta_j^H U]\right)$$

为了计算 $J_{12}^*$，需要定义 $\tilde{M}U = \tilde{M}_{\varphi m}\tilde{B}_{\varphi p}$，其中 $\tilde{B}_{\varphi p} = \prod_{j=1}^m \tilde{B}_{\varphi j}$，$\tilde{B}_{\varphi j} = \dfrac{z - p_j}{1 - \overline{p}_j z}\xi_j\xi_j^H$

$+\varLambda_j\varLambda_j^H$；$\xi_j$ 表示的是不稳定极点方向的单位向量，并且满足 $\xi_j\xi_j^H + \varLambda_j\varLambda_j^H = I$，

$\xi_j = \dfrac{FU^{-1}\omega_j}{\|FU^{-1}\omega_j\|}$。

因此可以得到

$$J_{12}^* = \inf_{Q \in \mathbb{R}\mathcal{H}_\infty} \left\| \begin{matrix} \sqrt{1-\varepsilon}(\Theta U + N_m\tilde{Y}U)\tilde{B}_{\varphi p}^{-1} - \sqrt{1-\varepsilon}N_m Q\tilde{M}_{\varphi m} \\ \sqrt{\varepsilon}N_m\tilde{Y}U\tilde{B}_{\varphi p}^{-1} - \sqrt{\varepsilon}N_m Q\tilde{M}_{\varphi m} \end{matrix} \right\|_2^2$$

于是定义

$$J_a^* = \left\| \sqrt{1-\varepsilon}(\Theta U + N_m\tilde{Y}U)\tilde{B}_{\varphi p}^{-1} - \sqrt{1-\varepsilon}N_m Q\tilde{M}_{\varphi m} \right\|_2^2$$

$$J_b^* = \left\| \sqrt{\varepsilon}N_m\tilde{Y}U\tilde{B}_{\varphi p}^{-1} - \sqrt{\varepsilon}N_m Q\tilde{M}_{\varphi m} \right\|_2^2$$

根据部分因式分解，有

$$\sqrt{1-\varepsilon}(\Theta U + N_m \tilde{Y}U)\tilde{B}_{\varphi p}^{-1} = \sqrt{1-\varepsilon} \sum_{j=1}^{m} \left(\Theta U + N_m(p_j)\tilde{Y}(p_j)U\right) E_j (\tilde{B}_{\varphi j}^{-1} - \tilde{B}_{\varphi j}^{-1}(\infty))\Phi_j + R_1$$

$$\sqrt{\varepsilon}N_m\tilde{Y}U\tilde{B}_{\varphi p}^{-1} = \sqrt{\varepsilon} \sum_{j=1}^{m} N_m(p_j)\tilde{Y}(p_j)U E_j \left(\tilde{B}_{\varphi j}^{-1} - \tilde{B}_{\varphi j}^{-1}(\infty)\right)\Phi_j + R_2$$

其中，$R_1$，$R_2 \in \mathbb{R}\mathcal{H}_\infty$，$E_j = \prod_{k=1}^{j-1} \left(\tilde{B}_{\varphi k}(p_j)\right)^{-1}$，$\Phi_j = \prod_{k=j+1}^{m} \left(\tilde{B}_{\varphi k}(p_j)\right)^{-1}$。

因此可以得到

$$J_a^* = \inf_{Q \in \mathbb{R}\mathcal{H}_\infty} \left\| \sqrt{1-\varepsilon} \sum_{j=1}^{m} \left(\Theta U + N_m(p_j)\tilde{Y}(p_j)U\right) E_j \left(\tilde{B}_{\varphi j}^{-1} - \tilde{B}_{\varphi j}^{-1}(\infty)\right)\Phi_j \right.$$
$$\left. + R_1 - \sqrt{1-\varepsilon}N_m Q\tilde{M}_{\varphi m} \right\|_2^2$$

可以看出 $\left(\tilde{B}_{\varphi j}^{-1} - \tilde{B}_{\varphi j}^{-1}(\infty)\right) \in H_2^\perp$，而 $(R_1 - \sqrt{1-\varepsilon}N_m Q\tilde{M}_{\varphi m}) \in H_2$，所以 $J_a^*$ 可以换成

$$J_a^* = \left\| \sqrt{1-\varepsilon} \sum_{j=1}^{m} \left(\Theta U + N_m(p_j)\tilde{Y}(p_j)U\right) E_j \left(\tilde{B}_{\varphi j}^{-1} - \tilde{B}_{\varphi j}^{-1}(\infty)\right)\Phi_j \right\|_2^2$$
$$+ \inf_{Q \in \mathbb{R}\mathcal{H}_\infty} \left\| R_1 - \sqrt{1-\varepsilon}N_m Q\tilde{M}_{\varphi m} \right\|_2^2$$

根据 $Q \in \mathbb{R}\mathcal{H}_\infty$，可以选择一个适当的 $Q$，使得

$$\inf_{Q \in \mathbb{R}\mathcal{H}_\infty} \left\| R_1 - \sqrt{1-\varepsilon}N_m Q\tilde{M}_{\varphi m} \right\|_2^2 = 0$$

所以

$$J_a^* = (1-\varepsilon) \sum_{i,j=1}^{m} \frac{(1-p_j\overline{p}_j)(1-p_i\overline{p}_i)}{\overline{p}_j p_i - 1} \mathrm{tr}(\gamma_j^H \gamma_i)$$

其中，$\gamma_j = \left(\Theta U + N_m(p_j)\tilde{Y}(p_j)U\right) E_j \xi_j \xi_j^H \Phi_j$。

同理

$$J_b^* = \left\| \sqrt{\varepsilon} \sum_{j=1}^{m} N_m(p_j)\tilde{Y}(p_j)U E_j \left(\tilde{B}_{\varphi j}^{-1} - \tilde{B}_{\varphi j}^{-1}(\infty)\right)\Phi_j \right\|_2^2 + \inf_{Q \in \mathbb{R}\mathcal{H}_\infty} \left\| R_2 - \sqrt{\varepsilon}N_m Q\tilde{M}_{\varphi m} \right\|_2^2$$

选择一个适当的 $Q \in \mathbb{R}\mathcal{H}_\infty$，使得

$$\inf_{Q \in \mathbb{R}\mathcal{H}_\infty} \left\| R_2 - \sqrt{\varepsilon}N_m Q\tilde{M}_{\varphi m} \right\|_2^2 = 0$$

因此可以得到

$$J_b^* = \varepsilon \sum_{i,j=1}^m \frac{(1-p_j\overline{p}_j)(1-p_i\overline{p}_i)}{\overline{p}_j p_i - 1} \operatorname{tr}(\lambda_j^H \lambda_i)$$

其中，$\lambda_j = N_m(p_j)\tilde{Y}(p_j)UE_j\xi_j\xi_j^H F_j$，根据 $J_{12}^* = J_a^* + J_b^*$，有

$$J_{12}^* = (1-\varepsilon)\sum_{i,j=1}^m \frac{(1-p_j\overline{p}_j)(1-p_i\overline{p}_i)}{\overline{p}_j p_i - 1}\operatorname{tr}(\gamma_j^H \gamma_i) + \varepsilon\sum_{i,j=1}^m \frac{(1-p_j\overline{p}_j)(1-p_i\overline{p}_i)}{\overline{p}_j p_i - 1}\operatorname{tr}(\lambda_j^H \lambda_i)$$

根据式（6.25），有 $\tilde{X}M - \tilde{Y}N = I$，又因为 $M(p_j) = 0$，所以

$$\tilde{Y}(p_j) = -N_m^{-1}(p_j)L_z^{-1}(p_j)F^{-1}(p_j)$$

因此 $\gamma_j = \left(\Theta U - L_z^{-1}(p_j)F^{-1}(p_j)U\right)E_j\xi_j\xi_j^H\Phi_j$，$\lambda_j = -L_z^{-1}(p_j)F^{-1}(p_j)UE_j\xi_j\xi_j^H\Phi_j$。

此外，定义 $\tilde{N}A^{-1}V = \tilde{N}_\Lambda \tilde{L}_{\Lambda z}$。

根据 Li[7]中的结论，有 $\tilde{L}_{\Lambda z} = \prod_{i=1}^n \tilde{L}_{\Lambda i}(z)$，其中 $\tilde{L}_{\Lambda i}(z) = \dfrac{z-s_i}{1-\overline{s}_i z}\vartheta_i\vartheta_i^H + \mu_i\mu_i^H$，$\vartheta_i$ 是单位向量，并且满足 $\vartheta_i\vartheta_i^H + \mu_i\mu_i^H = I$。

因此可以得

$$J_2^* = \sum_{i,j=1}^n \frac{(1-s_i\overline{s}_i)(1-s_j\overline{s}_j)}{\overline{s}_i s_j - 1}\operatorname{tr}(\Omega_i^H \Omega_j)$$

其中，$\Omega_j = N_m^{-1}(z_i)M_m^{-1}(z_i)B_p^{-1}(z_i)A^{-1}(z_i)VX_j\vartheta_j\vartheta_j^H C_j$。

因此结果为

$$\begin{aligned}
J^* \geq {} & (1-\varepsilon)\sum_{i,j=1}^n \frac{(1-s_i\overline{s}_i)(1-s_j\overline{s}_j)}{\overline{s}_i s_j - 1}\prod_{k=1}^i |f(s_k)|^2 \operatorname{tr}\left([\eta_i\eta_i^H U][\eta_j\eta_j^H U]\right) \\
& + (1-\varepsilon)\sum_{i,j=1}^m \frac{(1-p_j\overline{p}_j)(1-p_i\overline{p}_i)}{\overline{p}_j p_i - 1}\operatorname{tr}(\gamma_j^H \gamma_i) + \varepsilon\sum_{i,j=1}^m \frac{(1-p_j\overline{p}_j)(1-p_i\overline{p}_i)}{\overline{p}_j p_i - 1}\operatorname{tr}(\lambda_j^H \lambda_i) \\
& + \sum_{i,j=1}^n \frac{(1-s_i\overline{s}_i)(1-s_j\overline{s}_j)}{\overline{s}_i s_j - 1}\operatorname{tr}(\Omega_j^H \Omega_i) - \varepsilon\Gamma
\end{aligned}$$

其中

$$E_j = \prod_{k=1}^{j-1}\left(\tilde{B}_{\varphi k}(p_j)\right)^{-1}, \quad \Phi_j = \prod_{k=j+1}^m\left(\tilde{B}_{\varphi k}(p_j)\right)^{-1}, \quad \gamma_j = \left(\Theta U - L_z^{-1}(p_j)F^{-1}(p_j)\right)E_j\xi_j\xi_j^H\Phi_j,$$

$$\Omega_j = N_m^{-1}(z_i)M_m^{-1}(z_i)B_p^{-1}(z_i)A^{-1}(z_i)VX_j\vartheta_j\vartheta_j^H C_j, \quad \lambda_j = -L_z^{-1}(p_j)F^{-1}(p_j)UE_j\xi_j\xi_j^H\Phi_j。$$

证毕。

### 6.3.3　双通道带宽约束和编码影响系统性能极限

本节考虑通信带宽限制存在于前向通道与反馈通道，即执行器与控制器之间、传感器与控制器之间的通信信道的带宽是有限的。系统模型结构如图 6.6 所示。$F_1$ 与 $F_2$ 表示前向通道与反馈通道中的带宽限制，并且 $n$ 表示的是前向通道中的高斯白噪声，定义它的功率谱密度是 $\beta^2$。图 6.6 中其他变量定义与图 6.5 中一样。

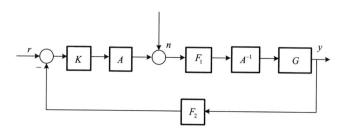

图 6.6　双向带宽及编码解码的网络化控制系统模型

网络化控制系统跟踪性能指标为

$$J := E\left\{\|\tilde{e}\|_2^2\right\} \tag{6.35}$$

对于有理传递函数 $F_1F_2G$，可以做如下分解

$$F_1F_2G = NM^{-1} \tag{6.36}$$

其中

$$N = F_1F_2L_zN_m, \quad M = B_pM_m,$$

$$L_z(z) = \prod_{i=1}^{n} L_i(z), \quad B_p(z) = \prod_{j=1}^{m} B_j(z),$$

$$L_i(z) = \prod_{i=1}^{n} \frac{z-s_i}{1-\bar{s}_iz}, \quad B_p(z) = \prod_{j=1}^{m} \frac{z-p_j}{1-\bar{p}_jz} \text{。}$$

在单输入单输出网络化控制系统中，所有使得系统稳定的控制器都可以用集合表示为

$$\mathcal{K} := \left\{ K : K = -\frac{Y-MQ}{X-NR}, \quad Q \in \mathbb{R}\mathcal{H}_\infty \right\} \tag{6.37}$$

并且满足 Bezout 等式 $MX - NY = 1$，其中 $X, Y \in \mathbb{R}\mathcal{H}_\infty$。

**定理 6.4**　考虑如图 6.6 所示的网络化控制系统，假设被控对象有不稳定极点 $p_j \in \mathbb{C}_+$，$j = 1, \cdots, m$ 和非最小相位零点 $z_i \in \mathbb{C}_+$，$i = 1, \cdots, n$，则系统的跟踪性能极限表示为

$$J^* \geqslant \sum_{i,j=1}^{n} \frac{(1-s_i\bar{s}_i)(1-s_j\bar{s}_j)}{\bar{s}_i s_j - 1} \prod_{k=1}^{i} \left|f(s_k)\right|^2 \alpha^2$$
$$+ \sum_{j=1}^{m} \frac{(1-\bar{p}_j p_j)^2}{\bar{b}_j b_i (\bar{p}_j p_i - 1)} \alpha^2 \gamma_j^H \gamma_i + \sum_{i=1}^{n} \frac{(1-\bar{s}_i s_i)^2}{\bar{l}_i l_j (\bar{s}_i s_j - 1)} \beta^2 \Omega_i^H \Omega_j$$

其中

$$\gamma_j = \Theta - F_2^{-1}(p_j) L_z^{-1}(p_j),$$

$$\Omega_i = A^{-1}(z_i) N_m(z_i) F_1(z_i) M_m^{-1}(z_i) B_p^{-1}(z_i)$$

证明：根据式（6.35）、式（6.36）和式（6.37），可以得到

$$1 - \frac{GF_1K}{F_1F_2KG} = 1 + F_2^{-1}N(Y-MQ)$$

$$\frac{F_1GA^{-1}}{1+F_1F_2KG} = -A^{-1}F_2^{-1}N(X-NQ)$$

因此，有

$$J^* \geqslant \inf_{Q\in\mathbb{R}\mathcal{H}_\infty} \left\|1 + F_2^{-1}N(Y-MQ)\right\|_2^2 \alpha^2 + \inf_{Q\in\mathbb{R}\mathcal{H}_\infty} \left\|AF_2^{-1}N(X-NQ)\right\|_2^2 \beta^2$$

为了计算 $J^*$，下面定义

$$J_1^* = \inf_{Q\in\mathbb{R}\mathcal{H}_\infty} \left\|1 + F_2^{-1}N(Y-MQ)\right\|_2^2 \alpha^2$$

$$J_2^* = \inf_{Q\in\mathbb{R}\mathcal{H}_\infty} \left\|AF_2^{-1}N(X-NQ)\right\|_2^2 \beta^2$$

证明过程与定理 6.3 类似，可知

$$J_1^* = \sum_{i,j=1}^{n} \frac{(1-s_i\bar{s}_i)(1-s_j\bar{s}_j)}{\bar{s}_i s_j - 1} \prod_{k=1}^{i} \left|f(s_k)\right|^2 \alpha^2 + \sum_{j=1}^{m} \frac{(1-\bar{p}_j p_j)^2}{\bar{b}_j b_i (\bar{p}_j p_i - 1)} \alpha^2 \gamma_j^H \gamma_i$$

$$J_2^* = \sum_{i=1}^{n} \frac{(1-\bar{s}_i s_i)^2}{\bar{l}_i l_j (\bar{s}_i s_j - 1)} \beta^2 \Omega_i^H \Omega_j$$

其中

$$\gamma_j = \Theta - F_2^{-1}(p_j) L_z^{-1}(p_j),$$

$$\Omega_i = A^{-1}(z_i) N_m(z_i) F_1(z_i) M_m^{-1}(z_i) B_p^{-1}(z_i)$$

证毕。

下面则是本章定理的一些推论。

**推论 6.2**　在定理 6.3 中，如果考虑系统是一个单输入单输出网络化控制系统，那么其最优跟踪性能可以表示为

$$J^* \geq (1-\varepsilon) \sum_{i,j=1}^{n} \frac{(1-s_i\bar{s}_i)(1-s_j\bar{s}_j)}{\bar{s}_i s_j - 1} \prod_{k=1}^{i} |f(s_k)|^2 \alpha^2$$

$$+ (1-\varepsilon) \sum_{i,j=1}^{m} \frac{(1-p_j\bar{p}_j)(1-p_i\bar{p}_i)}{\bar{b}_j b_j(\bar{p}_j p_i - 1)} \alpha^2 \mathrm{tr}(\gamma_j^H \gamma_i)$$

$$+ \varepsilon \sum_{i,j=1}^{m} \frac{(1-p_j\bar{p}_j)(1-p_i\bar{p}_i)}{\bar{b}_j b_j(\bar{p}_j p_i - 1)} \alpha^2 \mathrm{tr}(\lambda_j^H \lambda_i)$$

$$+ \sum_{i,j=1}^{n} \frac{(1-s_i\bar{s}_i)(1-s_j\bar{s}_j)}{\bar{l}_i l_j(\bar{s}_i s_j - 1)} \beta^2 \mathrm{tr}(\Omega_j^H \Omega_i) - \varepsilon \Gamma$$

其中

$$l_i = \prod_{j \in N} \frac{s_i - s_j}{1 - s_i \bar{s}_j}, \quad b_j = \prod_{i \in N} \frac{p_j - p_i}{1 - p_j \bar{p}_i}$$

$$\Omega_j = N_m(z_i) M_m^{-1}(z_i) B_p^{-1}(z_i) A^{-1}(z_i), \quad \gamma_j = \Theta - L_z^{-1}(p_j) F^{-1}(p_j),$$

$$\lambda_j = -L_z^{-1}(p_j) F^{-1}(p_j)$$

如果在此单输入单输出网络化控制系统中，不考虑信道输入能量限制，这就意味着 $\varepsilon = 0$，可以得到

$$J^* \geq \sum_{i,j=1}^{n} \frac{(1-s_i\bar{s}_i)(1-s_j\bar{s}_j)}{\bar{s}_i s_j - 1} \prod_{k=1}^{i} |f(s_k)|^2 \alpha^2 + \sum_{i,j=1}^{m} \frac{(1-p_j\bar{p}_j)(1-p_i\bar{p}_i)}{\bar{b}_j b_i(\bar{p}_j p_i - 1)} \alpha^2 \mathrm{tr}(\gamma_j^H \gamma_i)$$

$$+ \sum_{i,j=1}^{n} \frac{(1-s_i\bar{s}_i)(1-s_j\bar{s}_j)}{\bar{l}_i l_j(\bar{s}_i s_j - 1)} \beta^2 \mathrm{tr}(\Omega_j^H \Omega_i)$$

**推论 6.3**　在定理 6.4 中，如果前向通道和反馈通道中不存在通信带宽及信道噪声的限制，即 $F_1 = 1$，$\sigma = 0$，因此可以得到

$$J^* = \sum_{i,j=1}^{n} \frac{(1-s_i\bar{s}_i)(1-s_j\bar{s}_j)}{\bar{s}_i s_j - 1} \prod_{k=1}^{i} |f(s_k)|^2 \alpha^2 + \sum_{j=1}^{m} \frac{(1-\bar{p}_j p_j)^2}{\bar{b}_j b_i(\bar{p}_j p_i - 1)} \alpha^2 \gamma_j^H \gamma_i$$

$$+ \sum_{i,j=1}^{n} \frac{(1-\bar{s}_i s_i)^2}{\bar{l}_i l_j(\bar{s}_i s_j - 1)} \beta^2 \Omega_i^H \Omega_j$$

其中，$\gamma_j = \Theta - F_2^{-1}(p_j) L_z^{-1}(p_j)$，$\Omega_i = A^{-1}(z_i) N_m(z_i) M_m^{-1}(z_i) B_p^{-1}(z_i)$。

此结论与推论 6.2（$\varepsilon = 0$）结论相同。

## 6.3.4　数值仿真

**例 6.2**　考虑多输入多输出网络化控制系统的被控对象模型为

$$G(z) = \begin{pmatrix} \dfrac{z-k}{z+0.5} & 0 \\ 1 & \dfrac{z+0.2}{(z+0.5)(z-5)} \end{pmatrix}$$

其中，$k>1$。对任意的 $k>1$，系统的非最小相位零点位于 $s_1 = k$，并且它的方向 $\eta_1$ 假设为 $(1,0)^T$；不稳定极点位于 $p_1 = 5$，并且方向假设为 $\omega_1 = (0,1)^T$。

并且假设系统的参考输入信号 $U = \begin{pmatrix} 5 & 0 \\ 0 & 6 \end{pmatrix}$，并且根据文献[7]可知：$\xi_j = \begin{pmatrix} 0 \\ 1 \end{pmatrix}$，$\vartheta_j = \begin{pmatrix} 0 \\ 1 \end{pmatrix}$；通信信道的编码器模型假设为

$$A(z) = \begin{pmatrix} \dfrac{z+0.1}{z-0.15} & 0 \\ 0 & \dfrac{z+0.5}{z-0.15} \end{pmatrix}$$

定义高斯白噪声的功率谱密度为 $V_1 = \begin{pmatrix} 0.5 & 1 \\ 0 & 1 \end{pmatrix}$，$V_2 = \begin{pmatrix} 1 & 0 \\ 0 & 2 \end{pmatrix}$；此外，可以用一阶低通滤波器的模型来模拟通信信道带宽，即

$$F(z) = \begin{pmatrix} \dfrac{10}{z+10} & 0 \\ 0 & \dfrac{10}{z+10} \end{pmatrix}$$

因此，多输入多输出网络化控制系统在不同的高斯白噪声和非最小相位零点下的跟踪性能极限如图 6.7 所示。

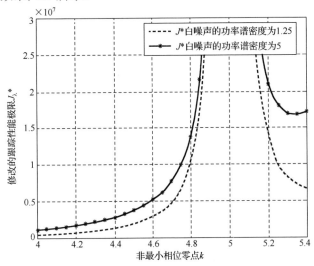

图 6.7　网络化控制系统的跟踪性能极限

从图 6.7 中可以看出，网络化控制系统的最优跟踪性能因为通信信道中的噪声影响而受到破坏。

假设网络化控制系统中，通信信道的带宽模型为

$$F^1(z) = \begin{pmatrix} \dfrac{10}{z+10} & 0 \\ 0 & \dfrac{10}{z+10} \end{pmatrix}, \quad F^2(z) = \begin{pmatrix} \dfrac{100}{z+100} & 0 \\ 0 & \dfrac{100}{z+100} \end{pmatrix}$$

因此可以得到多输入多输出网络化控制系统在不同的带宽和非最小相位零点下的跟踪性能极限如图 6.8 所示。

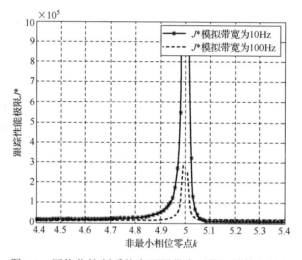

图 6.8　网络化控制系统在不同带宽下的跟踪性能极限

从图 6.8 中可以看出，此网络化控制系统的跟踪性能受到通信信道带宽的影响，此结论与文献[5]中的结论相同。

**例 6.3**　单输入单输出网络化控制系统的被控对象模型为

$$G(z) = \frac{z-2}{(z-5)(z+4)}$$

对于任何的 $k>1$，系统的非最小相位零点位于 $s_1 = 2$，不稳定极点位于 $p_1 = 5$；定义 $\alpha^2 = 4$，$\beta^2 = 2.5$，并且 $F_1(z) = \dfrac{\omega_1}{z+\omega_1}$，$F_2(z) = \dfrac{\omega_2}{z+\omega_2}$，$A(z) = \dfrac{z+0.1}{z-0.5}$。

根据定理 6.4,可以得到基于前向通道和反馈通道带宽变化的网络化控制系统跟踪性能极限，如图 6.9 所示。从图 6.9 中可以看出，网络化控制系统的性能是受 $F_1$ 与 $F_2$ 共同影响的，换言之，前向通道与反馈通道的带宽共同制约着系统的跟踪性能极限。

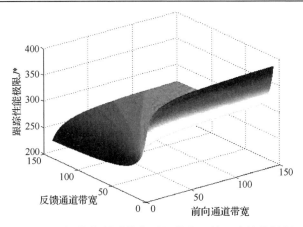

图 6.9　网络化控制系统在不同带宽下的跟踪性能极限

# 6.4　本章小结

本章首先考虑信道输入能量限制下，存在信道噪声、反馈通道存在编码解码及数据丢包的网络化控制系统跟踪性能极限问题。通过单自由度（双自由度）控制器作用下，得到考虑（不考虑）信道输入能量下的跟踪性能极限显式表达式。结果表明跟踪性能极限主要取决于两方面：一方面是被控对象的非最小相位零点以及参考信号，另一方面是不稳定极点、编码解码、信道噪声以及数据丢包概率。其次考虑了多输入多输出网络化控制系统前向通道存在数据编码解码、反馈通道（前向通道）存在信道带宽及高斯白噪声限制下的跟踪性能极限。通过谱分解技术得到了系统的最小跟踪误差的显式表达式。结果表明系统的跟踪性能极限受到被控对象的非最小相位零点、不稳定极点以及它们方向的影响。此外，参考输入信号、通信信道编码器与解码器、带宽及高斯白噪声同样从根本上束缚着系统的跟踪性能。最后，一些具体的例子验证了该理论的准确性。

## 参 考 文 献

[ 1 ] Zhan X S, Wu J, Jiang T, et al. Optimal performance of networked control systems under the packet dropouts and channel noise. ISA Transactions, 2015, 58(5): 214-221.

[ 2 ] Zhan X S, Sun X X, Li T, et al. Optimal performance of networked control systems with bandwidth and coding constraints. ISA Transactions, 2015, 59(6): 172-179.

[ 3 ] Guan Z H, Jiang X W, Zhan X S, et al. Optimal tracking over noisy channels in the presence of data dropouts. IET Control Theory and Applications, 2013, 7(8): 1634-1641.

[ 4 ]　Francis B A. A Course in H∞ Control Theory. Berlin: Springer-Verlag, 1987.

[ 5 ]　Toker O, Chen J, Qiu L. Tracking performance limitations in LTI multivariable discrete-time systems. IEEE Transactions on Circuits Systems-I, 2002, 49(5): 657-670.

[ 6 ]　Jiang X W, Guan Z H, Yuan F S, et al. Performance limitations in the tracking and regulation problem for discrete-time systems. ISA Trans, 2014, 53(1): 251-257.

[ 7 ]　Li Y, Tuncel E, Chen J. Optimal tracking performance of discrete-time systems over an additive white noise channel // Proceedings of the 48th IEEE Conference on Decision and Control, 2009: 2070-2075.

# 第7章 基于量化影响网络化控制系统性能极限

## 7.1 引 言

在网络化控制系统的实际应用中,由于某种原因不得不对传输信号进行量化处理,从而产生量化误差,而量化误差就会影响网络化控制系统的性能,甚至会破坏系统的稳定性。此外,在网络化控制系统中,由于网络带宽的限制,经常导致数据丢包,而数据丢包直接影响网络化控制系统的跟踪性能;同时系统的信号在传输过程中可能会受到随机干扰,有时为了对信号进行加密,也采用随机的输入信号,因此本章主要介绍在前向通道中存在量化器的多输入多输出网络化控制系统跟踪随机信号的性能极限问题,和前向通道中存在量化器,同时在反馈通道中存在数据丢包的网络化控制系统跟踪随机信号的性能极限问题。

本章主要内容如下:7.2 节中介绍了基于量化影响的多输入多输出网络化控制系统跟踪性能极限[1];7.3 节中介绍了基于量化和丢包影响的网络化控制系统跟踪性能极限[2];7.4 节中给出了具体的仿真实例;7.5 节中给出了本章小结。

## 7.2 量化影响下的网络化控制系统跟踪性能极限

### 7.2.1 问题描述

本章考虑多输入多输出网络化控制系统存在量化约束情况下的性能极限问题,其结构如图 7.1 所示。在图 7.1 中,参考输入信号 $r(k) = (r_1(k), \cdots, r_m(k))^T$ 是一个随机过程,并且对任意的信道 $i$,$r_i$ 功率谱密度为 $\alpha_i$,$G$ 表示被控对象模型,$[K_1\ K_2]$ 表示双自由度控制器,它们的传递函数矩阵分别定义为 $G(z)$ 和 $[K_1(z)\ K_2(z)]$。$Q$ 表示通信信道的量化器,$n(k) = (n_1(k), \cdots, n_m(k))^T$ 表示的是量化噪声,$u$ 和 $v$ 分别代表量化器的输入信号与输出信号,此外系统的参考输入信号和输出信号分别为 $r(k)$ 和 $y(k)$。信号 $r(k)$、$y(k)$ 和 $n(k)$ 的 $z$ 变换分别为 $\tilde{r}$、$\tilde{y}$ 和 $\tilde{n}$。

本章中的 $Q$ 表示的是均匀量化器,如图 7.2 所示。均匀量化器的量化间隔是均匀的,并且是一个线性装置,有着阶梯式的输入和输出关系

$$f(y) = \begin{cases} y_q(i), & y_q(i) - \Delta/2 < y(i) < y_q(i) + \Delta/2, y(i) > 0 \\ 0, & y(i) = 0 \\ -f(-y), & y(i) < 0 \end{cases}$$

其中，定义 $y(i)$，$i = 0, \pm1, \pm2, \cdots$ 为均匀量化器 $Q$ 的输入信号，它的输出信号可以表示为 $Y_q = \left\{ y_q(i) : y_q(i) = i\Delta; i = 0, \pm1, \pm2, \cdots \right\}$，其中 $\Delta$ 表示量化间隔。

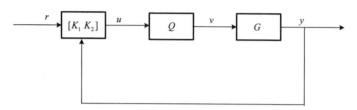

图 7.1　存在量化约束的网络化控制系统结构图

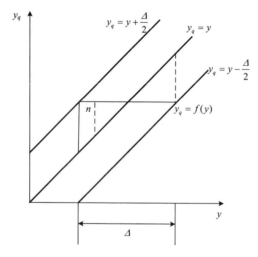

图 7.2　均匀量化器示意图

量化器 $Q$ 的输出信号 $Y_q$ 为 $y_q = y + n$。因此在本章中，可以得到 $v = u + n$。为了简化分析，假设量化噪声服从 $\left[ -\dfrac{\Delta_i}{2}, \dfrac{\Delta_i}{2} \right]$ 上的均匀分布，其中 $i \in 1, 2, \cdots, m$；并且 $\Delta_i$ 代表信道 $i$ 上的量化器的量化间隔，假设量化噪声的均值为 0，方差为 $\dfrac{\Delta_i^2}{12}$。定义参考输入信号和量化噪声的功率谱密度为 $U^2 = \mathrm{diag}(\alpha_1^2, \alpha_2^2, \cdots, \alpha_m^2)$，$V^2 = \mathrm{diag}\left( \dfrac{\Delta_1^2}{12}, \dfrac{\Delta_2^2}{12}, \cdots, \dfrac{\Delta_m^2}{12} \right)$。

网络化控制系统的跟踪误差为 $\tilde{e} = \tilde{r} - \tilde{y}$，定义跟踪性能指标

$$J = E\left\{\left\|\tilde{e}\right\|_2^2\right\}$$

本章介绍的是在使得系统稳定的所有控制器的集合中选取一个最优控制器，从而得到系统最小跟踪误差，即

$$J^* = \inf_{K \in \mathcal{K}} J \tag{7.1}$$

其中，$\mathcal{K}$ 表示使系统稳定的所有控制器的集合。

根据图 7.1，可以得到

$$\tilde{u} = K_1 \tilde{r} + K_2 \tilde{y}$$

$$\tilde{y} = G(\tilde{u} + \tilde{n}) \tag{7.2}$$

因此，有

$$\tilde{u} = K_1 \tilde{r} + K_2 G(\tilde{u} + \tilde{n})$$
$$= (I - K_2 G)^{-1} K_1 \tilde{r} + (I - K_2 G)^{-1} K_2 G \tilde{n}$$

$$\tilde{y} = G(I - K_2 G)^{-1} K_1 \tilde{r} + G(I - K_2 G)^{-1} K_2 G \tilde{n} + G \tilde{n}$$
$$= G(I - K_2 G)^{-1} K_1 \tilde{r} + G(I - K_2 G)^{-1} K_2 (G \tilde{n} + K_2 (I - K_2^{-1} G) \tilde{n})$$
$$= G(I - K_2 G)^{-1} K_1 \tilde{r} + G(I - K_2 G)^{-1} \tilde{n}$$

因此

$$\tilde{e} = [I - G(I - K_2 G)^{-1} K_1] \tilde{r} - G(I - K_2 G)^{-1} \tilde{n}$$

根据式（7.1），得到跟踪性能极限

$$J^* = \inf_{K \in \mathcal{K}} \left\{\left\|(I - T_1)U\right\|_2^2 + \left\|T_2 V\right\|_2^2\right\} \tag{7.3}$$

其中，$T_1 = G(I - K_2 G)^{-1} K_1$，$T_2 = G(I - K_2 G)^{-1}$。

对于任何的有理传递函数矩阵 $G(z)$，都可以分解成

$$G(z) = NM^{-1} = \tilde{M}^{-1} \tilde{N} \tag{7.4}$$

其中，$N$，$M$，$\tilde{N}$，$\tilde{M} \in \mathbb{RH}_\infty$，并且满足

$$\begin{pmatrix} \tilde{X} & -\tilde{Y} \\ -\tilde{N} & \tilde{M} \end{pmatrix} \begin{pmatrix} M & Y \\ N & X \end{pmatrix} = I \tag{7.5}$$

其中，$X$，$Y$，$\tilde{X}$，$\tilde{Y} \in \mathbb{RH}_\infty$。

使系统稳定的单自由度控制器的集合 $\mathcal{K}$ 都可以通过 Youla 参数化得到[3]

$$\mathcal{K} := \left\{K : K = (\tilde{X} - R\tilde{N})^{-1}[Q \quad \tilde{Y} - R\tilde{M}] \quad Q, R \in \mathbb{RH}_\infty\right\} \tag{7.6}$$

一个非最小相位传递函数可以分解成一个最小相位部分与一个全通因子的乘积

$$N = L_z N_m, \quad M = B_p M_m \tag{7.7}$$

其中，$L_z$ 和 $B_p$ 表示全通因子，$N_m$ 和 $M_m$ 表示最小相位部分；$L_z$ 包括所有右半平面上的非最小相位零点 $z_i \in \mathbb{C}_+$，$i = 1, \cdots, n$；$B_p$ 包含了所有右半平面的极点 $p_j \in \mathbb{C}_+$，$j = 1, \cdots, m$；$L_z$ 和 $B_p$ 可以分别表示为

$$L_z(z) = \prod_{i=1}^{N_z} L_i(z), \quad B_p(z) = \prod_{j=1}^{N_p} B_j(z)$$

其中

$$L_i(z) = \frac{z - s_i}{1 - \overline{s}_i z} \eta_i \eta_i^H + Y_i Y_i^H, \quad B_j(z) = \frac{z - p_j}{1 - \overline{p}_j z} \omega_j \omega_j^H + W_j W_j^H$$

$\eta_i$ 与 $\omega_j$ 是单位向量，分别表示的是非最小相位零点的方向与不稳定极点的方向，并且满足 $\eta_i \eta_i^H + Y_i Y_i^H = I$，$\omega_j \omega_j^H + W_j W_j^H = I$。

### 7.2.2 基于量化影响的多变量网络化控制系统跟踪性能极限

本章介绍的网络化控制系统如图 7.1 所示，根据式（7.4）、式（7.5）和式（7.6）可以得到

$$
\begin{aligned}
T_1 &= NM^{-1}\left(I - (\tilde{X} - R\tilde{N})^{-1}(\tilde{Y} - R\tilde{M})\tilde{M}^{-1}\tilde{N}\right)^{-1}(\tilde{X} - R\tilde{N})^{-1}Q \\
&= NM^{-1}\left((\tilde{X} - R\tilde{N})^{-1}(\tilde{X} - R\tilde{N} - \tilde{Y}\tilde{M}^{-1}\tilde{N} + R\tilde{N})\right)^{-1}(\tilde{X} - R\tilde{N})^{-1}Q \\
&= NM^{-1}\left((\tilde{X} - R\tilde{N})^{-1}(\tilde{X} - \tilde{Y}NM^{-1})\right)^{-1}(\tilde{X} - R\tilde{N})^{-1}Q \\
&= NM^{-1}\left((\tilde{X} - R\tilde{N})^{-1}(\tilde{X}N - \tilde{Y}N)M^{-1}\right)^{-1}(\tilde{X} - R\tilde{N})^{-1}Q \\
&= NM^{-1}\left((\tilde{X} - R\tilde{N})^{-1}M^{-1}\right)^{-1}(\tilde{X} - R\tilde{N})^{-1}Q \\
&= NM^{-1}M(\tilde{X} - R\tilde{N})(\tilde{X} - R\tilde{N})^{-1}Q \\
&= NQ
\end{aligned}
$$

同样可以得到

$$T_2 = N(\tilde{X} - R\tilde{N})V$$

因此可以得到 $J^*$

$$J^* = \inf_{K \in \mathcal{K}} \left\{ \left\| (I - NQ)U \right\|_2^2 + \left\| N(\tilde{X} - R\tilde{N})V \right\|_2^2 \right\} \tag{7.8}$$

根据式（7.6）和式（7.8），有

$$J^* = \inf_{Q \in \mathbb{R}\mathcal{H}_\infty} \left\| (I - NQ)U \right\|_2^2 + \inf_{R \in \mathbb{R}\mathcal{H}_\infty} \left\| N(\tilde{X} - R\tilde{N})V \right\|_2^2 \tag{7.9}$$

很明显，为了得到 $J^*$，必须选择适当的 $Q$ 和 $R$。

**定理 7.1**　考虑如图 7.1 所示的网络化控制系统，假设被控对象有不稳定极点 $p_j \in \mathbb{C}_+$，$j=1,\cdots,m$ 和非最小相位零点 $z_i \in \mathbb{C}_+$，$i=1,\cdots,n$，则网络化控制系统在量化限制下的性能极限为

$$J^* = \sum_{i,j=1}^{N_z} \frac{(1-s_i\bar{s}_i)(1-s_j\bar{s}_j)}{\bar{s}_i s_j - 1} \prod_{k=1}^i |f(s_{k-1})|^2 \, \mathrm{tr}\left([\eta_i\eta_i^H U]^H [\eta_j\eta_j^H U]\right)$$
$$+ \sum_{l=1}^m \frac{\Delta_l^2}{12} \sum_{i,j=1}^{N_z} \frac{(1-s_i\bar{s}_i)(1-s_j\bar{s}_j)}{\bar{s}_i s_j - 1} \mathrm{tr}\left[(\gamma_i E_i\tilde{\eta}_i\tilde{\eta}_i^H F_i)^H (\gamma_j E_j\tilde{\eta}_j\tilde{\eta}_j^H F_j)\right]$$

其中

$$E_i = \prod_{k=1}^{i-1} \tilde{L}_i^{-1}(s_i), \quad F_i = \prod_{k=i+1}^{N_z} \tilde{L}_i^{-1}(s_i), \quad \gamma_i = N_m(s_i)M_m^{-1}(s_i)B_p^{-1}(s_i)$$

证明：为了计算 $J^*$，定义

$$J_1^* = \inf_{Q\in\mathbb{R}\mathcal{H}_\infty} \left\|(I-NQ)U\right\|_2^2, \quad J_2^* = \inf_{R\in\mathbb{R}\mathcal{H}_\infty} \left\|N(\tilde{X}-R\tilde{N})V\right\|_2^2$$

根据式（7.7），可以得到

$$J_1^* = \inf_{Q\in\mathbb{R}\mathcal{H}_\infty} \left\|(I-L_z N_m Q)U\right\|_2^2$$
$$= \inf_{Q\in\mathbb{R}\mathcal{H}_\infty} \left\|L_z(L_z^{-1} - N_m Q)U\right\|_2^2$$

因为 $L_z$ 是全通因子，即 $\|L_z\|_2^2 = 1$，所以进一步可以得到

$$J_1^* = \inf_{Q\in\mathbb{R}\mathcal{H}_\infty} \left\|(L_z^{-1} - N_m Q)U\right\|_2^2$$

为了计算 $J_1^*$，定义 $f(s_i) = -\bar{s}_i\eta_i\eta_i^H + Y_iY_i^H$，并且 $\vartheta = \prod_{i=1}^{N_z} f(s_i)$，因此可以得到

$$J_1^* = \inf_{Q\in\mathbb{R}\mathcal{H}_\infty} \left\|(L_z^{-1} - \vartheta + \vartheta - N_m Q)U\right\|_2^2$$

可以看出 $(L_z^{-1} - \vartheta) \in H_2^\perp$，而 $(\vartheta - N_m Q) \in H_2$，因此 $J_1^*$ 可以写成

$$J_1^* = \left\|(L_z^{-1} - \vartheta)U\right\|_2^2 + \inf_{Q\in\mathbb{R}\mathcal{H}_\infty} \left\|(\vartheta - N_m Q)U\right\|_2^2$$

根据文献[4]可以进一步得到

$$\left\|(L_z^{-1} - \vartheta)U\right\|_2^2 = \sum_{i=1}^{N_z} \prod_{k=1}^i |f(s_{k-1})|^2 \left\|\left(L_i^{-1}(z) - f(s_i)\right)U\right\|_2^2$$

根据式（7.8）和 $f(s_i) = -\bar{s}_i \eta_i \eta_i^H + Y_i Y_i^H$ ，　 $\vartheta = \prod\limits_{i=1}^{N_z} f(s_i)$ ，可以得到

$$L_i^{-1}(z) - f(s_i) = \frac{1 - \bar{s}_i z}{z - s_i} \eta_i \eta_i^H + Y_i Y_i^H + \bar{s}_i \eta_i \eta_i^H - Y_i Y_i^H$$

$$= \left( \frac{1 - \bar{s}_i z}{z - s_i} + \bar{s}_i \right)_i \eta_i \eta_i^H = \frac{1 - s_i \bar{s}_i}{z - s_i} \eta_i \eta_i^H$$

进一步可以得到

$$\left\| \left( L_i^{-1}(z) - f(s_i) \right) U \right\|_2^2 = \left\| \frac{1 - s_i \bar{s}_i}{z - s_i} \eta_i \eta_i^H U \right\|_2^2$$

根据柯西定理可以得到

$$\left\| \frac{1 - s_i \bar{s}_i}{z - s_i} \eta_i \eta_i^H U \right\|_2^2 = \sum_{i,j=1}^{N_z} \frac{(1 - s_i \bar{s}_i)(1 - s_j \bar{s}_j)}{\bar{s}_i s_j - 1} \operatorname{tr}\left( [\eta_i \eta_i^H U]^H [\eta_j \eta_j^H U] \right)$$

因此，有

$$\left\| (L_z^{-1} - \vartheta) U \right\|_2^2 = \sum_{i,j=1}^{N_z} \frac{(1 - s_i \bar{s}_i)(1 - s_j \bar{s}_j)}{\bar{s}_i s_j - 1} \prod_{k=1}^{i} \left| f(s_{k-1}) \right|^2 \operatorname{tr}\left( [\eta_i \eta_i^H U]^H [\eta_j \eta_j^H U] \right)$$

在所有使得系统稳定的控制器的集合中选择一个适当的控制器 $Q$ ，可以使得

$$\inf_{Q \in \mathbb{R}\mathcal{H}_\infty} \left\| (\vartheta - N_m Q) U \right\|_2^2 = 0$$

所以

$$J_1^* = \sum_{i,j=1}^{N_z} \frac{(1 - s_i \bar{s}_i)(1 - s_j \bar{s}_j)}{\bar{s}_i s_j - 1} \prod_{k=1}^{i} \left| f(s_{k-1}) \right|^2 \operatorname{tr}\left( [\eta_i \eta_i^H U]^H [\eta_j \eta_j^H U] \right)$$

下面计算 $J_2^*$ ，通过简单计算可以得到

$$J_2^* = \inf_{R \in \mathbb{R}\mathcal{H}_\infty} \left\| N\tilde{X}V - NR\tilde{N}V \right\|_2^2$$

为了计算 $J_2^*$ ，定义

$$\tilde{N}V = \tilde{N}_\Lambda \tilde{L}_z$$

其中

$$\tilde{L}_z(z) = \prod_{i=1}^{N_z} \tilde{L}_i(z), \quad \tilde{L}_i(z) = \frac{z - s_i}{1 - \bar{s}_i z} \tilde{\eta}_i \tilde{\eta}_i^H + \tilde{Y}_i \tilde{Y}_i^H$$

$\tilde{\eta}_i$ 是单位向量，表示的是非最小相位零点的方向，并且满足 $\eta_i \eta_i^H + Y_i Y_i^H = I$ ，

$$\tilde{\eta}_i \tilde{\eta}_i^H + \tilde{Y}_i \tilde{Y}_i^H = I , \quad \tilde{\eta}_i = \frac{V^{-1}\eta_j}{\left\| V^{-1}\eta_j \right\|} \text{。}$$

$J_2^*$ 可以改写成

$$J_2^* = \inf_{R \in \mathbb{RH}_\infty} \left\| (N\tilde{X}V\tilde{L}_z^{-1} - NR\tilde{N}_\Lambda)\tilde{L}_z \right\|_2^2$$

因为 $\tilde{L}_z$ 是全通因子，即满足 $\left\| \tilde{L}_z \right\|_2^2 = 1$，所以

$$J_2^* = \inf_{R \in \mathbb{RH}_\infty} \left\| N\tilde{X}V\tilde{L}_z^{-1} - NR\tilde{N}_\Lambda \right\|_2^2$$

根据式（7.7）和 $L_z$ 是全通因子，可以得到

$$J_2^* = \inf_{R \in \mathbb{RH}_\infty} \left\| N_m \tilde{X}V\tilde{L}_z^{-1} - N_m R\tilde{N}_\Lambda \right\|_2^2$$

根据部分因式分解，有

$$N_m \tilde{X}V\tilde{L}_z^{-1} = \sum_{i=1}^{N_z} N_m(s_i)\tilde{X}(s_i)VE_i(\tilde{L}_i^{-1} - I)F_i + R_1$$

其中，$R_1 \in \mathbb{RH}_\infty$，$E_i = \prod_{k=1}^{i-1} \tilde{L}_i^{-1}(s_i)$，$F_i = \prod_{k=i+1}^{N_z} \tilde{L}_i^{-1}(s_i)$。

然后可以得到

$$J_2^* = \inf_{R \in \mathbb{RH}_\infty} \left\| \sum_{i=1}^{N_z} N_m(s_i)\tilde{X}(s_i)VE_i(\tilde{L}_i^{-1} - I)F_i + R_1 - N_m R\tilde{N}_\Lambda \right\|_2^2$$

因为 $\sum_{i=1}^{N_z} N_m(s_i)\tilde{X}(s_i)VE_i(\tilde{L}_i^{-1} - I)F_i \in H_2^\perp$，而 $(R_1 - N_m R\tilde{N}_\Lambda) \in H_2$，所以有

$$J_2^* = \left\| \sum_{i=1}^{N_z} N_m(s_i)\tilde{X}(s_i)VE_i(\tilde{L}_i^{-1} - I)F_i \right\|_2^2 + \inf_{R \in \mathbb{RH}_\infty} \left\| R_1 - N_m R\tilde{N}_\Lambda \right\|_2^2$$

同样，在所有使得系统稳定的控制器的集合中选择一个适当的控制器 $R$，使得

$$\inf_{R \in \mathbb{RH}_\infty} \left\| R_1 - N_m R\tilde{N}_\Lambda \right\|_2^2 = 0$$

此外，根据式（7.5），经过简单的计算可以得到

$$\tilde{X}(s_i) = M_m^{-1}(s_i)B_p^{-1}(s_i)$$

因此

$$J_2^* = \sum_{l=1}^m \frac{\Delta_l^2}{12} \sum_{i,j=1}^{N_z} \frac{(1-s_i\bar{s}_i)(1-s_j\bar{s}_j)}{\bar{s}_j s_i - 1} \text{tr}\left[ (\gamma_i E_i \tilde{\eta}_i \tilde{\eta}_i^H F_i)^H (\gamma_j E_j \tilde{\eta}_j \tilde{\eta}_j^H F_j) \right]$$

其中

$$E_i = \prod_{k=1}^{i-1} \tilde{L}_i^{-1}(s_i), \quad F_i = \prod_{k=i+1}^{N_z} \tilde{L}_i^{-1}(s_i), \quad \gamma_i = N_m(s_i) M_m^{-1}(s_i) B_p^{-1}(s_i)$$

综上所述

$$J^* = \sum_{i,j=1}^{N_z} \frac{(1-s_i\overline{s}_i)(1-s_j\overline{s}_j)}{\overline{s}_i s_j - 1} \prod_{k=1}^{i} |f(s_{k-1})|^2 \operatorname{tr}\left([\eta_i \eta_i^H U]^H [\eta_j \eta_j^H U]\right)$$

$$+ \sum_{l=1}^{m} \frac{\Delta_l^2}{12} \sum_{i,j=1}^{N_z} \frac{(1-s_i\overline{s}_i)(1-s_j\overline{s}_j)}{\overline{s}_i s_j - 1} \operatorname{tr}\left[(\gamma_i E_i \tilde{\eta}_i \tilde{\eta}_i^H F_i)^H (\gamma_j E_j \tilde{\eta}_j \tilde{\eta}_j^H F_j)\right]$$

其中

$$E_i = \prod_{k=1}^{i-1} \tilde{L}_i^{-1}(s_i), \quad F_i = \prod_{k=i+1}^{N_z} \tilde{L}_i^{-1}(s_i), \quad \gamma_i = N_m(s_i) M_m^{-1}(s_i) B_p^{-1}(s_i)$$

证毕。

**推论 7.1** 如果前向通道中不存在量化器，那么网络化控制系统的跟踪性能极限可以表示为

$$J^* = \sum_{i,j=1}^{N_z} \frac{(1-s_i\overline{s}_i)(1-s_j\overline{s}_j)}{\overline{s}_i s_j - 1} \prod_{k=1}^{i} |f(s_{k-1})|^2 \operatorname{tr}\left([\eta_i \eta_i^H U]^H [\eta_j \eta_j^H U]\right)$$

推论 7.1 说明了在不考虑量化器的情况下，控制系统的跟踪性能极限取决于被控对象的非最小相位零点，结果与文献[5]中不考虑量化器影响下的跟踪性能极限一样。

### 7.2.3 基于量化和能量受限下多变量网络化控制系统性能极限

在网络化控制系统的实际应用中，信道输入能量总是有限的，即 $E\left\{\|Y\|_2^2\right\} \leq \Gamma$（$\Gamma$ 表示最大的输入能量），为了考虑这种情况，采用的性能指标为[6]

$$J(K,\varepsilon) = (1-\varepsilon)E\left\{\|\tilde{e}\|_2^2\right\} + \varepsilon E\left(\left\{\|Y\|_2^2\right\} - \Gamma\right) \tag{7.10}$$

其中，$\varepsilon$ 表示调节因子 $(0 \leq \varepsilon < 1)$，当 $\varepsilon = 0$ 时，表示不存在信道输入能量限制。跟踪性能极限定义为

$$J^* = \inf_{K \in \mathcal{K}} J(K,\varepsilon) \tag{7.11}$$

其中，$\mathcal{K}$ 是使得系统稳定的所有控制器的集合。

**定理 7.2** 考虑如图 7.1 所示的网络化控制系统，假设被控对象有不稳定极点 $p_j \in \mathbb{C}_+$，$j = 1, \cdots, m$ 和非最小相位零点 $z_i \in \mathbb{C}_+$，$i = 1, \cdots, n$，则网络化控制系统在量化和输入信道能量限制下的性能极限表达式为

$$J^* = \sum_{l=1}^{m} \frac{\Delta_l^2}{12} \sum_{i,j=1}^{N_z} \frac{(1-s_i \overline{s}_i)(1-s_j \overline{s}_j)}{\overline{s}_j s_i - 1} \mathrm{tr}\left[(\gamma_i E_i \tilde{\eta}_i \tilde{\eta}_i^H F_i)^H (\gamma_j E_j \tilde{\eta}_j \tilde{\eta}_j^H F_j)\right]$$

$$+ 2(1-\varepsilon) \sum_{i,j=1}^{N_z} \frac{(1-s_i \overline{s}_i)(1-s_j \overline{s}_j)}{\overline{s}_i s_j - 1} \prod_{k=1}^{i} |f(s_{k-1})|^2 \, \mathrm{tr}\left([\eta_i \eta_i^H U]^H [\eta_j \eta_j^H U]\right)$$

$$+ \varepsilon(1-\varepsilon) \sum_{l=1}^{m} \alpha_l^2 - \varepsilon \Gamma$$

其中

$$E_i = \prod_{k=1}^{i-1} \tilde{L}_i^{-1}(s_i), \quad F_i = \prod_{k=i+1}^{N_z} \tilde{L}_i^{-1}(s_i), \quad \gamma_i = N_m(s_i) M_m^{-1}(s_i) B_p^{-1}(s_i)$$

证明：根据式（7.4）、式（7.5）和式（7.11），可以得到

$$J^* = \inf_{Q \in \mathbb{R}\mathcal{H}_\infty} \left\| \begin{pmatrix} \sqrt{1-\varepsilon}(I - NQ) \\ \sqrt{\varepsilon} NQ \end{pmatrix} U \right\|_2^2 + \inf_{R \in \mathbb{R}\mathcal{H}_\infty} \left\| N(\tilde{X} - R\tilde{N})V \right\|_2^2 - \varepsilon \Gamma$$

为了计算 $J^*$，首先定义

$$J_2^* = \inf_{R \in \mathbb{R}\mathcal{H}_\infty} \left\| N(\tilde{X} - R\tilde{N})V \right\|_2^2, \quad J_3^* = \inf_{Q \in \mathbb{R}\mathcal{H}_\infty} \left\| \begin{pmatrix} \sqrt{1-\varepsilon}(I - NQ) \\ \sqrt{\varepsilon} NQ \end{pmatrix} U \right\|_2^2$$

根据定理 7.1，有

$$J_2^* = \sum_{l=1}^{m} \frac{\Delta_l^2}{12} \sum_{i,j=1}^{N_z} \frac{(1-s_i \overline{s}_i)(1-s_j \overline{s}_j)}{\overline{s}_j s_i - 1} \mathrm{tr}\left[(\gamma_i E_i \tilde{\eta}_i \tilde{\eta}_i^H F_i)^H (\gamma_j E_j \tilde{\eta}_j \tilde{\eta}_j^H F_j)\right]$$

其中

$$E_i = \prod_{k=1}^{i-1} \tilde{L}_i^{-1}(s_i), \quad F_i = \prod_{k=i+1}^{N_z} \tilde{L}_i^{-1}(s_i), \quad \gamma_i = N_m(s_i) M_m^{-1}(s_i) B_p^{-1}(s_i)$$

接下来计算 $J_3^*$

$$J_3^* = \inf_{Q \in \mathbb{R}\mathcal{H}_\infty} \left\| \begin{pmatrix} \sqrt{1-\varepsilon}(L_z^{-1} - \vartheta + \vartheta - N_m Q) \\ \sqrt{\varepsilon} N_m Q \end{pmatrix} U \right\|_2^2$$

因为 $(L_z^{-1} - \vartheta) \in H_2^\perp$，而 $(\vartheta - N_m Q) \in H_2$，可以得到

$$J_3^* = \left\| \begin{pmatrix} \sqrt{1-\varepsilon}(L_z^{-1} - \vartheta) \\ 0 \end{pmatrix} U \right\|_2^2 + \inf_{Q \in \mathbb{R}\mathcal{H}_\infty} \left\| \begin{pmatrix} \sqrt{1-\varepsilon}(\vartheta - N_m Q) \\ \sqrt{\varepsilon} N_m Q \end{pmatrix} U \right\|_2^2$$

为了计算 $J_3^*$，定义

$$J_{31}^* = \left\| \begin{pmatrix} \sqrt{1-\varepsilon}(L_z^{-1} - \vartheta) \\ 0 \end{pmatrix} U \right\|_2^2, \quad J_{32}^* = \inf_{Q \in \mathbb{R}\mathcal{H}_\infty} \left\| \begin{pmatrix} \sqrt{1-\varepsilon}(\vartheta - N_m Q) \\ \sqrt{\varepsilon} N_m Q \end{pmatrix} U \right\|_2^2$$

根据定理 7.1 之前的计算结果，有

$$J_{31}^* = 2(1-\varepsilon) \sum_{i,j=1}^{N_z} \frac{(1 - s_i \overline{s}_i)(1 - s_j \overline{s}_j)}{\overline{s}_i s_j - 1} \prod_{k=1}^i \left| f(s_{k-1}) \right|^2 \operatorname{tr}\left( [\eta_i \eta_i^H U]^H [\eta_j \eta_j^H U] \right)$$

下面采用内外分解计算 $J_{32}^*$，$\Omega_i$ 是内因子并且 $\Omega_0$ 被称为外因子，满足

$$\Omega_i \Omega_0 = \begin{pmatrix} -\sqrt{1-\varepsilon} I \\ \sqrt{\varepsilon} I \end{pmatrix} N_m$$

其中

$$\Omega_i = \begin{pmatrix} -\sqrt{1-\varepsilon} I \\ \sqrt{\varepsilon} I \end{pmatrix}, \quad \Omega_0 = N_m$$

定义

$$\psi = \begin{pmatrix} \Omega_i^H \\ I - \Omega_i \Omega_i^H \end{pmatrix}$$

并且有 $\psi^T \psi = I$。

因此，可以得到

$$J_{32}^* = \inf_{Q \in \mathbb{R}\mathcal{H}_\infty} \left\| \psi \left( \begin{pmatrix} \sqrt{1-\varepsilon} I \\ 0 \end{pmatrix} + \begin{pmatrix} -\sqrt{1-\varepsilon} I \\ \sqrt{\varepsilon} I \end{pmatrix} N_m Q \right) U \right\|_2^2$$

$$= \left\| (I - \Omega_i \Omega_i^H) \begin{pmatrix} \sqrt{1-\varepsilon} I \\ 0 \end{pmatrix} U \right\|_2^2 + \inf_{Q \in \mathbb{R}\mathcal{H}_\infty} \left\| \Omega_i^H \begin{pmatrix} \sqrt{1-\varepsilon} I \\ 0 \end{pmatrix} + \Omega_0 Q \right) U \right\|_2^2$$

此外，可以选择一个适当的控制器 $Q \in \mathbb{R}\mathcal{H}_\infty$，使得

$$\inf_{Q \in \mathbb{R}\mathcal{H}_\infty} \left\| \Omega_i^H \begin{pmatrix} \sqrt{1-\varepsilon} I \\ 0 \end{pmatrix} + \Omega_0 Q \right) U \right\|_2^2 = 0$$

因此，通过简单的计算，有

$$\left\| (I - \Omega_i \Omega_i^H) \begin{pmatrix} \sqrt{1-\varepsilon} I \\ 0 \end{pmatrix} U \right\|_2^2 = \left\| \begin{pmatrix} \varepsilon I & \sqrt{\varepsilon(1+\varepsilon)} I \\ \sqrt{\varepsilon(1+\varepsilon)} I & (1-\varepsilon) I \end{pmatrix} \begin{pmatrix} \sqrt{1-\varepsilon} I \\ 0 \end{pmatrix} U \right\|_2^2$$

所以，可以得到

$$\left\|(I - \Omega_i \Omega_i^H)\begin{pmatrix} \sqrt{1-\varepsilon}I \\ 0 \end{pmatrix} U\right\|_2^2 = \varepsilon(1-\varepsilon)\sum_{l=1}^{m}\alpha_l^2$$

因此

$$J_3^* = \varepsilon(1-\varepsilon)\sum_{l=1}^{m}\alpha_l^2 + 2(1-\varepsilon)\sum_{i,j=1}^{N_z}\frac{(1-s_i\overline{s_i})(1-s_j\overline{s_j})}{\overline{s_i}s_j - 1}$$
$$\cdot \prod_{k=1}^{i}\left|f(s_{k-1})\right|^2 \mathrm{tr}\left([\eta_i\eta_i^H U]^H[\eta_j\eta_j^H U]\right)$$

即

$$J^* = \sum_{l=1}^{m}\frac{\Delta_l^2}{12}\sum_{i,j=1}^{N_z}\frac{(1-s_i\overline{s_i})(1-s_j\overline{s_j})}{\overline{s_j}s_i - 1}\mathrm{tr}\left[(\gamma_i E_i \tilde{\eta}_i \tilde{\eta}_i^H F_i)^H(\gamma_j E_j \tilde{\eta}_j \tilde{\eta}_j^H F_j)\right]$$
$$+ 2(1-\varepsilon)\sum_{i,j=1}^{N_z}\frac{(1-s_i\overline{s_i})(1-s_j\overline{s_j})}{\overline{s_i}s_j - 1}\prod_{k=1}^{i}\left|f(s_{k-1})\right|^2 \mathrm{tr}\left([\eta_i\eta_i^H U]^H[\eta_j\eta_j^H U]\right)$$
$$+ \varepsilon(1-\varepsilon)\sum_{l=1}^{m}\alpha_l^2 - \varepsilon\Gamma$$

其中

$$E_i = \prod_{k=1}^{i-1}\tilde{L}_i^{-1}(s_i), \quad F_i = \prod_{k=i+1}^{N_z}\tilde{L}_i^{-1}(s_i), \quad \gamma_i = N_m(s_i)M_m^{-1}(s_i)B_p^{-1}(s_i)$$

证毕。

**推论 7.2**　如果考虑的系统是一个单输入单输出网络化控制系统，那么其性能极限的表达式为

$$J^* = 2(1-\varepsilon)\sum_{i,j=1}^{N_z}\frac{(1-s_i\overline{s_i})(1-s_j\overline{s_j})}{\overline{s_i}s_j - 1}\prod_{k=1}^{i}\left|f(s_{k-1})\right|^2 \sigma_1^2 + \varepsilon(1-\varepsilon)\sigma_1^2$$
$$+ \frac{\Delta^2}{12}\sum_{i,j=1}^{N_z}\frac{(1-s_i\overline{s_i})(1-s_j\overline{s_j})}{\overline{l_i}l_j(\overline{s_j}s_i - 1)}\mathrm{tr}(\gamma_i^H\gamma_j) - \varepsilon\Gamma$$

其中

$$l_i = \prod_{j\in N}^{N_z}\frac{s_i - s_j}{1 - s_i\overline{s_j}}$$

$\sigma_1^2$ 表示的是输入信号 $r(t)$ 的功率谱密度，$\Delta$ 表示的是均匀量化器的量化间隔。

**推论 7.3**　根据定理 7.2 的结论，最优控制器的选取为

$$\inf_{R\in\mathbb{R}\mathcal{H}_\infty}\left\|R_1 - N_m R\tilde{N}_\Lambda\right\|_2^2 = 0$$

$$\inf_{Q\in\mathbb{R}\mathcal{H}_\infty}\left\|\left(\Omega_i^H\binom{\sqrt{1-\varepsilon}I}{0}+\Omega_0Q\right)U\right\|_2^2=0$$

因此有

$$[R]_{\text{opt}}=N_m^{-1}R_1\tilde{N}_\Lambda^{-1},\quad[Q]_{\text{opt}}=N_m^{-1}(1-\varepsilon)I$$

## 7.3 基于量化和丢包约束的网络化控制系统性能极限

### 7.3.1 问题描述

上节介绍了基于量化影响的网络化控制系统跟踪性能极限。在网络化控制系统实际应用过程中，由于通信带宽的限制导致数据丢包，数据丢包将严重影响网络化控制系统的性能。本节介绍基于量化和丢包约束的网络化控制系统跟踪性能极限，如图 7.3 所示。这里主要介绍量化存在于前向通道，数据丢包存在于反馈通道。在图 7.3 中，其他符号表示与图 7.1 中相同。参数 $d_r$ 表示数据是否丢包：

$$d_r=\begin{cases}0,&\text{如果系统输出的数据没有成功传给控制器}\\1,&\text{如果系统输出的数据成功传给了控制器}\end{cases}$$

这里 $d_r$ 服从 0-1 分布，并且分布概率为 $P\{d_r=0\}=q$，$P\{d_r=1\}=1-q$，其中 $q$ 表示数据丢包的概率。参考输入信号 $r$ 是一个布朗运动过程，并且均值和方差分别为 0 和 $\theta^2$。

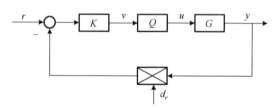

图 7.3　基于量化和丢包约束网络化控制系统

由图 7.3 可知

$$\tilde{v}=K\tilde{r}-Kd_r\tilde{y},\quad\tilde{u}=\tilde{v}+\tilde{n},\quad\tilde{y}=G\tilde{u} \tag{7.12}$$

为了研究网络化控制系统跟踪的能力，定义网络化控制系统跟踪误差为

$$\tilde{e}=\tilde{r}-\tilde{y}$$

进一步可以得到网络化控制系统跟踪误差

$$\tilde{e}=\tilde{r}-\tilde{y}=\left(1-\frac{KG}{1+KGd_r}\right)\tilde{r}-\frac{G}{1+KGd_r}n$$

根据第二章的引理 2.1 可以得到

$$S_e(\mathrm{j}\omega) = (1 - \frac{K(s)G(s)}{1+(1-q)K(s)G(s)})S_{re}(\mathrm{j}\omega) + \frac{G(s)}{1+(1-q)K(s)G(s)}S_{ne}(\mathrm{j}\omega)$$

进一步可以得到

$$E\left\{\|e\|^2\right\} = \left\|1 - \frac{K(s)G(s)}{1+(1-q)K(s)G(s)}\right\|_2^2 \theta^2 + \frac{\Delta^2}{12}\left\|\frac{G(s)}{1+(1-q)K(s)G(s)}\right\|_2^2$$

定义 $J := \sigma_e^2$，在所有使系统稳定的控制器中，系统跟踪误差所能达到的最小值为跟踪性能极限 $J^*$，其表示如下：

$$J^* = \inf_{K\in\mathcal{K}}\left\|1 - \frac{K(s)G(s)}{1+(1-q)K(s)G(s)}\right\|_2^2 \theta^2 + \frac{\Delta^2}{12}\inf_{K\in\mathcal{K}}\left\|\frac{G(s)}{1+(1-q)K(s)G(s)}\right\|_2^2 \qquad （7.13）$$

对于任意可逆传递函数 $(1-q)G$，可以将 $(1-q)G$ 互质分解为

$$(1-q)G = \frac{N}{M} \qquad （7.14）$$

其中，$M$，$N \in \mathbb{RH}_\infty$，且满足 Bezout 恒等式

$$MX - NY = 1 \qquad （7.15）$$

其中，$X$，$Y \in \mathbb{RH}_\infty$。所有使系统稳定的补偿器集合 $\mathcal{K}$ 都可以用 Youla 参数化来表示

$$\mathcal{K} := \left\{K : K = \frac{(Y-MQ)}{X-NQ}, \quad Q \in \mathbb{RH}_\infty\right\} \qquad （7.16）$$

一个非最小相位传递函数可以分解成一个最小相位部分和一个全通因子。则

$$N = (1-q)L_z N_n, \quad M = B_p M_m \qquad （7.17）$$

其中，$L_z$ 和 $B_p$ 均为全通因子，$N_n$ 和 $M_m$ 为最小相位部分，$L_z$ 代表被控对象所有非最小相位零点 $z_i \in \mathbb{C}_+$，$i = 1,2,\cdots,n$，$B_p$ 代表被控对象所有不稳定极点 $P_j \in \mathbb{C}_+$，$j = 1,\cdots,m$，考虑 $L_z$ 和 $B_p$ 互质因数分解分别如下：

$$L_z(s) = \prod_{i=1}^{n}\frac{s-z_i}{s+\overline{z}_i}, \quad B_p(s) = \prod_{j=1}^{m}\frac{s-p_j}{s+\overline{p}_j} \qquad （7.18）$$

## 7.3.2　基于量化和丢包限制网络化控制系统性能极限

由式（7.13）、式（7.14）、式（7.15）和式（7.16），可以得到 $J^*$

$$J^* \geq \inf_{Q\in\mathbb{RH}_\infty}\left\|1 + \frac{1}{1-q}N(Y-MQ)\right\|_2^2 \theta^2 + \frac{\Delta^2}{12}\inf_{Q\in\mathbb{RH}_\infty}\left\|-\frac{1}{1-q}N(X-NQ)\right\|_2^2 \qquad （7.19）$$

显然，为了获得 $J^*$，可以选择适当的 $Q$。

**定理 7.3** 考虑如图 7.3 所示的网络化控制系统，假设被控对象含有不稳定极点 $p_j \in \mathbb{C}_+$, $j = 1, \cdots, m$ 和非最小相位零点 $z_i \in \mathbb{C}_+$, $i = 1, \cdots, n$，则网络化控制系统跟踪性能极限为

$$J^* \geqslant J_1^* \theta^2 + \frac{\Delta^2}{12} J_2^* \tag{7.20}$$

其中

$$J_1^* = \sum_{i=1}^{n} 2\operatorname{Re}(z_i) + \sum_{i,j \in N}^{n} \frac{4\operatorname{Re}(p_j)\operatorname{Re}(p_i)}{(\bar{p}_j + p_i)\bar{b}_j b_i} \left[ \left( 1 - \frac{1}{1-q} L_z^{-1}(p_j) \right)^H \left( 1 - \frac{1}{1-q} L_z^{-1}(p_j) \right) \right]$$

$$J_2^* = \sum_{i,j \in N}^{n} \frac{4\operatorname{Re}(z_j)\operatorname{Re}(z_i)}{(\bar{z}_j + z_i)\bar{a}_i a_j} [(N_n(z_i)X(z_i))^H (N_n(z_i)X(z_i))]$$

$$b_j = \prod_{\substack{i \in N \\ i \neq j}} \frac{p_j - p_i}{p_j + \bar{p}_i}, \quad a_i = \prod_{\substack{i \in N \\ j \neq i}} \frac{z_i - z_j}{z_i + \bar{z}_j}$$

证明：为了计算 $J^*$，定义

$$J_1^* = \inf_{Q \in \mathbb{R}\mathcal{H}_\infty} \left\| 1 + \frac{1}{1-q} N(Y - MQ) \right\|_2^2, \quad J_2^* = \inf_{Q \in \mathbb{R}\mathcal{H}_\infty} \left\| -\frac{1}{1-q} N(X - NQ) \right\|_2^2 \tag{7.21}$$

根据式（7.17）和式（7.21），可以得到

$$J_1^* = \inf_{Q \in \mathbb{R}\mathcal{H}_\infty} \left\| 1 + \frac{1}{1-q} L_z N_n (Y - MQ) \right\|_2^2$$

由于 $L_z$ 是全通因子，所以

$$J_1^* = \inf_{Q \in \mathbb{R}\mathcal{H}_\infty} \left\| (L_z^{-1} - 1) + (1 + N_n(Y - MQ)) \right\|_2^2$$

因为 $(L_z^{-1} - 1)$ 属于 $H_2^\perp$，$(1 + N_n(Y - MQ))$ 属于 $H_2$，因此

$$J_1^* = \left\| L_z^{-1} - 1 \right\|_2^2 + \inf_{Q \in \mathbb{R}\mathcal{H}_\infty} \left\| B_p^{-1}(1 + N_n Y) - N_n M_m Q \right\|_2^2$$

根据 Li[6] 可以得到

$$\left\| L_z^{-1} - 1 \right\|_2^2 = \sum_{i=1}^{n_z} 2\operatorname{Re}(z_i) \tag{7.22}$$

定义 $J_{11}^* = \inf_{Q \in \mathbb{R}\mathcal{H}_\infty} \left\| B_p^{-1}(N_n + 1) - N_n M_m Q \right\|_2^2$，根据部分分式分解可知

$$B_p^{-1}(N_n Y + 1) = \sum_{j=1}^{m} \frac{s + \bar{p}_j N_n(p_j)Y(p_j) + 1}{b_j} + R_1$$

其中，$R_1 \in \mathbb{RH}_\infty$，$b_j = \prod\limits_{\substack{i \in N \\ i \neq j}} \dfrac{p_i - p_j}{\overline{p}_i + p_j}$。因此

$$J_{11}^* = \inf_{Q \in \mathbb{RH}_\infty} \left\| \sum_{j=1}^m (\frac{s + \overline{p}_j}{s - p_j} - 1) \frac{N_n(p_j)Y(p_j) + 1}{b_j} + R_1 + \sum_{j=1}^m \frac{N_n(p_j)Y(p_j) + 1}{b_j} - N_n M_m Q \right\|_2^2$$

因为 $\left( \dfrac{s + \overline{p}_j}{s - p_j} - 1 \right) \in H_2^\perp$，$\left( R_1 + \sum\limits_{j=1}^m \dfrac{N_n(p_j)Y(p_j) + 1}{b_j} - N_n M_m Q \right) \in H_2$，所以

$$J_{11}^* = \left\| \sum_{j=1}^m \frac{2\mathrm{Re}(p_j)}{s - p_j} \frac{N_n(p_j)Y(p_j) + 1}{b_j} \right\|_2^2 + \inf_{Q \in \mathbb{RH}_\infty} \left\| R_1 + \sum_{j=1}^m \frac{N_n(p_j)Y(p_j) + 1}{b_j} - N_n M_m Q \right\|_2^2$$

因为 $N_n$ 是外部函数，$M_m$ 是最小相位部分，可以选择合适的 $Q$ 使得下式成立。

$$\inf_{Q \in \mathbb{RH}_\infty} \left\| R_1 + \sum_{j=1}^m \frac{N_n(p_j)Y(p_j) + 1}{b_j} - N_n M_m Q \right\|_2^2 = 0$$

因此

$$J_{11}^* = \sum_{i,j \in N} \frac{4\mathrm{Re}(p_j)\mathrm{Re}(p_i)}{(\overline{p}_j + p_i)\overline{b}_j b_i} [(N_n(p_j)Y(p_j) + 1)^H (N_n(p_j)Y(p_j) + 1)] \tag{7.23}$$

由式（7.15）和 $M(p_j) = 0$，可以得到

$$N_n(p_j)Y(p_j) = -(1 - q)^{-1} L_z^{-1}(p_j)$$

因此

$$N_n(p_j)Y(p_j) + 1 = 1 - (1 - q)^{-1} L_z^{-1}(p_j) \tag{7.24}$$

根据式（7.21）、式（7.22）、式（7.23）和式（7.24），可知

$$J_1^* = \sum_{i=1}^n 2\mathrm{Re}(z_i) + \sum_{i,j \in N} \frac{4\mathrm{Re}(p_j)\mathrm{Re}(p_i)}{(\overline{p}_j + p_i)\overline{b}_j b_i} \omega^H \omega$$

$$b_j = \prod_{\substack{i \in N \\ i \neq j}} \frac{p_j - p_i}{\overline{p}_i + p_j}, \quad \omega = 1 - (1 - q)^{-1} L_z^{-1}(p_j) \tag{7.25}$$

同理可以得到

$$J_2^* = \sum_{i,j \in N} \frac{4\mathrm{Re}(z_i)\mathrm{Re}(z_j)}{(z_i + \overline{z}_j)\overline{a}_i a_j} [(N_n(z_i)X(z_i))^H (N_n(z_i)X(z_i))] \tag{7.26}$$

其中，$a_i = \prod_{\substack{j \in N \\ j \neq i}} \dfrac{z_i - z_j}{z_i + \overline{z}_j}$ 。

根据式（7.19）、式（7.21）、式（7.25）和式（7.26），证明完毕。

定理 7.3 表明网络化控制系统的性能极限由给定对象的非最小相位零点位置、不稳定极点位置、量化间隔和丢包概率共同决定。定理 7.3 也表明网络化控制系统中的量化间隔和丢包概率将降低系统的跟踪性能。

## 7.4　数　值　仿　真

**例 7.1**　假设被控对象的传递函数矩阵为

$$G(z) = \begin{pmatrix} \dfrac{z-2}{(z-k)(z+0.3)} & 0 & 0 \\ 0 & \dfrac{1}{z+0.2} & 0 \\ \dfrac{z-0.1}{z+0.4} & 0 & \dfrac{1}{z-k} \end{pmatrix}$$

可以看出，被控对象的非最小相位零点为 $s_1 = 2$ ，并且它的方向是 $\eta_1 = (1,0,0)^{\mathrm{T}}$ ；被控对象的不稳定极点位于 $p_1 = k$ ，并且它的方向为 $\omega_1 = (0,0,1)^{\mathrm{T}}$ ；根据定理 7.1，假设量化间隔为 $\varLambda_1 = (0,0,0)$ ， $\varLambda_2 = (0.2,0.3,0.4)$ ， $\varLambda_3 = (0,0.1,0.2)$ 。假设参考输入信号为 $U = \mathrm{diag}(0.1,0.2,0.3)$ ，因此可以得到

$$J_{A1}^* = 0.42$$

$$J_{A2}^* = 0.42 + \frac{53.9952}{35.7604(2-k)^2} + \frac{0.87}{4.84}$$

$$J_{A3}^* = 0.42 + \frac{2.87552}{35.7604(2-k)^2} + \frac{0.05}{4.84}$$

多输入多输出网络化控制系统在不同的量化间隔及不稳定极点下的性能极限如图 7.4 所示。从图 7.4 中可以看出，这类网络化控制系统的性能极限取决于被控对象的非最小相位零点、不稳定极点以及它们的方向，此外，系统的参考输入信号以及量化间隔也影响着性能极限。从图 7.4 中同样可以看出，量化间隔越大，系统的性能就越差；此外，当被控对象的非最小相位零点与不稳定极点间隔很近时，系统的跟踪性能会受到严重的破坏。

假设量化间隔为 $\varLambda = (0.2,0.3,0.4)$ ，并且通信信道的输入能量最大值分别为 $\varGamma_1 = 0.5$ ， $\varGamma_2 = 1$ ， $\varGamma_3 = 1.5$ ；并且 $\varepsilon = 0.5$ ，定义 $U = \mathrm{diag}(0.1,0.2,0.3)$ ，于是根据定理 7.2 可以得到

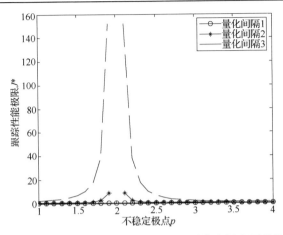

图 7.4　网络化控制系统在不同量化间隔及不稳定极点下的性能极限

$$J_{\Gamma 1}^{*} = \frac{150.102144}{35.7604(2-k)^2} + 0.205$$

$$J_{\Gamma 2}^{*} = \frac{150.102144}{35.7604(2-k)^2} - 0.045$$

$$J_{\Gamma 3}^{*} = \frac{150.102144}{35.7604(2-k)^2} - 0.295$$

多输入多输出网络化控制系统在不同的信道输入能量及非最小相位零点下的性能极限如图 7.5 所示。从图 7.5 中可以看出，这类网络化控制系统的性能极限取决于通信信道的输入能量极限值，极限值越小，系统的性能就越好；反之则越差。此外，当被控对象的非最小相位零点与不稳定极点间隔很近时，系统的性能会受到严重的破坏。

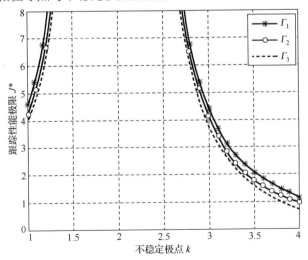

图 7.5　网络化控制系统在不同不稳定极点下的性能极限

**例7.2** 考虑被控对象的传递函数矩阵为

$$G(z) = \begin{pmatrix} \dfrac{z-2.5}{(z-3)(z+0.25)} & 0 \\ 1 & \dfrac{1}{z+0.5} \end{pmatrix}$$

很明显，$s_1 = 2.5$ 为被控对象的非最小相位零点，且它的方向定义为 $\eta_1 = (1,0)^{\mathrm{T}}$；系统的不稳定极点是 $p_1 = 3$，并且它的方向定义为 $\omega_1 = (0,1)^{\mathrm{T}}$；在定理 7.1 中，假设量化间隔为 $\Lambda = (\Delta_1^2, \Delta_2^2)$，定义 $U = \mathrm{diag}(0.5, 0.2)$；因此，根据定理 7.1 可以得到

$$J^* = 1.5225 + 0.4375(\Delta_1^2 + \Delta_2^2)\left(\frac{1764}{121} + \frac{1}{9}\right)$$

多输入多输出网络化控制系统在不同的量化间隔下的性能极限如图 7.6 所示。从图 7.6 中可以看出，量化间隔越大，这类网络化控制系统的性能极限越大。也就是说量化间隔（误差）严重影响网络化控制系统跟踪性能极限。

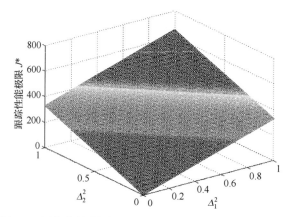

图 7.6 网络化控制系统在不同的量化间隔下的性能极限

**例7.3** 考虑一个不稳定对象的模型如下所示：

$$G(s) = \frac{s - 0.1}{s(s+0.1)(s-k)}$$

其非最小相位零点位于 $z_1 = 0.1$，对于任意的 $k > 0$，不稳定极点位于 $p_1 = k$。当 $\theta = 1$ 时，假设丢包概率 $q = 0.5$，选择不同的量化间隔：$\Delta_1 = 0$，$\Delta_2 = 1$，$\Delta_3 = 2$。由定理 7.3 可知，系统性能极限在不同量化间隔时的关系如图 7.7 所示。

从图 7.7 可知，系统跟踪性能极限与量化间隔有关，此外，当量化间隔增加时，系统性能降低。图 7.7 也表明当非最小相位零点位置靠近不稳定极点位置时，系统跟踪性能降低。

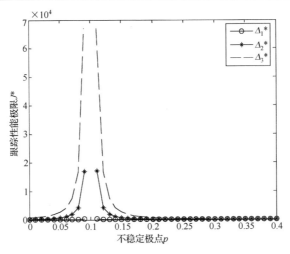

图 7.7 带有不同量化间隔的跟踪性能极限

当丢包概率 $q = 0.5$，且量化间隔 $\Delta = 3$ 时，根据定理 7.3 可以得到系统的跟踪性能极限为

$$J_3^* = 0.2 + 2k\left(1 - 2\frac{k+0.1}{k-0.1}\right)^2 + \frac{3}{20}\left(\frac{1}{0.1-k}\right)^2$$

作者[7]研究了带有丢包约束的网络化控制系统的跟踪性能极限。由文献[7]中结论可以得到

$$J_4^* = 20 + 2k\left(1 - 2\frac{k+0.1}{0.1-k}\right)^2$$

网络化控制系统在不同的不稳定极点下的性能极限如图 7.8 所示。从图 7.8 中可

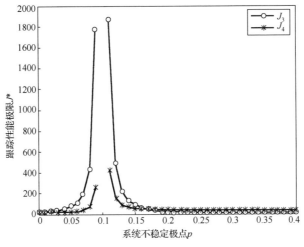

图 7.8 基于不稳定极点网络控制系统跟踪性能极限

以看出，非最小相位零点位置靠近不稳定极点时，系统的跟踪性能明显变差。和文献[7]相比可以得知，基于丢包和量化影响网络化控制系统的跟踪性能比只考虑丢包约束更差。

# 7.5　本 章 小 结

本章介绍了多输入多输出网络化控制系统在前向通道中存在量化器影响的跟踪性能极限问题。采用谱分解技术、$H_2$ 范数理论、部分因式分解以及内外分解等工具得到了网络化控制系统跟踪性能极限的显式表达式。结果表明：系统跟踪性能极限主要取决于被控对象的非最小相位零点、不稳定极点以及它们的方向；此外，系统的参考输入信号、通信信道的最大输入能量以及均匀量化器的量化间隔对系统的性能极限也有着不可避免的影响。进一步介绍了前向通道中存在量化器影响和反馈通道中存在丢包约束的跟踪性能极限问题。最后，一些仿真示例验证了此结论的准确性。

## 参 考 文 献

[ 1 ] 丁李. 网络系统的性能分析与控制研究[博士学位论文]. 武汉: 华中科技大学, 2010.

[ 2 ] Zhou Z J, Wu J, Zhan X S, et al. Performance limitation of networked control systems with packet dropouts and quantization. ICIC Express Letters, 2016, 10(1): 287-294.

[ 3 ] Jiang X W, Guan Z H, Yuan F S, et al. Performance limitations in the tracking and regulation problem for discrete-time systems. ISA Trans actions, 2014, 53(2): 251-257.

[ 4 ] Francis B A. A Course in H∞ Control Theory. Berlin: Springer-Verlag, 1987.

[ 5 ] Li Y Q, Tuncel E, Chen J. Optimal tracking over an additive white Gaussian noise channel// Proceedings of 2009 American Control Conference, USA, 2009: 4026-4031.

[ 6 ] Chen J, Hara S, Chen G. Best tracking and regulation performance under control energy constraint. IEEE Transactions on Automatic Control, 2003, 48(8): 1320-1336.

[ 7 ] Zhan X S, Guan Z H, Zhang X H, et al. Optimal tracking performance and design of networked control systems with packet dropout. Journal of the Franklin Institute, 2013, 350(10): 3205-3216.

# 第 8 章　双向通道白噪声和编码约束网络化控制系统性能极限

## 8.1　引　　言

前面章节大多都是讨论单一通道的网络化控制系统的性能。本章主要介绍白噪声和通信编码影响同时存在前向通道和反馈通道中的系统性能极限。8.2 节介绍了多输入多输出网络化控制系统性能极限[1]；8.3 节介绍了单输入单输出网络化控制系统性能极限[2]；8.4 节给出了具体的仿真实例；8.5 节给出了本章的结论和讨论。

## 8.2　双向通道白噪声和编码约束多变量控制系统性能极限

### 8.2.1　问题描述

本节考虑在前向通道和反馈通道同时存在白噪声和通信编码的网络化控制系统如图 8.1 所示。在图 8.1 中，$G$ 表示被控对象，$[K_1\ K_2]$ 表示双自由度控制器，$G(s)$ 和 $[K_1(s)\ K_2(s)]$ 分别表示它们的传递函数矩阵；$A$ 和 $A^{-1}$ 分别表示多通道编码和解码；$d$ 和 $n$ 分别表示前向多通道和反馈多通道白噪声。信号 $r$、$y$、$u$ 和 $e$ 分别表示参考输入、系统输出、前向多通道输入信号和网络化控制系统的跟踪误差信号。信号 $R$、$Y$、$U$、$\tilde{n}$、$\tilde{d}$ 和 $E$ 分别表示信号 $r$、$y$、$u$、$n$、$d$ 和 $e$ 的拉氏变换。对于任意给定参考输入信号 $R$，网络化控制系统的跟踪误差定义为 $E = R - Y$，很容易可以看出

$$U = K_1 R + K_2(Y + A^{-1}\tilde{n}), \quad Y = GU + GA^{-1}\tilde{d} \tag{8.1}$$

根据式（8.1），可以得到

$$U = (I - K_2 G)^{-1}(K_1 R + K_2 G A^{-1}\tilde{d} + K_2 A^{-1}\tilde{n})$$

$$Y = (I - GK_2)^{-1}(GK_1 R + GK_2 A^{-1}\tilde{n} + GA^{-1}\tilde{d}) \tag{8.2}$$

根据式（8.2），可以得到

$$E = R - Y = T_1 R + T_2 \tilde{d} + T_3 \tilde{n} \tag{8.3}$$

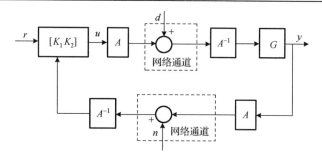

图 8.1　多通道白噪声网络化控制系统结构图

其中

$$T_1 = I - (I - GK_2)^{-1}GK_1, \quad T_2 = (I - GK_2)^{-1}GA^{-1}, \quad T_3 = (I - GK_2)^{-1}GK_2A^{-1} \quad (8.4)$$

网络化控制系统的跟踪性能指标定义为

$$J := E\|\tilde{e}\|_2^2 = E\|\tilde{r} - \tilde{y}\|_2^2 \quad (8.5)$$

定义网络化控制系统性能极限 $J^*$，即从所有可能的稳定线性控制器集合中选择一个控制器使网络化控制系统跟踪性能达到最优。

$$J^* = \inf_{K \in \mathcal{K}} J \quad (8.6)$$

考虑的参考输入信号是单位阶跃信号[3]：

$$r(t) = \begin{cases} r_0 v, & t \geq 0 \\ 0, & t < 0 \end{cases} \quad (8.7)$$

参考输入信号 $r(t)$ 的幅值 $r_0$ 是一个均值为 0 且方差为 1 的随机变量，$v$ 是参考输入信号的方向。

假设这里考虑的前向多通道白噪声 $d$ 和反馈多通道白噪声 $n$ 都是均值为零，方差为 $\gamma_i^2$ 和 $\sigma_i^2$ 的随机变量，并且各个通道中噪声是相互独立的。

对于任意左可逆和右可逆有理传递函数矩阵 $G$，考虑 $G$ 互质分解成以下形式

$$G = NM^{-1} = \tilde{M}^{-1}\tilde{N} \quad (8.8)$$

其中，$N$，$\tilde{N}$，$M$，$\tilde{M} \in \mathbb{RH}_\infty$ 并且满足双 Bezout 恒等式

$$\begin{bmatrix} \tilde{X} & -\tilde{Y} \\ -\tilde{N} & \tilde{M} \end{bmatrix}\begin{bmatrix} M & Y \\ N & X \end{bmatrix} = I \quad (8.9)$$

其中，$X$，$\tilde{X}$，$Y$，$\tilde{Y} \in \mathbb{RH}_\infty$。根据文献[4]知道所有使控制系统稳定的控制器都可以通过 Youla 参数化来表示

$$\mathcal{K} := \left\{ K : K = [K_1 \quad K_2] = (X - RN)^{-1} \cdot [Q \quad Y - RM], \quad Q \in \mathbb{RH}_\infty, \quad R \in \mathbb{RH}_\infty \right\} \quad (8.10)$$

一个非最小相位传递函数矩阵可以分解为一个最小相位部分和一个全通因子部分，即

$$N = L_z N_m \tag{8.11}$$

其中，$L_z$ 是全通因子，$N_m$ 是最小相位部分，$L_z$ 包含对象的所有非最小相位零点 $z_i \in \mathbb{C}_+$，$i = 1, \cdots, n$。根据文献[4]，把 $L_z$ 分解成

$$L_z(s) = \prod_{i=1}^{n} L_i(s) \tag{8.12}$$

其中，$L_i(s) = I - \dfrac{\overline{z}_i}{z_i} \dfrac{z_i - s}{s + \overline{z}_i} \eta_i \eta_i^H$，$\eta_i$ 表示零点方向的单位向量。

假设参考输入信号 $r$、前向多通道白噪声 $d$ 和反馈多通道白噪声 $n$ 互不相关，则网络化控制系统跟踪性能指标可以表示为

$$J = \left\| T_1 \frac{v}{s} \right\|_2^2 + \| T_2 \phi \|_2^2 + \| T_3 V \|_2^2 \tag{8.13}$$

其中，$\phi = \mathrm{diag}(\gamma_1, \gamma_2, \cdots, \gamma_n)$，$V = \mathrm{diag}(\sigma_1, \sigma_2, \cdots, \sigma_n)$。

## 8.2.2 多输入多输出网络化控制系统跟踪性能极限

根据式（8.4）、式（8.8）、式（8.9）和式（8.10），可以得到

$$T_1 = I - NQ, \quad T_2 = N(\tilde{X} - R\tilde{N})A^{-1}, \quad T_3 = (I - GK_2)^{-1}GK_2A^{-1} \tag{8.14}$$

根据式（8.5）、式（8.13）和式（8.14），网络化控制系统跟踪性能指标 $J$ 可以表示为

$$J = \left\| (I - NQ)\frac{v}{s} \right\|_2^2 + \left\| N(\tilde{X} - R\tilde{N})A^{-1}\phi \right\|_2^2 + \left\| N(\tilde{Y} - R\tilde{M})A^{-1}V \right\|_2^2 \tag{8.15}$$

根据式（8.6）和式（8.15），$J^*$ 可以表示为

$$J^* = \inf_{Q \in \mathbb{R}\mathcal{H}_\infty} \left\| (I - NQ)\frac{v}{s} \right\|_2^2 + \inf_{R \in \mathbb{R}\mathcal{H}_\infty} \left\| \begin{matrix} N\left(\tilde{X} - R\tilde{N}\right)A^{-1}\phi \\ N(\tilde{Y} - R\tilde{M})A^{-1}V \end{matrix} \right\|_2^2 \tag{8.16}$$

定义

$$J_1^* = \inf_{Q \in \mathbb{R}\mathcal{H}_\infty} \left\| (I - NQ)\frac{v}{s} \right\|_2^2, \quad J_2^* = \inf_{R \in \mathbb{R}\mathcal{H}_\infty} \left\| \begin{matrix} N\left(\tilde{X} - R\tilde{N}\right)A^{-1}\phi \\ N(\tilde{Y} - R\tilde{M})A^{-1}V \end{matrix} \right\|_2^2 \tag{8.17}$$

为了获得 $J^*$，可以任意选择合适的 $Q$ 和 $R$。

**定理 8.1** 如果 $G$ 可以分解式（8.8）和式（8.9），那么网络化控制系统跟踪性能极限 $J^*$ 可以表示为

$$J^* \geq \sum_{i=1}^{n} \frac{2\operatorname{Re}(z_i)}{|z_i|^2} \cos^2 \angle(\eta_i, \nu) + J_{21}^*$$

其中

$$J_{21}^* = \sum_{i,j=1}^{n} \frac{4\operatorname{Re}(z_i)\operatorname{Re}(\overline{z}_j)}{z_i + \overline{z}_j} [\zeta_i^H E_i^H A^{-1}(z_i)^H \phi \gamma_i^H \gamma_j A^{-1}(z_i)\phi E_j \zeta_j \zeta_j^H H_j H_i^H \zeta_i]$$

$$+ \sum_{k,j=1}^{m} \frac{4\operatorname{Re}(p_j)\operatorname{Re}(p_k)}{p_j + \overline{p}_k} [\omega_j^H F_j^H V A^{-1}(p_j)^H \lambda_j^H \lambda_k A^{-1}(p_j) V F_k \omega_k \omega_k^H O_k O_j^H \omega_j]$$

$$E_i = \prod_{k=1}^{i-1} (D_{\Lambda k}(z_i))^{-1}, \quad H_i = \left(\prod_{k=i+1}^{n} D_{\Lambda k}(z_i)\right)^{-1}, \quad \gamma_i = N_m(z_i)M^{-1}(z_i)$$

$$F_j = \prod_{k=1}^{j-1} (T_{\Lambda k}(p_j))^{-1}, \quad O_j = \prod_{k=j+1}^{m} (T_{\Lambda k}(p_j))^{-1}, \quad \lambda_j = -L_z^{-1}(p_j)$$

$$\phi = \operatorname{diag}(\gamma_1, \gamma_2, \cdots, \gamma_n), \quad V = \operatorname{diag}(\sigma_1, \sigma_2, \cdots, \sigma_n)$$

证明：根据式（8.11）和式（8.17），可以得到

$$J_2^* = \inf_{R \in \mathbb{RH}_\infty} \left\| N_m \begin{bmatrix} (\tilde{X} - R\tilde{N})A^{-1}\phi \\ (\tilde{Y} - R\tilde{M})A^{-1}V \end{bmatrix} \right\|_2^2$$

通过简单的计算，可以得到

$$J_2^* = \inf_{R \in \mathbb{RH}_\infty} \left\| N_m \begin{bmatrix} \tilde{X}A^{-1}\phi \\ \tilde{Y}A^{-1}V \end{bmatrix} - \begin{bmatrix} N_m R\tilde{N}A^{-1}\phi \\ N_m R\tilde{M}A^{-1}V \end{bmatrix} \right\|_2^2 \tag{8.18}$$

同时进一步定义

$$\tilde{N}A^{-1}\phi = \tilde{N}_\Lambda L_{\Lambda p}, \quad \tilde{M}A^{-1}V = \tilde{M}_\Lambda B_{\Lambda p} \tag{8.19}$$

类似文献[5]有

$$L_{\Lambda p}(s) = \prod_{i=1}^{n} D_{\Lambda i}(s), \quad B_{\Lambda p}(s) = \prod_{j=1}^{m} T_{\Lambda j}(s)$$

其中，$D_{\Lambda i}(s) = I - \dfrac{2\operatorname{Re}(z_i)}{s + \overline{z}_i} \zeta_i \zeta_i^H$，$T_{\Lambda j}(s) = I - \dfrac{2\operatorname{Re}(p_j)}{s + \overline{p}_j} \omega_j \omega_j^H$，$\zeta_i$ 和 $\omega_j$ 都是单位向量。

根据式（8.18）和式（8.19）有

$$J_2^* = \inf_{R \in \mathbb{RH}_\infty} \left\| N_m \begin{bmatrix} \tilde{X}A^{-1}\phi \\ \tilde{Y}A^{-1}V \end{bmatrix} - \begin{bmatrix} N_m R\tilde{N}_\Lambda L_{\Lambda p} \\ N_m R\tilde{M}_\Lambda B_{\Lambda p} \end{bmatrix} \right\|_2^2$$

因为 $L_{\Lambda p}$ 和 $B_{\Lambda p}$ 都是全通因子，所以

$$J_2^* = \inf_{R \in \mathbb{R}\mathcal{H}_\infty} \left\| \begin{bmatrix} N_m \tilde{X} A^{-1} \phi L_{\Lambda p}^{-1} \\ N_m \tilde{Y} A^{-1} V B_{\Lambda p}^{-1} \end{bmatrix} - \begin{bmatrix} N_m R \tilde{N}_\Lambda \\ N_m R \tilde{M}_\Lambda \end{bmatrix} \right\|_2^2$$

基于部分分式展开形式，可以得到

$$N_m \tilde{X} A^{-1} \phi L_{\Lambda p.}^{-1} = \sum_{i=1}^n N_m(z_i) \tilde{X}(z_i) A^{-1}(z_i) \phi E_i (D_{\Lambda j}^{-1} - I) H_i + R_1$$

其中，$R_1 \in \mathbb{R}\mathcal{H}_\infty$，$E_i = \left( \prod_{k=1}^{i-1} D_{\Lambda k}(z_i) \right)^{-1}$，$H_i = \left( \prod_{k=i+1}^{n} D_{\Lambda k}(z_i) \right)^{-1}$。

同样可以得到

$$N_m \tilde{Y} A^{-1} V B_{\Lambda p}^{-1} = \sum_{j=1}^m N_m(p_j) \tilde{Y}(p_j) A^{-1}(p_j) V F_j (T_{\Lambda j}^{-1} - I) O_j + R_2$$

其中，$R_2 \in \mathbb{R}\mathcal{H}_\infty$，$F_j = \left( \prod_{k=1}^{j-1} T_{\Lambda k}(p_j) \right)^{-1}$，$O_j = \left( \prod_{k=j+1}^{m} T_{\Lambda k}(p_j) \right)^{-1}$。

则 $J_2^*$ 能重新被表示为

$$J_2^* = \inf_{R \in \mathbb{R}\mathcal{H}_\infty} \left\| \begin{bmatrix} \sum_{i=1}^n N_m(z_i) \tilde{X}(z_i) A^{-1}(z_i) \phi E_i (D_{\Lambda j}^{-1} - I) H_i \\ \sum_{j=1}^m N_m(p_j) \tilde{Y}(p_j) A^{-1}(p_j) V F_j (T_{\Lambda j}^{-1} - I) O_j \end{bmatrix} + \begin{bmatrix} R_1 - N_m R \tilde{N}_\Lambda \\ R_2 - N_m R \tilde{M}_\Lambda \end{bmatrix} \right\|_2^2$$

因为 $\sum_{i=1}^n N_m(z_i) \tilde{X}(z_i) A^{-1}(z_i) \phi E_i (D_{\Lambda j}^{-1} - I) H_i$ 属于 $H_2^\perp$，$(R_1 - N_m R \tilde{N}_\Lambda)$ 和 $(R_2 - N_m R \tilde{M}_\Lambda)$ 都属于 $H_2$，因此 $J_2^*$ 可以化为

$$J_2^* = \left\| \begin{bmatrix} \sum_{i=1}^n N_m(z_i) \tilde{X}(z_i) A^{-1}(z_i) \phi E_i (D_{\Lambda j}^{-1} - I) H_i \\ \sum_{j=1}^m N_n(p_j) \tilde{Y}(p_j) A^{-1}(p_j) V F_j (T_{\Lambda j}^{-1} - I) O_j \end{bmatrix} \right\|_2^2 + \inf_{R \in \mathbb{R}\mathcal{H}_\infty} \left\| \begin{bmatrix} R_1 - N_m R \tilde{N}_\Lambda \\ R_2 - N_m R \tilde{M}_\Lambda \end{bmatrix} \right\|_2^2$$

定义

$$J_{21}^* = \left\| \begin{bmatrix} \sum_{i=1}^n N_m(z_i) \tilde{X}(z_i) A^{-1}(z_i) \phi E_i (D_{\Lambda j}^{-1} - I) H_i \\ \sum_{j=1}^m N_n(p_j) \tilde{Y}(p_j) A^{-1}(p_j) V F_j (T_{\Lambda j}^{-1} - I) O_j \end{bmatrix} \right\|_2^2 \tag{8.20}$$

$$J_{22}^* = \inf_{R \in \mathbb{R}\mathcal{H}_\infty} \left\| \begin{bmatrix} R_1 - N_m R \tilde{N}_\Lambda \\ R_2 - N_m R \tilde{M}_\Lambda \end{bmatrix} \right\|_2^2 \tag{8.21}$$

根据式（8.20）和式（8.21），$J_{21}^*$ 和 $J_{22}^*$ 表示为

$$J_{21}^* = \left\| \sum_{i=1}^n N_m(z_i) \tilde{X}(z_i) A^{-1}(z_i) \phi E_i (D_{\Lambda j}^{-1} - I) H_i \right\|_2^2$$

$$+ \left\| \sum_{j=1}^m N_n(p_j) \tilde{Y}(p_j) A^{-1}(p_j) V F_j (T_{\Lambda j}^{-1} - I) O_j \right\|_2^2$$

$$J_{22}^* = \inf_{R \in \mathbb{R}\mathcal{H}_\infty} \left\{ \left\| R_1 - N_m R \tilde{N}_\Lambda \right\|_2^2 + \left\| R_2 - N_m R \tilde{M}_\Lambda \right\|_2^2 \right\} \tag{8.22}$$

通过计算，可以得到

$$\left\| \sum_{i=1}^n N_m(z_i) \tilde{X}(z_i) A^{-1}(z_i) \phi E_i (D_{\Lambda j}^{-1} - I) H_i \right\|_2^2$$

$$= \sum_{i,j=1}^n \frac{4 \operatorname{Re}(z_i) \operatorname{Re}(\bar{z}_j)}{z_i + \bar{z}_j} [\zeta_i^H E_i^H A^{-1}(z_i)^H \phi \gamma_i^H \gamma_j A^{-1}(z_i) \phi E_j \zeta_j \zeta_j^H H_j H_i^H \zeta_i]$$

其中，$\gamma_i = N_m(z_i) \tilde{X}(z_i)$。

同时，根据式（8.9）和 $N(z_i) = 0$，可以得到 $\gamma_i = N_m(z_i) M^{-1}(z_i)$。

同样可以得到

$$\left\| \sum_{j=1}^m N_m(p_j) \tilde{Y}(p_j) A^{-1}(p_j) V F_j (T_{\Lambda j}^{-1} - I) O_j \right\|_2^2$$

$$= \sum_{k,j=1}^m \frac{4 \operatorname{Re}(p_j) \operatorname{Re}(p_k)}{p_j + \bar{p}_k} [\omega_j^H F_j^H V A^{-1}(p_j)^H \lambda_j^H \lambda_k A^{-1}(p_j) V F_k \omega_k \omega_k^H O_k O_j^H \omega_j]$$

其中，$\lambda_j = -L_z^{-1}(p_j)$。

所以

$$J_{21}^* = \sum_{i,j=1}^n \frac{4 \operatorname{Re}(z_i) \operatorname{Re}(\bar{z}_j)}{z_i + \bar{z}_j} [\zeta_i^H E_i^H A^{-1}(z_i)^H \phi \gamma_i^H \gamma_j A^{-1}(z_i) \phi E_j \zeta_j \zeta_j^H H_j H_i^H \zeta_i]$$

$$+ \sum_{k,j=1}^m \frac{4 \operatorname{Re}(p_j) \operatorname{Re}(p_k)}{p_j + \bar{p}_k} [\omega_j^H F_j^H V A^{-1}(p_j)^H \lambda_j^H \lambda_k A^{-1}(p_j) V F_k \omega_k \omega_k^H O_k O_j^H \omega_j]$$

因为 $N_n$，$\tilde{N}_\Lambda$ 和 $\tilde{M}_\Lambda$ 是最小相位函数矩阵，并且可以任意选择合适的 $R$，因此

$$\inf_{R \in \mathbb{R}\mathcal{H}_\infty} \left\| R_1 - N_m R \tilde{N}_\Lambda \right\|_2^2 = 0$$

$$\inf_{R \in \mathbb{R} \mathcal{H}_{\infty}} \left\| R_2 - N_m R \tilde{M}_\Lambda \right\|_2^2 = 0$$

所以

$$J_{22}^* \geqslant 0$$

根据文献[6]中相关结论，可以得到

$$J_1^* = \sum_{i=1}^n \frac{2\operatorname{Re}(z_i)}{|z_i|^2} \cos^2 \angle(\eta_i, v)$$

证明完毕。

根据定理 8.1 可以看出：基于白噪声和编码影响的网络化控制系统的跟踪性能极限不仅由给定的被控对象的固有特性（非最小相位零点、零点方向、不稳定极点和极点方向）决定，而且由前向多通道的编码器、白噪声和反馈多通道的编码器、白噪声决定；同时也说明了多通道网络是如何影响系统跟踪性能极限的。

**推论 8.1**　在定理 8.1 中，如果不考虑多通道网络影响时，则控制系统跟踪性能极限为

$$J^* = \sum_{i=1}^n \frac{2\operatorname{Re}(z_i)}{|z_i|^2} \cos^2 \angle(\eta_i, v)$$

推论 8.1 显示了多输入多输出系统跟踪性能极限仅仅由给定对象的非最小相位零点、零点方向和输入信号方向决定，这个结论与文献[6]相同。

## 8.3　单输入单输出网络化控制系统跟踪性能极限

### 8.3.1　问题描述

本节主要介绍基于编码影响研究白噪声在前向通道和反馈通道网络化控制系统性能极限问题。为了分析问题的简单，网络化控制系统的模型如图 8.2 所示。在图 8.2 中，$G$ 表示被控对象，$[K_1 \ K_2]$ 表示双自由度补偿器，$G(s)$ 和 $[K_1(s) \ K_2(s)]$ 分别代表他们的传递函数。$\alpha$ 表示通信的编码，$d$ 和 $n$ 分别表示前向通道白噪声和反馈通道白噪声，其他变量定义与图 8.1 中相同。对于给定的参考输入 $R$，网络化控制系统的跟踪误差为 $E = R - Y$。根据图 8.2 很容易得到

$$U = K_1 R + K_2(Y + \alpha^{-1}\tilde{n}), \quad \tilde{y} = G\tilde{u} + G\alpha^{-1}\tilde{d} \tag{8.23}$$

根据式（8.23），可以得到

$$Y = \frac{\alpha G K_1 R + G K_2 \tilde{n} + G\tilde{d}}{\alpha(1 - GK_2)} \tag{8.24}$$

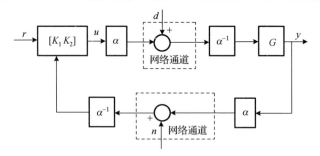

图 8.2　基于编码网络化控制系统结构图

进一步可以得到

$$E = R - Y = T_1R + T_2\tilde{d} + T_3\tilde{n} \tag{8.25}$$

其中

$$T_1 = \frac{1 - GK_2 - GK_1}{1 - GK_2}, \quad T_2 = \frac{G}{\alpha(1 - GK_2)}, \quad T_3 = \frac{GK_2}{\alpha(1 - GK_2)} \tag{8.26}$$

网络化控制系统跟踪性能指标定义为

$$J := E\|E\|_2^2 = E\|R - Y\|_2^2 \tag{8.27}$$

定义集合 $\mathcal{K}$ 由所有使得控制系统稳定的控制器组成。本章的目标是在集合 $\mathcal{K}$ 中寻找最优控制器，使得网络化控制系统跟踪性能达到最优，并求出最优跟踪性能的精确表达式，即

$$J^* = \inf_{K \in \mathcal{K}} J \tag{8.28}$$

考虑参考输入信号为单位阶跃信号[3]

$$r(t) = \begin{cases} r_0, & t \geqslant 0 \\ 0, & t < 0 \end{cases} \tag{8.29}$$

其中，参考信号 $r(t)$ 的幅值 $r_0$ 是均值 0、方差为 1 的随机变量。

这里前向通道白噪声 $d$ 和反馈通道的白噪声 $n$ 的方差分别为 $\sigma_1^2$ 和 $\sigma_2^2$。

假设这里只考虑被控对象含有不稳定极点。

对于任意的传递函数 $G$，可以进行互质分解，即

$$G = \frac{N}{M} \tag{8.30}$$

其中，$N$，$M \in \mathbb{RH}_\infty$ 并且满足

$$MX - NY = 1 \tag{8.31}$$

其中，$X$，$Y \in \mathbb{RH}_\infty$。

众所周知，可以将一个非最小相位传递函数分解成一个最小相位部分和一个全通因子

$$M = B_p M_m \qquad (8.32)$$

其中，$B_p$ 是全通因子部分，$M_m$ 是最小相位部分。并且 $B_p$ 包含被控对象的所有不稳定极点 $p_j \in \mathbb{C}_+$，$j = 1, \cdots, m$。根据文献[4]，考虑将 $B_p$ 分解成如下形式

$$B_p(s) = \prod_{j=1}^{m} \frac{s - p_j}{s + \bar{p}_j} \qquad (8.33)$$

其中，$D_j(s) = \dfrac{s - p_j}{s + \bar{p}_j}$。

假设参考输入信号 $r$、前向通道白噪声 $d$ 和反馈通道白噪声 $n$ 是彼此独立的，则网络化控制系统跟踪性能指标可以改写为

$$J = \left\| \frac{T_1}{s} \right\|_2^2 + \| T_2 \|_2^2 \sigma_1^2 + \| T_3 \|_2^2 \sigma_2^2 \qquad (8.34)$$

## 8.3.2　双向通道噪声约束网络化控制系统跟踪性能极限

根据式（8.10）、式（8.26）、式（8.30）和式（8.31），可以得到

$$T_2 = (X - NR)N\alpha^{-1}, \quad T_1 = I - NQ, \quad T_3 = (Y - MR)N\alpha^{-1} \qquad (8.35)$$

根据式（8.34）和式（8.35），$J$ 被改写成

$$J = \left\| \frac{1 - NQ}{s} \right\|_2^2 + \| (X - NR)N \|_2^2 \frac{\sigma_1^2}{\alpha^2} + \| (Y - MR)N \|_2^2 \frac{\sigma_2^2}{\alpha^2} \qquad (8.36)$$

根据式（8.28）和式（8.36），网络化控制系统最优跟踪性能 $J^*$ 为

$$J^* = \frac{1}{\alpha^2} \inf_{R \in \mathbb{RH}_\infty} \left\| \begin{matrix} \sigma_1 N(X - RN) \\ \sigma_2 N(Y - RM) \end{matrix} \right\|_2^2 + \inf_{Q \in \mathbb{RH}_\infty} \left\| \frac{1 - NQ}{s} \right\|_2^2 \qquad (8.37)$$

定义

$$J_1^* = \inf_{Q \in \mathbb{RH}_\infty} \left\| \frac{1 - NQ}{s} \right\|_2^2, \quad J_2^* = \frac{1}{\alpha^2} \inf_{R \in \mathbb{RH}_\infty} \left\| \begin{matrix} \sigma_1 N(X - RN) \\ \sigma_2 N(Y - RM) \end{matrix} \right\|_2^2 \qquad (8.38)$$

**定理 8.2**　如果被控对象 $G(s)$ 可以用式（8.30）和式（8.32）来表示，则网络化控制系统跟踪性能极限为

$$J^* = \frac{2\sigma_2^2}{\alpha^2} \left( \sum_{j=1}^{m} p_j + \sum_{i=1}^{N_z} s_i - \frac{1}{\pi} \int_0^\infty \log |f(jw)| \, \mathrm{d}w \right)$$

证明：因为 $N$ 是最小相位部分，则

$$J_1^* = \inf_{Q \in \mathbb{R}\mathcal{H}_\infty} \left\| \frac{1-NQ}{s} \right\|_2^2 = 0$$

根据式（8.32）和式（8.38），$J_2^*$ 可以表示为

$$J_2^* = \frac{1}{\alpha^2} \inf_{R \in \mathbb{R}\mathcal{H}_\infty} \left\| \begin{bmatrix} \sigma_1(X-RN)N \\ \sigma_2(Y-RM_mB_p)N \end{bmatrix} \right\|_2^2$$

因为 $B_p$ 是全通因子，则

$$J_2^* = \frac{1}{\alpha^2} \inf_{R \in \mathbb{R}\mathcal{H}_\infty} \left\| \begin{bmatrix} \sigma_1(XN-NRN) \\ \sigma_2(YB_p^{-1}N-M_mRN) \end{bmatrix} \right\|_2^2$$

通过计算，$J_2^*$ 可以改写为

$$J_2^* = \frac{1}{\alpha^2} \inf_{R \in \mathbb{R}\mathcal{H}_\infty} \left\| \begin{bmatrix} \sigma_1(XN-NRN) \\ \sigma_2(R_1-B_p^{-1}-M_mRN) \end{bmatrix} \right\|_2^2$$

其中，$R_1 \in \mathbb{R}\mathcal{H}_\infty$，$YB_p^{-1}N = -B_p^{-1}+R_1$。

因为 $1-B_p^{-1}$ 属于 $H_2^\perp$，$R_1-1-M_mRN$ 属于 $H_2$。所以 $J_2^*$ 进一步可以表示为

$$J_2^* = \inf_{R \in \mathbb{R}\mathcal{H}_\infty} \frac{1}{\alpha^2} \left\| \begin{bmatrix} \sigma_1(XN-NRN) \\ \sigma_2(1-R_1+M_mRN) \end{bmatrix} \right\|_2^2 + \frac{1}{\alpha^2} \left\| \begin{bmatrix} 0 \\ \sigma_2(1-B_p^{-1}) \end{bmatrix} \right\|_2^2$$

定义

$$J_{22}^* = \frac{1}{\alpha^2} \left\| \begin{bmatrix} 0 \\ \sigma_2(1-B_p^{-1}) \end{bmatrix} \right\|_2^2 \tag{8.39}$$

$$J_{21}^* = \inf_{R \in \mathbb{R}\mathcal{H}_\infty} \frac{1}{\alpha^2} \left\| \begin{bmatrix} \sigma_1(XN-NRN) \\ \sigma_2(1-R_1+M_mRN) \end{bmatrix} \right\|_2^2 \tag{8.40}$$

根据式（8.39）可以得到

$$J_{22}^* = \frac{\sigma_2^2}{\alpha^2} \left\| 1-B_p^{-1} \right\|_2^2$$

根据文献[4]可以得到

$$J_{22}^* = \frac{2\sigma_2^2}{\alpha^2} \sum_{j=1}^m p_j$$

根据式（8.40）可以得到

$$J_{21}^* = \inf_{R \in \mathbb{RH}_\infty} \frac{1}{\alpha^2} \left\| \begin{bmatrix} \sigma_1 XN \\ \sigma_2(1-R_1) \end{bmatrix} - \begin{bmatrix} \sigma_1 NRN \\ -\sigma_2 M_m RN \end{bmatrix} \right\|_2^2$$

这里引入内外分解

$$\begin{bmatrix} \sigma_1 N \\ -\sigma_2 M_m \end{bmatrix} = \Delta_i \Delta_0$$

定义

$$\psi \triangleq \begin{bmatrix} \Delta_i^{\mathrm{T}} \\ I - \Delta_i \Delta_i^{\mathrm{T}} \end{bmatrix}$$

并且 $\psi^{\mathrm{T}} \psi = I$。同时 $J_{21}^*$ 改写为

$$J_{21}^* = \frac{\inf_{R \in \mathbb{RH}_\infty} \left\| \psi \left( \begin{bmatrix} \sigma_1 XN \\ \sigma_2(1-R_1) \end{bmatrix} - \begin{bmatrix} \sigma_1 NRN \\ -\sigma_2 M_m RN \end{bmatrix} \right) \right\|_2^2}{\alpha^2}$$

通过计算，$J_{21}^*$ 可以表示为

$$J_{21}^* = \frac{1}{\alpha^2} \left( \inf_{R \in \mathbb{RH}_\infty} \left\| W_1 - \Delta_0 RN \right\|_2^2 + \left\| W_2 \right\|_2^2 \right)$$

其中

$$W_1 = \Delta_0 M_m^{-1} R_1 - \sigma_2^2 \Delta_0^{-H} M_m, \quad W_2 = \begin{bmatrix} \sigma_1 \sigma_2^2 N \Delta_0^{-1} \Delta_0^{-H} M_m \\ \sigma^2(1 - \sigma_2^2 M_m \Delta_0^{-1} \Delta_0^{-H} M_m) \end{bmatrix}$$

定义

$$f(s) = \sigma_2^2 M_m \Delta_0^{-1} \Delta_0^{-H}(\infty) M_m(\infty)$$

进一步，$f(s)$ 可以分解为

$$f(s) = \left( \prod_{i=1}^{N_z} \frac{s - s_i}{s + \overline{s_i}} \right) f_m(s)$$

其中，$s_i$ 是 $f(s)$ 的非最小相位零点，并且 $f_m$ 是最小相位部分，$f_m \in \mathbb{RH}_\infty$，$f(\infty) = f_m(\infty) = 1$。

根据文献[7]可以得到

$$J_{21}^* = \frac{2\sigma_2^2}{\alpha^2} \sum_{i=1}^{N_z} s_i - \frac{2\sigma_2^2}{\alpha^2 \pi} \int_0^\infty \log|f(\mathrm{j}w)| \mathrm{d}w$$

证明完毕。

定理 8.2 显示网络化控制系统的最优跟踪性能由给定对象的不稳定极点、通信编码和白噪声决定。进一步说明通信编码和白噪声是如何影响网络化控制系统最优跟踪性能。

**推论 8.2**　在定理 8.2 中，如果不考虑网络，则控制系统跟踪性能极限为

$$J^* = 0$$

推论 8.2 表明由双自由度控制系统最优跟踪性能与被控对象的不稳定极点无关。

## 8.4　数　值　仿　真

考虑不稳定系统的传递函数为

$$G(s) = \frac{s+2}{s(s-k)(s+1)}$$

这里相关数值取 $\sigma_1 = 0.1$，$\sigma_2 = 0.2$。基于不同通信编码和极点，以及通道白噪声影响的网络化控制系统跟踪性能极限如图 8.3 所示。从图 8.3 可以看出：通信编码和白噪声影响网络化控制系统跟踪性能极限，并且编码的位数越高，系统的跟踪性能越好；同时给定对象的不稳定极点也影响网络化控制系统的性能极限。

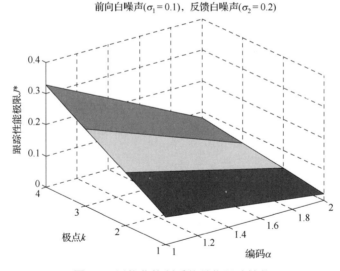

图 8.3　网络化控制系统最优跟踪性能

## 8.5　本　章　小　结

在本章中，主要考虑白噪声和通信编码影响同时在前向通道和反馈通道中，基于通道白噪声和编码约束的情况下，研究网络化控制系统跟踪阶跃信号的跟踪性能

极限问题。网络化控制系统的跟踪性能指标是通过给定对象的输出与阶跃信号之差的能量来衡量的。研究结果表明给定对象的不稳定极点、通信编码和通道白噪声决定网络化控制系统的最优跟踪性能，同时进一步说明通信的编码和通道白噪声是如何影响控制系统的跟踪能力。仿真实例说明所得到结论的正确性。

参 考 文 献

[ 1 ] 詹习生, 关治洪, 吴杰, 等. 多变量网络化系统跟踪性能极限. 控制理论与应用, 2013, 30(4): 503-507.

[ 2 ] 吴杰, 詹习生, 张先鹤, 等. 基于通信约束网络化控制系统最优性能. 信息与控制, 2012, 41(6): 702-707.

[ 3 ] 祁恬, 刘寅, 苏为洲. 基于量化控制信号的线性系统的跟踪性能极限. 控制理论与应用, 2009, 26(7): 745-750.

[ 4 ] Francis B A. A Course in H∞ Control Theory. Berlin: Springer-Verlag, 1987.

[ 5 ] Li Y Q, Tuncel E, Chen J. Optimal tracking over an additive white Gaussian noise channel//Proceedings of 2009 American Control Conference, USA, 2009: 4026-4031.

[ 6 ] Chen J, Qiu L, Toker O. Limitations on maximal tracking accuracy. IEEE Transactions on Automatic Control, 2000, 45(2): 326-331.

[ 7 ] Chen J, Hara S, Chen G. Best tracking and regulation performance under control energy constraint. IEEE Transactions on Automatic Control, 2003, 48(8): 1320-1336.

# 第9章　基于通信约束网络化控制系统修改性能极限

## 9.1　引　　言

在网络化控制系统的实际应用中，其通信信道的带宽是影响网络化控制系统性能的一个非常重要指标[1-2]。在前面章节介绍的网络化控制系统，为了保证跟踪性能极限是有限的，都假设网络化控制系统中含有积分器。如果被控对象中不含有积分器，那么网络化控制系统跟踪性能将是无限的，所得的结论将不再适用。之前所采用的性能指标会变得不合理及无意义。因此，本章介绍一种新的性能指标来分别分析网络化控制系统中不含有积分器且存在通信信道带宽限制或丢包限制的跟踪性能极限问题。研究得到的结果表明，网络化控制系统的跟踪性能极限受到被控对象的非最小相位零点、不稳定极点以及它们的方向、参考输入信号、反馈通道中的带宽或丢包率及信道噪声、修改因子的影响。

本章主要内容如下：9.2 节介绍了基于白噪声约束网络化控制系统修改性能极限[3]；9.3 节介绍了控制器和信道滤波器协调设计的修改性能极限[4]；9.4 节给出了具体的仿真实例；9.5 节给出了本章小结。

## 9.2　基于白噪声约束网络化控制系统修改性能极限

### 9.2.1　问题描述

本节考虑单自由度控制器作用下，反馈通道中存在带宽约束的多输入多输出网络化控制系统的跟踪修改性能问题，其模型如图 9.1 所示。在图 9.1 中，$G$ 表示被控对象模型，$K$ 表示单自由度控制器，$H$ 模拟通信信道带宽，可以用低阶滤波器表示，它们的传递函数矩阵分别定义为 $G(s)$、$K(s)$ 和 $F(s)$。信号 $r(t)$、$u(t)$、$y(t)$ 和 $n(t)$ 分别表示系统的参考输入信号、控制输入信号、系统的输出信号以及反馈通道中的高斯白噪声，其中 $r(t)$ 表示随机信号，它们的拉普拉斯变换分别定义为 $\tilde{r}$、$\tilde{u}$、$\tilde{y}$ 和 $\tilde{n}$；对于不同的信道 $i$，定义参考输入信号 $r_i$ 的功率谱密度为 $\sigma_i$，高斯白噪声 $n_i$ 的功率谱密度为 $\alpha_i$；然后定义矩阵 $U = \mathrm{diag}(\sigma_1, \sigma_2, \cdots, \sigma_n)$，$V = \mathrm{diag}(\alpha_1, \alpha_2, \cdots, \alpha_n)$。本章中假设参考输入信号 $r(t)$ 与高斯白噪声信号 $n(t)$ 相互独立。

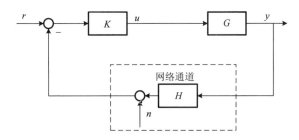

图 9.1　单自由度控制器下的网络化控制系统模型

修改性能指标定义为[5]

$$J_\lambda = E\left\{\left[e^{-\lambda t}e^{\mathrm{T}}(t)\right]\left[e^{-\lambda t}e(t)\right]\right\} \tag{9.1}$$

其中，$\lambda > 0$ 表示修改因子。

对于正则实有理传递函数矩阵 $FG$ 可以做如下分解

$$HG = NM^{-1} = \tilde{M}^{-1}\tilde{N} \tag{9.2}$$

其中，$N$，$M$，$\tilde{N}$，$\tilde{M} \in \mathbb{RH}_\infty$，并且满足等式

$$\begin{pmatrix} \tilde{X} & -\tilde{Y} \\ -\tilde{N} & \tilde{M} \end{pmatrix}\begin{pmatrix} M & Y \\ N & X \end{pmatrix} = I \tag{9.3}$$

使系统稳定的单自由度控制器的集合 $\mathcal{K}$ 都可以通过 Youla 参数化得到[6]

$$\mathcal{K} = \left\{K : K = -(\tilde{X} - Q\tilde{N})^{-1}(\tilde{Y} - Q\tilde{M}) = -(\tilde{Y} - Q\tilde{M})(\tilde{X} - Q\tilde{N})^{-1}, Q \in \mathbb{RH}_\infty\right\} \tag{9.4}$$

任意非最小相位传递函数矩阵可以分解成最小相位部分和全通因子的乘积

$$N = HL_z N_m, \quad \tilde{M} = \tilde{M}_m \tilde{B}_p \tag{9.5}$$

其中，$L_z$ 和 $\tilde{B}_p$ 表示全通因子，$N_m$ 和 $\tilde{M}_m$ 表示最小相位部分；$L_z$ 包含了所有右半平面上的零点 $z_i \in \mathbb{C}_+$，$i = 1, \cdots, N_z$，$\tilde{B}_p$ 包含了所有右半平面的极点 $p_j \in \mathbb{C}_+$，$j = 1, \cdots, N_p$；$L_z$ 和 $\tilde{B}_p$ 可以分别表示为

$$L_z(s) = \prod_{i=1}^{N_z} L_i(s), \quad \tilde{B}_p(s) = \prod_{j=1}^{N_p} \tilde{B}_j(s) \tag{9.6}$$

其中，$L_i(s) = I - \dfrac{2\mathrm{Re}(z_i)}{s + \bar{z}_i}\eta_i\eta_i^H$，$\tilde{B}_j(s) = I - \dfrac{2\mathrm{Re}(p_j)}{s + \bar{p}_j}\omega_j\omega_j^H$；$\eta_i$ 与 $\omega_j$ 是单位向量，分别表示的是非最小相位零点的方向与不稳定极点的方向，并且满足 $\eta_i\eta_i^H + Y_iY_i^H = I$，$\omega_j\omega_j^H + W_jW_j^H = I$。

本章的跟踪误差定义为 $\tilde{e}(s) = \tilde{r}(s) - \tilde{y}(s)$，并且 $\tilde{e}(s + \lambda)$ 是 $e^{-\lambda t}e(t)$ 的拉普拉斯变换，对于任意的传递函数矩阵 $Z(s)$，定义 $Z_\lambda(s) \triangleq Z(s + \lambda)$。

**引理 9.1**[7]　　如果 $L_z$ 如式（9.6）所示，则 $W(s) \in \mathbb{RH}_\infty$ 满足如下等式

$$L_z^{-1}(s)W(s) = Z(s) + \sum_{i=1}^{N_z} L_{N_z}^{-1}(z_i) \cdots L_{i+1}^{-1}(z_i) L_i^{-1}(s) L_{i-1}^{-1}(z_i) \cdots L_1^{-1}(z_i) W(z_i)$$

其中，$z_i$ 是 $L_z$ 的零点。

**引理 9.2**[4]　　对于任意的 $(L_z)_\lambda^H$，存在 $Z_1(s) \in \mathbb{RH}_\infty$，满足如下等式

$$(L_z)_\lambda^H = \sum_{i=1}^{N_z} \psi_i (L_{zi})_\lambda^H \varphi_i + Z_1$$

其中，$z_i - \lambda$ 是 $(L_z)_\lambda^H$ 的定点，并且有

$$\psi_i = \prod_{k=i-1}^{1} I + \frac{2\mathrm{Re}(z_k)}{z_i - z_k} \eta_i \eta_i^H, \quad \varphi_i = \prod_{k=N_z}^{i+1} I + \frac{2\mathrm{Re}(z_k)}{z_i - z_k} \eta_i \eta_i^H$$

### 9.2.2　单自由度控制器下控制系统修改跟踪性能极限

系统的跟踪性能极限 $J_\lambda^*$ 可以写成

$$J_\lambda^* = \inf_{K \in \mathcal{K}} \tilde{e} \tag{9.7}$$

根据图 9.1，可以得到

$$\tilde{u} = K(\tilde{r} - H\tilde{y} - \tilde{n}), \quad \tilde{y} = G\tilde{u} \tag{9.8}$$

根据式（9.1）、式（9.2）、式（9.3）、式（9.4）、式（9.7）和式（9.8），有

$$J_\lambda^* \geq \inf_{Q_\lambda \in \mathbb{RH}_\infty} \left\| \left( I + H_\lambda^{-1} N_\lambda (\tilde{Y}_\lambda - Q_\lambda \tilde{M}_\lambda) \right) \frac{U}{s+\lambda} \right\|_2^2 + \inf_{Q_\lambda \in \mathbb{RH}_\infty} \left\| H_\lambda^{-1} N_\lambda (\tilde{Y}_\lambda - Q_\lambda \tilde{M}_\lambda) \frac{V}{s+\lambda} \right\|_2^2$$

**定理 9.1**　　考虑如图 9.1 所示的网络化控制系统，假设被控对象不含有积分器，并且含有不稳定极点 $p_j \in \mathbb{C}_+$，$j = 1, \cdots, m$ 和非最小相位零点 $z_i \in \mathbb{C}_+$，$i = 1, \cdots, n$，则网络化控制系统跟踪性能极限为

$$J_\lambda^* \geq \sum_{i,j=1}^{N_z} \prod_{k=1}^{i} |f(s_k)|^2 \frac{4\mathrm{Re}(z_i)\mathrm{Re}(z_i)}{(z_i)^2 (\bar{z}_i + z_j - 2\lambda)} \mathrm{tr}(U\eta_i\eta_i^H U)$$

$$+ \sum_{i,j=1}^{N_p} \frac{4\mathrm{Re}(p_i)\mathrm{Re}(p_j)}{\bar{p}_j p_i (\bar{p}_j + p_i - 2\lambda)} [\mathrm{tr}(\Theta_j^H \Theta_i) + \mathrm{tr}(\gamma_j \gamma_i^H)]$$

其中

$$E_j = \prod_{k=1}^{j-1} \left( \tilde{B}_{Vk}(p_j - \lambda) \right)^{-1}, \quad \Phi_j = \prod_{k=j+1}^{N_p} \left( \tilde{B}_{Vk}(p_j - \lambda) \right)^{-1}$$

$$G_j = \prod_{k=1}^{j-1} \left( \tilde{B}_{uk}(p_j - \lambda) \right)^{-1}, \quad \Gamma_j = \prod_{k=j+1}^{N_p} \left( \tilde{B}_{uk}(p_j - \lambda) \right)^{-1}$$

$$\gamma_j = \left(\vartheta U - (L_z)_\lambda^{-1}(p_j - \lambda)H_\lambda^{-1}(p_j - \lambda)\right)G_j o_j o_j^H \varGamma_j,$$

$$\varTheta_j = -(L_z)_\lambda^{-1}(p_j - \lambda)H_\lambda^{-1}(p_j - \lambda)VE_j \xi_j \xi_j^H \varPhi_j$$

证明：为了计算 $J_\lambda^*$，首先分别定义 $J_{\lambda 1}^*$ 和 $J_{\lambda 2}^*$

$$J_{\lambda 1}^* = \inf_{Q_\lambda \in \mathbb{RH}_\infty} \left\| \left(I + H_\lambda^{-1} N_\lambda (\tilde{Y}_\lambda - Q_\lambda \tilde{M}_\lambda)\right)\frac{U}{s + \lambda} \right\|_2^2$$

$$J_{\lambda 2}^* = \inf_{Q_\lambda \in \mathbb{RH}_\infty} \left\| H_\lambda^{-1} N_\lambda (\tilde{Y}_\lambda - Q_\lambda \tilde{M}_\lambda)\frac{V}{s + \lambda} \right\|_2^2$$

根据式（9.5），有

$$J_{\lambda 1}^* = \inf_{Q_\lambda \in \mathbb{RH}_\infty} \left\| \left(I + (L_z)_\lambda (N_m)_\lambda (\tilde{Y}_\lambda - Q_\lambda \tilde{M}_\lambda)\right)\frac{U}{s + \lambda} \right\|_2^2$$

因为 $(L_z)_\lambda$ 表示全通因子，因此有

$$J_{\lambda 1}^* = \inf_{Q_\lambda \in \mathbb{RH}_\infty} \left\| \left((L_z)_\lambda^{-1} - \vartheta + \vartheta + (N_m)_\lambda (\tilde{Y}_\lambda - Q_\lambda \tilde{M}_\lambda)\right)\frac{U}{s + \lambda} \right\|_2^2$$

其中，$\vartheta = \prod\limits_{i=1}^{N_z} f(s_i)$，$f(s_i) = I - \dfrac{2\mathrm{Re}(z_i)}{z_i}\eta_i \eta_i^H$。

因为 $\left((L_z)_\lambda^{-1} - \vartheta\right) \in H_2^\perp$，而 $\left(\vartheta + (N_m)_\lambda (\tilde{Y}_\lambda - Q_\lambda \tilde{M}_\lambda)\right) \in H_2$，所以有

$$J_{\lambda 1}^* = \inf_{Q_\lambda \in \mathbb{RH}_\infty} \left\| \vartheta + (N_m)_\lambda (\tilde{Y}_\lambda - Q_\lambda \tilde{M}_\lambda)\frac{U}{s + \lambda} \right\|_2^2 + \left\| \left((L_z)_\lambda^{-1} - \vartheta\right)\frac{U}{s + \lambda} \right\|_2^2$$

根据姜晓伟等[8]结论可以得到

$$\left\| \left((L_z)_\lambda^{-1} - \vartheta\right)\frac{U}{s + \lambda} \right\|_2^2 = \sum_{i=1}^{N_z} \prod_{k=1}^{i} |f(s_k)|^2 \left\| \left((L_i)_\lambda^{-1} - f(s_i)\right)\frac{U}{s + \lambda} \right\|_2^2$$

通过计算，有

$$\left\| \left((L_z)_\lambda^{-1} - \vartheta\right)\frac{U}{s + \lambda} \right\|_2^2 = \sum_{i,j=1}^{N_z} \prod_{k=1}^{i} |f(s_k)|^2 \frac{4\mathrm{Re}(z_i)\mathrm{Re}(z_i)}{(z_i)^2 (\bar{z}_i + z_j - 2\lambda)}\mathrm{tr}(U\eta_i \eta_i^H U)$$

然后，定义

$$\tilde{M}U = \tilde{M}_u \tilde{B}_u, \quad \tilde{B}_u(s) = \prod_{j=1}^{N_p} \tilde{B}_{uj}(s)$$

其中，$\tilde{B}_{uj}(s) = I - \dfrac{2\mathrm{Re}(p_j)}{s + \bar{p}_j} o_j o_j^H$，$o_j = \dfrac{U^{-1}H\omega_j}{\|U^{-1}H\omega_j\|}$。$o_j$ 表示单位向量，并且代表不稳

定极点的方向。

因此，有

$$\inf_{Q_\lambda \in \mathbb{RH}_\infty} \left\| \vartheta + (N_m)_\lambda (\tilde{Y}_\lambda - Q_\lambda \tilde{M}_\lambda) \frac{U}{s+\lambda} \right\|_2^2$$

$$= \inf_{Q_\lambda \in \mathbb{RH}_\infty} \left\| \left( (\vartheta U + (N_m)_\lambda \tilde{Y}_\lambda)(\tilde{B}_u)_\lambda^{-1} - (N_m)_\lambda Q_\lambda (\tilde{M}_u)_\lambda \right) \frac{1}{s+\lambda} \right\|_2^2$$

根据部分因式分解，可以写出

$$(\vartheta U + (N_m)_\lambda \tilde{Y}_\lambda)(\tilde{B}_u)_\lambda^{-1}$$

$$= \sum_{j=1}^{N_p} \left( \vartheta U + (N_m)_\lambda (p_j - \lambda) \tilde{Y}_\lambda (p_j - \lambda) \right) G_j \left( (\tilde{B}_{Vj})_\lambda^{-1} - I \right) \Gamma_j + Z_2$$

$$= \sum_{j=1}^{N_p} \left( \vartheta U + (N_m)_\lambda (p_j - \lambda) \tilde{Y}_\lambda (p_j - \lambda) \right) G_j \left( I + \frac{2\text{Re}(p_j)}{s+\lambda-p_j} o_j o_j^H - I + \frac{2\text{Re}(p_j)}{p_j} o_j o_j^H \right) \Gamma_j$$

$$+ Z_2 - \sum_{j=1}^{N_p} \left( \vartheta U + (N_m)_\lambda (p_j - \lambda) \tilde{Y}_\lambda (p_j - \lambda) \right) G_j \frac{2\text{Re}(p_j)}{p_j} o_j o_j^H \Gamma_j$$

其中，$G_j = \prod_{k=1}^{j-1} (\tilde{B}_{uk}(p_j - \lambda))^{-1}$，$Z_2 \in \mathbb{RH}_\infty$，$\Gamma_j = \prod_{k=j+1}^{N_p} \left( \tilde{B}_{uk}(p_j - \lambda) \right)^{-1}$。

进一步可以得到

$$\inf_{Q_\lambda \in \mathbb{RH}_\infty} \left\| \left( (\vartheta U + (N_m)_\lambda \tilde{Y}_\lambda)(\tilde{B}_u)_\lambda^{-1} - (N_m)_\lambda Q_\lambda (\tilde{M}_u)_\lambda \right) \frac{1}{s+\lambda} \right\|_2^2$$

$$= \inf_{Q_\lambda \in \mathbb{RH}_\infty} \left\| \sum_{j=1}^{N_p} \left( \vartheta U + (N_m)_\lambda (p_j - \lambda) \tilde{Y}_\lambda (p_j - \lambda) \right) G_j \left( I + \frac{2\text{Re}(p_j)}{s+\lambda-p_j} o_j o_j^H - I + \frac{2\text{Re}(p_j)}{p_j} o_j o_j^H \right) \right.$$

$$\Gamma_j \frac{1}{s+\lambda} + \left[ Z_2 - \sum_{j=1}^{N_p} \left( \vartheta U + (N_m)_\lambda (p_j - \lambda) \tilde{Y}_\lambda (p_j - \lambda) \right) G_j \right.$$

$$\left. \cdot \frac{2\text{Re}(p_j)}{p_j} o_j o_j^H \Gamma_j - (N_m)_\lambda Q_\lambda (\tilde{M}_u)_\lambda \right] \frac{1}{s+\lambda} \right\|_2^2$$

$$= \left\| \sum_{j=1}^{N_p} \left( \vartheta U + (N_m)_\lambda (p_j - \lambda) \tilde{Y}_\lambda (p_j - \lambda) \right) G_j \left( I + \frac{2\text{Re}(p_j)}{s+\lambda-p_j} o_j o_j^H \right. \right.$$

$$\left. \left. -I + \frac{2\text{Re}(p_j)}{p_j} o_j o_j^H \right) \Gamma_j \frac{1}{s+\lambda} \right\|_2^2 + \inf_{Q_\lambda \in \mathbb{RH}_\infty} \left\| \left[ Z_2 - (N_m)_\lambda Q_\lambda (\tilde{M}_u)_\lambda \right. \right.$$

$$\left. \left. - \sum_{j=1}^{N_p} \left( \vartheta U + (N_m)_\lambda (p_j - \lambda) \tilde{Y}_\lambda (p_j - \lambda) \right) G_j \frac{2\text{Re}(p_j)}{p_j} o_j o_j^H \Gamma_j \right] \frac{1}{s+\lambda} \right\|_2^2$$

从所有使系统稳定的控制器的集合中选取一个适当的控制器 $Q_\lambda$，使得

$$\inf_{Q_\lambda \in \mathbb{R}\mathcal{H}_\infty} \left\| \left( Z_2 - \sum_{j=1}^{N_p} \left( \vartheta U + (N_m)_\lambda (p_j - \lambda) \tilde{Y}_\lambda (p_j - \lambda) \right) \right. \right.$$

$$\left. \left. \cdot G_j \frac{2\mathrm{Re}(p_j)}{p_j} o_j o_j^H \Gamma_j - (N_m)_\lambda Q_\lambda (\tilde{M}_u)_\lambda \right) \frac{1}{s+\lambda} \right\|_2^2 = 0$$

并且根据 $\tilde{X}M - \tilde{Y}N = I$，可以得到

$$\tilde{Y}_\lambda (p_j - \lambda) = -(N_m)_\lambda^{-1}(p_j - \lambda)(L_z)_\lambda^{-1}(p_j - \lambda) H_\lambda^{-1}(p_j - \lambda)$$

通过计算，有

$$\left\| \sum_{j=1}^{N_p} \left( \vartheta U + (N_m)_\lambda (p_j - \lambda) \tilde{Y}_\lambda (p_j - \lambda) \right) G_j \left( I + \frac{2\mathrm{Re}(p_j)}{s+\lambda - p_j} o_j o_j^H \right. \right.$$

$$\left. \left. -I + \frac{2\mathrm{Re}(p_j)}{p_j} o_j o_j^H \right) \Gamma_j \frac{1}{s+\lambda} \right\|_2^2$$

$$= \sum_{i,j=1}^{N_p} \frac{4\mathrm{Re}(p_i)\mathrm{Re}(p_j)}{\overline{p}_j p_i (\overline{p}_j + p_i - 2\lambda)} \mathrm{tr}(\gamma_j \gamma_i^H)$$

其中，$\gamma_j = \left( \vartheta U - (L_z)_\lambda^{-1}(p_j - \lambda) H_\lambda^{-1}(p_j - \lambda) \right) G_j o_j o_j^H \Gamma_j$。

所以，$J_{\lambda 1}^*$ 可以写成

$$J_{\lambda 1}^* = \sum_{i,j=1}^{N_z} \prod_{k=1}^{i} \left| f(s_k) \right|^2 \frac{4\mathrm{Re}(z_i)\mathrm{Re}(z_i)}{(z_i)^2(\overline{z}_i + z_j - 2\lambda)} \mathrm{tr}(U \eta_i \eta_i^H U)$$

$$+ \sum_{i,j=1}^{N_p} \frac{4\mathrm{Re}(p_i)\mathrm{Re}(p_j)}{\overline{p}_j p_i (\overline{p}_j + p_i - 2\lambda)} \mathrm{tr}(\gamma_j \gamma_i^H)$$

下面将继续计算 $J_{\lambda 2}^*$

$$J_{\lambda 2}^* = \inf_{Q_\lambda \in \mathbb{R}\mathcal{H}_\infty} \left\| (L_z)_\lambda (N_m)_\lambda (\tilde{Y}_\lambda - Q_\lambda \tilde{M}_\lambda) \frac{V}{s+\lambda} \right\|_2^2$$

定义 $\tilde{M}V = \tilde{M}_V \tilde{B}_V$，$\tilde{B}_V(s) = \prod_{j=1}^{N_p} \tilde{B}_{Vj}(s)$，其中

$$\tilde{B}_{Vj}(s) = I - \frac{2\mathrm{Re}(p_j)}{s+\overline{p}_j} \xi_j \xi_j^H, \quad \xi_j = \frac{V^{-1}H\omega_j}{\left\| V^{-1}H\omega_j \right\|}$$

因此，有

$$J_{\lambda 2}^* = \inf_{Q_\lambda \in \mathbb{R}\mathcal{H}_\infty} \left\| \left( (N_m)_\lambda \tilde{Y}_\lambda V (\tilde{B}_V)_\lambda^{-1} - (N_m)_\lambda Q_\lambda (\tilde{M}_V)_\lambda \right) \frac{1}{s+\lambda} \right\|_2^2$$

同样，根据部分因式分解，可以写出

$$(N_m)_\lambda \tilde{Y}_\lambda V(\tilde{B}_V)_\lambda^{-1} = \sum_{j=1}^{N_p} (N_m)_\lambda (p_j - \lambda) \tilde{Y}_\lambda (p_j - \lambda) V E_j \left( \left( (\tilde{B}_{Vj})_\lambda^{-1} - I \right) \Phi_j + Z_2 \right)$$

$$= \sum_{j=1}^{N_p} (N_m)_\lambda (p_j - \lambda) \tilde{Y}_\lambda (p_j - \lambda) V E_j \left( I + \frac{2\text{Re}(p_j)}{s + \lambda - p_j} \xi_j \xi_j^H - I + \frac{2\text{Re}(p_j)}{p_j} \xi_j \xi_j^H \right) \Phi_j$$

$$+ Z_2 - \sum_{j=1}^{N_p} (N_m)_\lambda (p_j - \lambda) \tilde{Y}_\lambda (p_j - \lambda) V E_j \frac{2\text{Re}(p_j)}{p_j} \xi_j \xi_j^H \Phi_j$$

所以，可以得到

$$J_{\lambda 2}^* = \inf_{Q_\lambda \in \mathbb{R}\mathcal{H}_\infty} \left\| \sum_{j=1}^{N_p} (N_m)_\lambda (p_j - \lambda) \tilde{Y}_\lambda (p_j - \lambda) V E_j \frac{2\text{Re}(p_j)}{p_j(s + \lambda - p_j)} \xi_j \xi_j^H \Phi_j \right.$$

$$+ (Z_2 - (N_m)_\lambda Q_\lambda (\tilde{M}_V)_\lambda - \sum_{j=1}^{N_p} (N_m)_\lambda (p_j - \lambda) \tilde{Y}_\lambda (p_j - \lambda)$$

$$\left. \cdot V E_j 2\text{Re}(p_j) p_j \xi_j \xi_j^H \Phi_j) \frac{1}{s + \lambda} \right\|_2^2$$

$$J_{\lambda 2}^* = \left\| \sum_{j=1}^{N_p} (N_m)_\lambda (p_j - \lambda) \tilde{Y}_\lambda (p_j - \lambda) V E_j \frac{2\text{Re}(p_j)}{p_j(s + \lambda - p_j)} \xi_j \xi_j^H \Phi_j \right\|_2^2$$

$$+ \inf_{Q_\lambda \in \mathbb{R}\mathcal{H}_\infty} \left\| (Z_2 - (N_m)_\lambda Q_\lambda (\tilde{M}_V)_\lambda - \sum_{j=1}^{N_p} (N_m)_\lambda (p_j - \lambda) \tilde{Y}_\lambda (p_j - \lambda) \right.$$

$$\left. \cdot V E_j 2\text{Re}(p_j) p_j \xi_j \xi_j^H \Phi_j) \frac{1}{s + \lambda} \right\|_2^2$$

同理，在所有使得系统稳定的控制器的集合中，选取一个适当的 $Q_\lambda$，使得

$$\inf_{Q_\lambda \in \mathbb{R}\mathcal{H}_\infty} \left\| (Z_2 - (N_m)_\lambda Q_\lambda (\tilde{M}_V)_\lambda - \sum_{j=1}^{N_p} (N_m)_\lambda (p_j - \lambda) \tilde{Y}_\lambda (p_j - \lambda) \right.$$

$$\left. \cdot V E_j 2\text{Re}(p_j) p_j \xi_j \xi_j^H \Phi_j) \frac{1}{s + \lambda} \right\|_2^2 = 0$$

并且根据 $\tilde{X}M - \tilde{Y}N = I$，可以得到

$$\tilde{Y}_\lambda (p_j - \lambda) = -(N_m)_\lambda^{-1} (p_j - \lambda)(L_z)_\lambda^{-1} (p_j - \lambda) H_\lambda^{-1} (p_j - \lambda)$$

更进一步，有

$$\left\| \sum_{j=1}^{N_p} (N_m)_\lambda (p_j - \lambda) \tilde{Y}_\lambda (p_j - \lambda) VE_j \frac{2\mathrm{Re}(p_j)}{p_j(s + \lambda - p_j)} \xi_j \xi_j^H \Phi_j \right\|_2^2$$

$$= \sum_{i,j=1}^{N_p} \frac{4\mathrm{Re}(p_i)\mathrm{Re}(p_j)}{\overline{p}_j p_i (\overline{p}_j + p_i - 2\lambda)} \mathrm{tr}\left\{ \Theta_j^H \Theta_i \right\}$$

其中，$\Theta_j = -(L_z)_\lambda^{-1}(p_j - \lambda) H_\lambda^{-1}(p_j - \lambda) VE_j \xi_j \xi_j^H \Phi_j$。

因此有

$$J_{\lambda 2}^* = \sum_{i,j=1}^{N_p} \frac{4\mathrm{Re}(p_i)\mathrm{Re}(p_j)}{\overline{p}_j p_i (\overline{p}_j + p_i - 2\lambda)} \mathrm{tr}\left\{ \Theta_j^H \Theta_i \right\}$$

证毕。

### 9.2.3　双自由度控制器下控制系统修改跟踪性能极限

本节介绍双自由度控制器作用下的网络化控制系统跟踪性能极限，如图 9.2 所示。在图 9.2 中，$[K_1 \ K_2]$ 表示双自由度控制器，并且它的传递函数矩阵为 $[K_1(s) \ K_2(s)]$，其他变量与图 9.1 定义相同。$[K_1 \ K_2]$ 满足 Youla 变换

$$\mathcal{K} = \left\{ K : K = (\tilde{X} - R\tilde{N})^{-1}[Q \quad \tilde{Y} - R\tilde{M}], \quad R, Q \in \mathbb{R}\mathcal{H}_\infty \right\} \tag{9.9}$$

根据式（9.1）、式（9.2）、式（9.3）、式（9.7）和式（9.9），有

$$J_\lambda^* = \inf_{Q_\lambda \in \mathbb{R}\mathcal{H}_\infty} \left\| (I - H_\lambda^{-1} N_\lambda Q_\lambda) \frac{U}{s + \lambda} \right\|_2^2 + \inf_{R_\lambda \in \mathbb{R}\mathcal{H}_\infty} \left\| H_\lambda^{-1} N_\lambda (\tilde{Y}_\lambda - R_\lambda \tilde{M}_\lambda) \frac{V}{s + \lambda} \right\|_2^2 \tag{9.10}$$

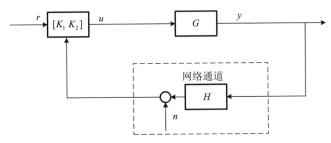

图 9.2　双自由度下的网络化控制系统结构图

**定理 9.2**　考虑如图 9.2 所示的网络化控制系统，假设被控对象不含有积分器，并且含有不稳定极点 $p_j \in \mathbb{C}_+$，$j = 1, \cdots, m$ 和非最小相位零点 $z_i \in \mathbb{C}_+$，$i = 1, \cdots, n$，则网络化控制系统跟踪性能极限为

$$J_\lambda^* = \sum_{i,j=1}^{N_z} \frac{4\mathrm{Re}(z_i)\mathrm{Re}(z_j)}{\overline{z}_i z_j (\overline{z}_i + z_j - 2\lambda)} \mathrm{tr}\left\{ \Omega_i^H \Omega_j \right\} + \sum_{i,j=1}^{N_p} \frac{4\mathrm{Re}(p_i)\mathrm{Re}(p_j)}{\overline{p}_j p_i (\overline{p}_j + p_i - 2\lambda)} \mathrm{tr}\left\{ \Theta_j^H \Theta_i \right\}$$

其中

$$\Omega_i = \psi_i \eta_i \eta_i^H \varphi_i U, \quad \Theta_j = -(L_z)_\lambda^{-1}(p_j - \lambda) H_\lambda^{-1}(p_j - \lambda) V E_j \xi_j \xi_j^H \Phi_j$$

$$E_j = \prod_{k=1}^{j-1} \left( \tilde{B}_{Vk}(p_j - \lambda) \right)^{-1}, \quad \Phi_j = \prod_{k=j+1}^{N_p} \left( \tilde{B}_{Vk}(p_j - \lambda) \right)^{-1}$$

证明：为了计算 $J_\lambda^*$，定义

$$J_{\lambda 1}^* = \inf_{Q_\lambda \in \mathbb{R}\mathcal{H}_\infty} \left\| (I - H_\lambda^{-1} N_\lambda Q_\lambda) \frac{U}{s + \lambda} \right\|_2^2, \quad J_{\lambda 2}^* = \inf_{R_\lambda \in \mathbb{R}\mathcal{H}_\infty} \left\| H_\lambda^{-1} N_\lambda (\tilde{Y}_\lambda - R_\lambda \tilde{M}_\lambda) \frac{V}{s + \lambda} \right\|_2^2$$

首先计算 $J_{\lambda 1}^*$，根据式（9.5）可以得到

$$J_{\lambda 1}^* = \inf_{Q_\lambda \in \mathbb{R}\mathcal{H}_\infty} \left\| (I - (L_z)_\lambda (N_m)_\lambda Q_\lambda) \frac{U}{s + \lambda} \right\|_2^2$$

因为 $(L_z)_\lambda$ 表示的是全通因子，因此有 $(L_z)_\lambda^H (L_z)_\lambda = I$，所以可以得到

$$J_{\lambda 1}^* = \inf_{Q_\lambda \in \mathbb{R}\mathcal{H}_\infty} \left\| ((L_z)_\lambda^H - (N_m)_\lambda Q_\lambda) \frac{U}{s + \lambda} \right\|_2^2$$

根据引理 9.2，有

$$
\begin{aligned}
J_{\lambda 1}^* = \inf_{Q_\lambda \in \mathbb{R}\mathcal{H}_\infty} \bigg\|\, & \sum_{i=1}^{N_z} \psi_i \left( I + \frac{2\mathrm{Re}(z_i)}{s - z_i + \lambda} \eta_i \eta_i^H - I + 2\mathrm{Re}(z_i) z_i \eta_i \eta_i^H \right) \varphi_i \frac{U}{s + \lambda} \\
& + \left( \sum_{i=1}^{N_z} \psi_i \left( I - \frac{2\mathrm{Re}(z_i)}{z_i} \eta_i \eta_i^H \right) \varphi_i + Z_1 - (N_m)_\lambda Q_\lambda \right) \frac{U}{s + \lambda} \bigg\|_2^2 \\
= \inf_{Q_\lambda \in \mathbb{R}\mathcal{H}_\infty} \bigg\|\, & \left( \sum_{i=1}^{N_z} \psi_i \left( I - \frac{2\mathrm{Re}(z_i)}{z_i} \eta_i \eta_i^H \right) \varphi_i + Z_1 - (N_m)_\lambda Q_\lambda \right) \frac{U}{s + \lambda} \bigg\|_2^2 \\
& + \left\| \sum_{i=1}^{N_z} \psi_i \frac{2\mathrm{Re}(z_i)}{z_i(s - z_i + \lambda)} \eta_i \eta_i^H \varphi_i U \right\|_2^2
\end{aligned}
$$

根据定理 9.1 证明过程，在所有使得系统稳定的控制器集合中选择一个适当的控制器 $Q_\lambda$，使得

$$\inf_{Q_\lambda \in \mathbb{R}\mathcal{H}_\infty} \left\| \left( \sum_{i=1}^{N_z} \psi_i \left( I - \frac{2\mathrm{Re}(z_i)}{z_i} \eta_i \eta_i^H \right) \varphi_i + Z_1 - (N_m)_\lambda Q_\lambda \right) \frac{U}{s + \lambda} \right\|_2^2 = 0$$

然后，有

$$\left\| \sum_{i=1}^{N_z} \psi_i \frac{2\mathrm{Re}(z_i)}{z_i(s - z_i + \lambda)} \eta_i \eta_i^H \varphi_i U \right\|_2^2 = \sum_{i,j=1}^{N_z} \frac{4\mathrm{Re}(z_i)\mathrm{Re}(z_j)}{\overline{z}_i z_j (\overline{z}_i + z_j - 2\lambda)} \mathrm{tr}\left\{ \Omega_i^H \Omega_j \right\}$$

其中，$\varOmega_i = \psi_i \eta_i \eta_i^H \varphi_i U$。

因此

$$J_{\lambda 1}^* = \sum_{i,j=1}^{N_z} \frac{4\mathrm{Re}(z_i)\mathrm{Re}(z_j)}{\overline{z}_i z_j (\overline{z}_i + z_j - 2\lambda)} \mathrm{tr}\left\{ \varOmega_i^H \varOmega_j \right\}$$

下面继续计算 $J_{\lambda 2}^*$

$$J_{\lambda 2}^* = \inf_{R_\lambda \in \mathbb{RH}_\infty} \left\| (L_z)_\lambda (N_m)_\lambda (\tilde{Y}_\lambda - R_\lambda \tilde{M}_\lambda) \frac{V}{s+\lambda} \right\|_2^2$$

首先定义

$$\tilde{M}V = \tilde{M}_V \tilde{B}_V, \quad \tilde{B}_V(s) = \prod_{j=1}^{N_p} \tilde{B}_{Vj}(s)$$

其中，$\tilde{B}_{Vj}(s) = I - \dfrac{2\mathrm{Re}(p_j)}{s + \overline{p}_j} \xi_j \xi_j^H$，$\quad \xi_j = \dfrac{V^{-1}H\omega_j}{\left\| V^{-1}H\omega_j \right\|}$。

可以得到

$$J_{\lambda 2}^* = \inf_{R_\lambda \in \mathbb{RH}_\infty} \left\| \left( (N_m)_\lambda \tilde{Y}_\lambda V (\tilde{B}_V)_\lambda^{-1} - (N_m)_\lambda R_\lambda (\tilde{M}_V)_\lambda \right) \frac{1}{s+\lambda} \right\|_2^2$$

根据部分因式分解

$$(N_m)_\lambda \tilde{Y}_\lambda V (\tilde{B}_V)_\lambda^{-1} = \sum_{j=1}^{N_p} (N_m)_\lambda (p_j - \lambda) \tilde{Y}_\lambda (p_j - \lambda) V E_j \left( (\tilde{B}_{Vj})_\lambda^{-1} - I \right) \varPhi_j + Z_3$$

$$= \sum_{j=1}^{N_p} (N_m)_\lambda (p_j - \lambda) \tilde{Y}_\lambda (p_j - \lambda) V E_j \left( I + \frac{2\mathrm{Re}(p_j)}{s + \lambda - p_j} \xi_j \xi_j^H - I + 2\mathrm{Re}(p_j) p_j \xi_j \xi_j^H \right) \varPhi_j$$

$$+ Z_3 - \sum_{j=1}^{N_p} (N_m)_\lambda (p_j - \lambda) \tilde{Y}_\lambda (p_j - \lambda) V E_j \frac{2\mathrm{Re}(p_j)}{p_j} \xi_j \xi_j^H \varPhi_j$$

其中，$Z_3 \in \mathbb{RH}_\infty$。

因此，有

$$J_{\lambda 2}^* = \inf_{R_\lambda \in \mathbb{RH}_\infty} \left\| \sum_{j=1}^{N_p} (N_m)_\lambda (p_j - \lambda) \tilde{Y}_\lambda (p_j - \lambda) V E_j \frac{2\mathrm{Re}(p_j)}{p_j (s + \lambda - p_j)} \xi_j \xi_j^H \varPhi_j \right.$$

$$\left. + \left( Z_3 - (N_m)_\lambda R_\lambda (\tilde{M}_V)_\lambda - \sum_{j=1}^{N_p} (N_m)_\lambda (p_j - \lambda) \tilde{Y}_\lambda (p_j - \lambda) V E_j \frac{2\mathrm{Re}(p_j)}{p_j} \xi_j \xi_j^H \right) \varPhi_j \frac{1}{s+\lambda} \right\|_2^2$$

$$= \left\| \sum_{j=1}^{N_p} (N_m)_\lambda (p_j - \lambda) \tilde{Y}_\lambda (p_j - \lambda) V E_j \frac{2\mathrm{Re}(p_j)}{p_j (s + \lambda - p_j)} \xi_j \xi_j^H \varPhi_j \right\|_2^2$$

$$+ \inf_{R_\lambda \in \mathbb{R}\mathcal{H}_\infty} \left\| (Z_3 - (N_m)_\lambda R_\lambda (\tilde{M}_V)_\lambda - \sum_{j=1}^{N_p} (N_m)_\lambda (p_j - \lambda) \tilde{Y}_\lambda (p_j - \lambda) \right.$$

$$\left. \cdot VE_j \frac{2\mathrm{Re}(p_j)}{p_j} \xi_j \xi_j^H) \Phi_j \frac{1}{s+\lambda} \right\|_2^2$$

同样，在使得系统稳定的所有控制器的集合中选取一个适当的控制器 $R_\lambda$，使得

$$\inf_{R_\lambda \in \mathbb{R}\mathcal{H}_\infty} \left\| \left( Z_3 - (N_m)_\lambda R_\lambda (\tilde{M}_V)_\lambda - \sum_{j=1}^{N_p} (N_m)_\lambda (p_j - \lambda) \tilde{Y}_\lambda (p_j - \lambda) \right. \right.$$

$$\left. \left. \cdot VE_j \frac{2\mathrm{Re}(p_j)}{p_j} \xi_j \xi_j^H \right) \Phi_j \frac{1}{s+\lambda} \right\|_2^2 = 0$$

然后根据 $\tilde{X}M - \tilde{Y}N = I$，有

$$\tilde{Y}_\lambda (p_j - \lambda) = -(N_m)_\lambda^{-1} (p_j - \lambda)(L_z)_\lambda^{-1} (p_j - \lambda) H_\lambda^{-1} (p_j - \lambda)$$

此外

$$\left\| \sum_{j=1}^{N_p} (N_m)_\lambda (p_j - \lambda) \tilde{Y}_\lambda (p_j - \lambda) VE_j \frac{2\mathrm{Re}(p_j)}{p_j(s+\lambda-p_j)} \xi_j \xi_j^H \Phi_j \right\|_2^2$$

$$= \sum_{i,j=1}^{N_p} \frac{4\mathrm{Re}(p_i)\mathrm{Re}(p_j)}{\bar{p}_j p_i (\bar{p}_j + p_i - 2\lambda)} \mathrm{tr}\{\Theta_j^H \Theta_i\}$$

其中，$\Theta_j = -(L_z)_\lambda^{-1} (p_j - \lambda) H_\lambda^{-1} (p_j - \lambda) VE_j \xi_j \xi_j^H \Phi_j$。

因此

$$J_{\lambda 2}^* = \sum_{i,j=1}^{N_p} \frac{4\mathrm{Re}(p_i)\mathrm{Re}(p_j)}{\bar{p}_j p_i (\bar{p}_j + p_i - 2\lambda)} \mathrm{tr}\{\Theta_j^H \Theta_i\}$$

证毕。

**推论 9.1**　在定理 9.2 中，所选取的最优控制器为

$$[Q_\lambda]_{\mathrm{opt}} = (N_m)_\lambda^{-1} (s - \lambda) \left( \sum_{i=1}^{N_z} \psi_i \left( I - \frac{2\mathrm{Re}(z_i)}{z_i} \eta_i \eta_i^H \right) \varphi_i + Z_1 (s - \lambda) \right)$$

$$[R_\lambda]_{\mathrm{opt}} = (N_m)_\lambda^{-1} (s - \lambda)(Z_2 (s - \lambda)$$

$$- \sum_{j=1}^{N_p} (N_m)_\lambda (p_j - \lambda) \tilde{Y}_\lambda (p_j - \lambda) VE_j \frac{2\mathrm{Re}(p_j)}{p_j} \xi_j \xi_j^H \Phi_j )(\tilde{M}_V)_\lambda^{-1} (s - \lambda)$$

**推论 9.2**　修改因子应该满足

$$\mathrm{Re}(p_j) - \lambda > 0, \quad \mathrm{Re}(z_i) - \lambda > 0$$

其证明与文献[5]中类似。

## 9.3　基于控制器和滤波器协调设计修改性能极限

上一节介绍了基于白噪声影响的网络化控制系统跟踪修改性能极限问题。本节主要介绍控制器和滤波器协同设计，从而达到网络化控制系统修改性能极限，同时考虑前向通道存在数据丢包约束的多输入多输出网络化控制系统模型如图 9.3 所示。在图 9.3 中，$[K_1\ K_2]$ 为双参数控制器，$F$ 为信道滤波器，这里通信信道中考虑两个网络参数：数据丢包 $d_r$ 和加性高斯白噪声 $n$。本节假设参考信号和加性高斯白噪声是均值为零且相互独立的，它们的方差分别为 $\alpha^2$ 和 $\beta^2$。

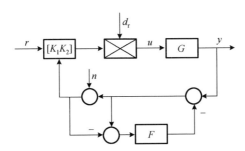

图 9.3　基于丢包和滤波器设计的网络化控制系统

参数 $d_r$ 表示网络化控制系统是否丢包：

$$d_r = \begin{cases} 0, & \text{系统输出没有成功传递给控制器} \\ 1, & \text{系统输出成功传递给控制器} \end{cases}$$

其中，随机变量 $d_r \in R$ 为伯努利分布序列，且

$$P\{d_r = 0\} = q, \quad P\{d_r = 1\} = 1 - q$$

网络化控制系统修改跟踪性能指标定义如下

$$J_\lambda = E\left\{ \left[ e^{-\lambda t} e^{\mathrm{T}}(t) \right] \left[ e^{-\lambda t} e(t) \right] \right\} \tag{9.11}$$

其中，$\lambda > 0$ 为修改因子。

众所周知，一个正则的传递函数 $(1-q)G$ 可互质分解为

$$(1-q)G = NM^{-1} \tag{9.12}$$

对于非最小相位传递函数，它可以分解为一个非最小相位部分和一个全通因子的乘积

$$N = (1-q)L_z N_m, \quad M = B_p M_m \tag{9.13}$$

其中，$L_z$，$B_p$ 为全通因子，$L_z$ 包含了所有右半平面上的零点 $z_i \in \mathbb{C}_+$，$i = 1, \cdots, N_z$，$B_p$ 包含了所有右半平面的极点 $p_j \in \mathbb{C}_+$，$j = 1, \cdots, N_p$；$L_z$ 和 $B_p$ 可以分别表示为

$$L_z(s) = \prod_{i=1}^{N_z} L_i(s), \quad L_i(s) = \prod_{i=1}^{N_z} \frac{s - z_i}{s + \overline{z}_i}$$

$$B_p(s) = \prod_{j=1}^{N_p} B_j(s), \quad B_j(s) = \prod_{j=1}^{N_p} \frac{s - p_j}{s + \overline{p}_j} \tag{9.14}$$

基于数据丢包的网络化控制系统在控制器和滤波器协同设计得到修改跟踪性能极限 $J_\lambda^*$，$J_\lambda^*$ 可写为

$$J_\lambda^* = \inf_{F \in \mathbb{R}\mathcal{H}_\infty} \inf_{F \in \mathbb{R}\mathcal{H}_\infty} J_\lambda \tag{9.15}$$

根据图 9.3 可知，

$$\tilde{u} = (1-q)K_1\tilde{r} + (1-q)K_2(\tilde{y} - F\tilde{n} + \tilde{n}), \quad \tilde{y} = G\tilde{u} \tag{9.16}$$

经过简单的计算可得

$$\tilde{y} = \frac{(1-q)GK_1}{1 - (1-q)K_2G}\tilde{r} - \frac{(1-q)GK_2(F-1)}{1 - (1-q)K_2G}\tilde{n} \tag{9.17}$$

因此，修改跟踪性能极限为

$$J_\lambda^* = \inf_{K \in \mathbb{R}\mathcal{H}_\infty} \left\| \left(1 - \frac{(1-q)GK_1}{1-(1-q)K_2G}\right)\frac{1}{s+\lambda} \right\|_2^2 \alpha^2$$
$$+ \inf_{K \in \mathbb{R}\mathcal{H}_\infty} \inf_{F \in \mathbb{R}\mathcal{H}_\infty} \left\| \frac{(1-q)GK_2(F-1)}{1-(1-q)K_2G}\frac{1}{s+\lambda} \right\| \beta^2$$

经过简单的计算可以得到

$$1 - \frac{(1-q)GK_1}{1 - (1-q)K_2G} = 1 - N_\lambda Q_\lambda,$$

$$\frac{(1-q)GK_2(F-1)}{1 - (1-q)K_2G} = N_\lambda(Y_\lambda - R_\lambda M_\lambda)(F_\lambda - 1)$$

$J_\lambda^*$ 可以进一步简化为

$$J_\lambda^* = \inf_{K \in \mathbb{R}\mathcal{H}_\infty} \left\| (1 - N_\lambda Q_\lambda)\frac{1}{s+\lambda} \right\|_2^2 \alpha^2 + \inf_{K \in \mathbb{R}\mathcal{H}_\infty} \inf_{F \in \mathbb{R}\mathcal{H}_\infty} \left\| N_\lambda(Y_\lambda - R_\lambda M_\lambda)(F_\lambda - 1)\frac{1}{s+\lambda} \right\| \beta^2$$

为了得到 $J_\lambda^*$，$Q$ 和 $F$ 可以选取适当值。

**定理 9.3** 考虑如图 9.3 所示的网络化控制系统，假设被控对象不含有积分器，并且含有不稳定极点 $p_j \in \mathbb{C}_+$，$j = 1, \cdots, m$ 和非最小相位零点 $z_i \in \mathbb{C}_+$，$i = 1, \cdots, n$。最优通信网络滤波器为

$$F_\lambda(p_j - \lambda) = 1$$

则网络化控制系统跟踪性能极限为

$$J_\lambda^* = \frac{1}{(1-q)^2} \sum_{i,j=1}^{N_z} \frac{4\mathrm{Re}(\overline{z}_i)\mathrm{Re}(z_j)}{\overline{z}_i z_j (\overline{z}_i + z_j - 2\lambda)\overline{l}_i l_j} \alpha^2$$

其中，$l_i = \prod_{\substack{j\in N \\ i \neq j}}^{N_z} \dfrac{z_j - z_i + \lambda}{\overline{z}_j + z_i + \lambda}$。

证明：为了得到 $J_\lambda^*$，首先定义

$$J_{\lambda 1}^* = \inf_{Q_\lambda \in \mathbb{R}\mathcal{H}_\infty} \left\| (1 - N_\lambda Q_\lambda) \frac{1}{s+\lambda} \right\|_2^2 \alpha^2$$

$$J_{\lambda 2}^* = \inf_{F_\lambda \in \mathbb{R}\mathcal{H}_\infty} \inf_{R_\lambda \in \mathbb{R}\mathcal{H}_\infty} \left\| N_\lambda (Y_\lambda - R_\lambda M_\lambda)(F_\lambda - 1) \frac{1}{s+\lambda} \right\|_2^2 \beta^2$$

因为 $(L_z)_\lambda$ 为全通因子，因此

$$J_{\lambda 1}^* = \inf_{Q_\lambda \in \mathbb{R}\mathcal{H}_\infty} \left\| \left( \frac{(1-q)^{-1}}{(L_z)_\lambda} - (N_m)_\lambda Q_\lambda \right) \frac{1}{s+\lambda} \right\|_2^2 \alpha^2$$

由部分分式展开有

$$\frac{(1-q)^{-1}}{(L_z)_\lambda} = \frac{1}{1-q} \sum_{i=1}^{N_z} \frac{s + \overline{z}_i + \lambda}{l_i(s - z_i + \lambda)} + Z_1$$

其中，$Z_1 \in \mathbb{R}\mathcal{H}_\infty$，$l_i = \prod_{\substack{j\in N \\ i \neq j}}^{N_z} \dfrac{z_j - z_i + \lambda}{\overline{z}_j + z_i + \lambda}$。

因此 $J_{\lambda 1}^*$ 可写为

$$J_{\lambda 1}^* = \inf_{Q_\lambda \in \mathbb{R}\mathcal{H}_\infty} \left\| \left( \frac{1}{1-q} \sum_{i=1}^{N_z} \frac{s + \overline{z}_i + \lambda}{l_i(s - z_i + \lambda)} + Z_1 - (N_m)_\lambda Q_\lambda \right) \frac{1}{s+\lambda} \right\|_2^2 \alpha^2$$

$$= \inf_{Q_\lambda \in \mathbb{R}\mathcal{H}_\infty} \left\| \left( \sum_{i=1}^{N_z} \left( \frac{s + \overline{z}_i + \lambda}{s - z_i + \lambda} + \frac{\overline{z}_i}{z_i} \right) \frac{(1-q)^{-1}}{l_i} - \sum_{i=1}^{N_z} \frac{\overline{z}_i}{z_i} \frac{(1-q)^{-1}}{l_i} + Z_1 - (N_m)_\lambda Q_\lambda \right) \frac{1}{s+\lambda} \right\|_2^2 \alpha^2$$

$$= \inf_{Q_\lambda \in \mathbb{R}\mathcal{H}_\infty} \left\| \left( \sum_{i=1}^{N_z} \frac{2\mathrm{Re}(z_i)(s+\lambda)}{z_i(s - z_i + \lambda)} \frac{(1-q)^{-1}}{l_i} - \sum_{i=1}^{N_z} \frac{\overline{z}_i}{z_i} \frac{(1-q)^{-1}}{l_i} + Z_1 - (N_m)_\lambda Q_\lambda \right) \frac{1}{s+\lambda} \right\|_2^2 \alpha^2$$

$$= \inf_{Q_\lambda \in \mathbb{R}\mathcal{H}_\infty} \left\| \sum_{i=1}^{N_z} \frac{2\mathrm{Re}(z_i)}{z_i(s - z_i + \lambda)} \frac{(1-q)^{-1}}{l_i} + \left( Z_1 - \sum_{i=1}^{N_z} \frac{\overline{z}_i}{z_i} \frac{(1-q)^{-1}}{l_i} - (N_m)_\lambda Q_\lambda \right) \frac{1}{s+\lambda} \right\|_2^2 \alpha^2$$

因为 $\displaystyle\sum_{i=1}^{N_z}\frac{2\mathrm{Re}(z_i)}{z_i(s-z_i+\lambda)}\frac{(1-q)^{-1}}{l_i}\in H_2^{\perp}$，$\left(Z_1-\displaystyle\sum_{i=1}^{N_z}\frac{\overline{z_i}}{z_i}\frac{(1-q)^{-1}}{l_i}-(N_m)_{\lambda}Q_{\lambda}\right)\in H_2$，因此

$$J_{\lambda 1}^*=\inf_{Q_{\lambda}\in\mathbb{R}\mathcal{H}_{\infty}}\left\|\left(Z_1-\sum_{i=1}^{N_z}\frac{\overline{z_i}}{z_i}\frac{(1-q)^{-1}}{l_i}-(N_m)_{\lambda}Q_{\lambda}\right)\frac{1}{s+\lambda}\right\|_2^2\alpha^2$$

$$+\left\|\sum_{i=1}^{N_z}\frac{2\mathrm{Re}(z_i)}{z_i(s-z_i+\lambda)}\frac{(1-q)^{-1}}{l_i}\right\|_2^2\alpha^2$$

因为 $Z_1$、$N_m$ 和 $M_m$ 为非最小相位部分，可以选择一个合适的 $Q_{\lambda}\in\mathbb{R}\mathcal{H}_{\infty}$，使得

$$\inf_{Q_{\lambda}\in\mathbb{R}\mathcal{H}_{\infty}}\left\|\left(Z_1-\sum_{i=1}^{N_z}\frac{\overline{z_i}}{z_i}\frac{(1-q)^{-1}}{l_i}-(N_m)_{\lambda}Q_{\lambda}\right)\frac{1}{s+\lambda}\right\|_2^2\alpha^2=0$$

所以有

$$J_{\lambda 1}^*=\left\|\sum_{i=1}^{N_z}\frac{2\mathrm{Re}(z_i)}{z_i(s-z_i+\lambda)}\frac{(1-q)^{-1}}{l_i}\right\|_2^2\alpha^2$$

经过计算可知

$$J_{\lambda 1}^*=\frac{1}{(1-q)^2}\sum_{i,j=1}^{N_z}\frac{4\mathrm{Re}(\overline{z_i})\mathrm{Re}(z_j)}{\overline{z_i}z_j(\overline{z_i}+z_j-2\lambda)\overline{l_i}l_j}\alpha^2$$

接下来计算 $J_{\lambda 2}^*$

$$J_{\lambda 2}^*=\inf_{F_{\lambda}\in\mathbb{R}\mathcal{H}_{\infty}}\inf_{R_{\lambda}\in\mathbb{R}\mathcal{H}_{\infty}}\left\|N_{\lambda}(Y_{\lambda}-R_{\lambda}M_{\lambda})(F_{\lambda}-1)\frac{1}{s+\lambda}\right\|_2^2\beta^2$$

由式（9.13），有

$$J_{\lambda 2}^*=\inf_{F_{\lambda}\in\mathbb{R}\mathcal{H}_{\infty}}\inf_{R_{\lambda}\in\mathbb{R}\mathcal{H}_{\infty}}\left\|((1-q)(N_m)_{\lambda}Y_{\lambda}(F_{\lambda}-1)-(1-q)(N_m)_{\lambda}R_{\lambda}M_{\lambda}(F_{\lambda}-1))\frac{1}{s+\lambda}\right\|_2^2\beta^2$$

因为 $(B_p)_{\lambda}$ 为全通因子，因此

$$J_{\lambda 2}^*=\inf_{F_{\lambda}\in\mathbb{R}\mathcal{H}_{\infty}}\inf_{R_{\lambda}\in\mathbb{R}\mathcal{H}_{\infty}}\frac{1}{(1-q)^2}\left\|\frac{\left(\dfrac{(N_m)_{\lambda}Y_{\lambda}\left(F_{\lambda}-1\right)}{(B_p)_{\lambda}}-(N_m)_{\lambda}R_{\lambda}(M_m)_{\lambda}\left(F_{\lambda}-1\right)\right)}{s+\lambda}\right\|_2^2\beta^2$$

由部分分式分解，有

$$\frac{(N_m)_{\lambda}Y_{\lambda}\left(F_{\lambda}-1\right)}{(B_p)_{\lambda}}=\sum_{j=1}^{N_p}\frac{s+\overline{p_j}+\lambda}{s-p_j+\lambda}\frac{(N_m)_{\lambda}(p_j-\lambda)Y_{\lambda}(p_j-\lambda)\left(F_{\lambda}(p_j-\lambda)-1\right)}{b_j}+Z_2$$

其中，$Z_2\in\mathbb{R}\mathcal{H}_{\infty}$。

因此有

$$
\begin{aligned}
J_{\lambda2}^* =& \inf_{F_\lambda \in \mathbb{R}\mathcal{H}_\infty} \inf_{R_\lambda \in \mathbb{R}\mathcal{H}_\infty} \frac{1}{(1-q)^2} \left\| \left( \sum_{j=1}^{N_p} \frac{s+\overline{p}_j+\lambda}{s-p_j+\lambda} \frac{(N_m)_\lambda(p_j-\lambda)Y_\lambda(p_j-\lambda)(F_\lambda(p_j-\lambda)-1)}{b_j} \right. \right. \\
& + Z_2 - (N_m)_\lambda R_\lambda (M_m)_\lambda (F_\lambda-1) \Big) \frac{1}{s+\lambda} \bigg\|_2^2 \beta^2
\end{aligned}
$$

$$
\begin{aligned}
=& \inf_{F_\lambda \in \mathbb{R}\mathcal{H}_\infty} \inf_{R_\lambda \in \mathbb{R}\mathcal{H}_\infty} \frac{1}{(1-q)^2} \left\| \left( \sum_{j=1}^{N_p} \left( \frac{\overline{p}_j}{p_j} + \frac{s+\overline{p}_j+\lambda}{s-p_j+\lambda} \right) \frac{(N_m)_\lambda(p_j-\lambda)Y_\lambda(p_j-\lambda)(F_\lambda(p_j-\lambda)-1)}{b_j} \right. \right. \\
& + Z_2 - \sum_{j=1}^{N_p} \frac{\overline{p}_j}{p_j} \frac{(N_m)_\lambda(p_j-\lambda)Y_\lambda(p_j-\lambda)(F_\lambda(p_j-\lambda)-1)}{b_j} \\
& - (N_m)_\lambda R_\lambda (M_m)_\lambda (F_\lambda-1) \Big) \frac{1}{s+\lambda} \bigg\|_2^2 \beta^2
\end{aligned}
$$

$$
\begin{aligned}
=& \inf_{F_\lambda \in \mathbb{R}\mathcal{H}_\infty} \inf_{R_\lambda \in \mathbb{R}\mathcal{H}_\infty} \frac{1}{(1-q)^2} \left\| \frac{2\mathrm{Re}(p_j)}{p_j(s-p_j+\lambda)} \frac{(N_m)_\lambda(p_j-\lambda)Y_\lambda(p_j-\lambda)(F_\lambda(p_j-\lambda)-1)}{b_j} \right. \\
& + \left( Z_2 - \sum_{j=1}^{N_p} \frac{\overline{p}_j}{p_j} \frac{(N_m)_\lambda(p_j-\lambda)Y_\lambda(p_j-\lambda)(F_\lambda(p_j-\lambda)-1)}{b_j} - (N_m)_\lambda R_\lambda (M_m)_\lambda (F_\lambda-1) \right) \\
& \frac{1}{s+\lambda} \bigg\|_2^2 \beta^2
\end{aligned}
$$

因为 $\displaystyle \sum_{j=1}^{N_p} \frac{2\mathrm{Re}(p_j)}{p_j(s-p_j+\lambda)} \frac{(N_m)_\lambda(p_j-\lambda)Y_\lambda(p_j-\lambda)\big(F_\lambda(p_j-\lambda)-1\big)}{b_j} \in H_2^\perp$,

$$
\left( Z_2 - \sum_{j=1}^{N_p} \frac{\overline{p}_j}{p_j} \frac{(N_m)_\lambda(p_j-\lambda)Y_\lambda(p_j-\lambda)\big(F_\lambda(p_j-\lambda)-1\big)}{b_j} - (N_m)_\lambda R_\lambda (M_m)_\lambda (F_\lambda-1) \right) \in H_2
$$

所以有

$$
\begin{aligned}
J_{\lambda2}^* =& \inf_{F_\lambda \in \mathbb{R}\mathcal{H}_\infty} \inf_{R_\lambda \in \mathbb{R}\mathcal{H}_\infty} \frac{1}{(1-q)^2} \left\| \left( Z_2 - \sum_{j=1}^{N_p} \frac{\overline{p}_j}{p_j} \frac{(N_m)_\lambda(p_j-\lambda)Y_\lambda(p_j-\lambda)\big(F_\lambda(p_j-\lambda)-1\big)}{b_j} \right. \right. \\
& - (N_m)_\lambda R_\lambda (M_m)_\lambda (F_\lambda-1) \Big) \frac{1}{s+\lambda} \bigg\|_2^2 \beta^2 \\
& + \frac{1}{(1-q)^2} \left\| \sum_{j=1}^{N_p} \frac{\overline{p}_j}{p_j} \frac{(N_m)_\lambda(p_j-\lambda)Y_\lambda(p_j-\lambda)\big(F_\lambda(p_j-\lambda)-1\big)}{b_j} \right. \\
& \cdot \frac{(N_m)_\lambda(p_j-\lambda)Y_\lambda(p_j-\lambda)\big(F_\lambda(p_j-\lambda)-1\big)}{b_j} \bigg\|_2^2 \beta^2
\end{aligned}
$$

如果 $F_\lambda(p_j - \lambda) = 1$，有下式成立

$$\left\| \sum_{j=1}^{N_p} \frac{\overline{p}_j}{p_j} \frac{(N_m)_\lambda(p_j - \lambda)Y_\lambda(p_j - \lambda)\left(F_\lambda(p_j - \lambda) - 1\right)}{b_j} \right. $$
$$\left. \cdot \frac{(N_m)_\lambda(p_j - \lambda)Y_\lambda(p_j - \lambda)\left(F_\lambda(p_j - \lambda) - 1\right)}{b_j} \right\|_2^2 \beta^2 = 0$$

因为 $Z_2$、$N_m$ 和 $M_m$ 为非最小相位部分，因此我们可以选择一个合适的 $R_\lambda \in \mathbb{RH}_\infty$，使得

$$\inf_{F_\lambda \in \mathbb{RH}_\infty} \inf_{R_\lambda \in \mathbb{RH}_\infty} \left\| (Z_2 - (N_m)_\lambda R_\lambda (M_m)_\lambda (F_\lambda - 1)) \frac{1}{s + \lambda} \right\|_2^2 \beta^2 = 0$$

因此有

$$J_{\lambda 2}^* = 0$$

最优滤波器为

$$F_\lambda(p_j - \lambda) = 1$$

修改跟踪性能极限表达式为

$$J_\lambda^* = \frac{1}{(1-q)^2} \sum_{i,j=1}^{N_z} \frac{4\mathrm{Re}(\overline{z}_i)\mathrm{Re}(z_j)}{\overline{z}_i z_j (\overline{z}_i + z_j - 2\lambda)\overline{l}_i l_j} \alpha^2$$

**推论 9.3** 选择的最优控制器为

$$[Q_\lambda]_{\mathrm{opt}} = (N_m)_\lambda^{-1}(s - \lambda)Z_1(s - \lambda) - \sum_{i=1}^{N_z} \left( \frac{2\mathrm{Re}(z_i) - \lambda}{z_i} - 1 \right) \frac{(1-q)^{-1}}{l_i}$$

接下来介绍不带有滤波器的修改跟踪性能极限问题如图 9.4 所示。所有变量与图 9.3 相同。

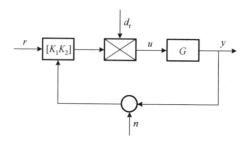

图 9.4　基于丢包和白噪声约束网络化控制系统

**定理 9.4** 如果网络化控制系统模型如图 9.4 所示，则修改跟踪性能极限为

$$J_\lambda^* = \frac{1}{(1-q)^2} \sum_{i,j=1}^{N_z} \frac{4\mathrm{Re}(\bar{z}_i)\mathrm{Re}(z_j)}{\bar{z}_i z_j (\bar{z}_i + z_j - 2\lambda)\bar{l}_i l_j} \alpha^2$$
$$+ \frac{1}{(1-q)^2} \sum_{i,j=1}^{N_p} \frac{4\mathrm{Re}(\bar{p}_j)\mathrm{Re}(p_i)}{\bar{p}_j p_i (\bar{p}_j + p_i - 2\lambda)\bar{b}_j b_i} \Theta_j^H \Theta_i \beta^2$$

其中，$\Theta_j = \dfrac{(L_z)_\lambda^{-1}(p_j - \lambda)}{1-q}$。

证明：根据图 9.4 有

$$\tilde{y} = \frac{(1-q)GK_1}{1-(1-q)K_2 G}\tilde{r} - \frac{(1-q)GK_2}{1-(1-q)K_2 G}\tilde{n}$$

修改跟踪性能为

$$J_\lambda^* = \inf_{K \in \mathbb{R}\mathcal{H}_\infty} \left\| 1 - \frac{(1-q)GK_1}{1-(1-q)K_2 G} \right\|_2^2 \alpha^2 + \inf_{K \in \mathbb{R}\mathcal{H}_\infty} \left\| \frac{(1-q)GK_2}{1-(1-q)K_2 G} \right\|^2 \beta^2$$

通过化简可得

$$1 - \frac{(1-q)GK_1}{1-(1-q)G} = 1 - N_\lambda Q_\lambda, \quad \frac{(1-q)GK_2}{1-(1-q)G} = N_\lambda (Y_\lambda - R_\lambda M_\lambda)$$

类似定理 9.3，可以得到

$$J_\lambda^* = \frac{1}{(1-q)^2} \sum_{i,j=1}^{N_z} \frac{4\mathrm{Re}(\bar{z}_i)\mathrm{Re}(z_j)}{\bar{z}_i z_j (\bar{z}_i + z_j - 2\lambda)\bar{l}_i l_j} \alpha^2$$
$$+ \frac{1}{(1-q)^2} \sum_{i,j=1}^{N_p} \frac{4\mathrm{Re}(\bar{p}_j)\mathrm{Re}(p_i)}{\bar{p}_j p_i (\bar{p}_j + p_i - 2\lambda)\bar{b}_j b_i} \Theta_j^H \Theta_i \beta^2$$

其中，$\Theta_j = \dfrac{(L_z)_\lambda^{-1}(p_j - \lambda)}{1-q}$。

## 9.4　仿　真　分　析

**例 9.1** 考虑被控对象的模型为

$$G(s) = \begin{pmatrix} \dfrac{s-0.1}{(s+0.1)(s-0.2)} & 0 \\ \dfrac{1}{s+0.2} & \dfrac{1}{s+0.4} \end{pmatrix}$$

可以看出，被控对象的非最小相位零点位于 $z=0.1$，并且不稳定极点是 $p=0.2$；它们的方向分别为 $\omega_1=(0,1)^{\mathrm{T}}$ 与 $\eta_1=(1,0)^{\mathrm{T}}$。

考虑系统的参考输入信号满足 $U=\begin{pmatrix}1&0\\0&2\end{pmatrix}$，信道噪声 $V=\begin{pmatrix}0.5&0\\0&1\end{pmatrix}$，用一阶低通滤波器来模拟通信信道的带宽

$$F=\begin{pmatrix}\dfrac{0.3s+0.2}{s-0.05}&0\\[3mm]0&\dfrac{0.3s+0.2}{s-0.05}\end{pmatrix}$$

根据推论 9.2，可以得到 $\lambda<0.1$。

根据定理 9.2，可以得到

$$J_\lambda^*=\frac{20}{0.2-2\lambda}+\frac{16.639}{0.4-2\lambda},\quad \lambda<0.1$$

基于不同修改因子的网络化控制系统跟踪性能极限如图 9.5 所示。从图 9.5 中可以看出，选取性能指标中的修改因子，对系统的跟踪性能极限有着不可避免的影响，并且还可以看出，修改因子的大小与不稳定极点或者非最小相位零点很接近时，系统的性能最差。

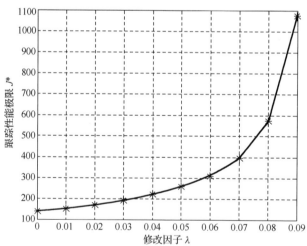

图 9.5　网络化控制系统在不同修改因子下的性能极限

例 9.2　考虑被控对象的模型为

$$G(s)=\begin{pmatrix}\dfrac{1}{s+4}&0\\[3mm]\dfrac{1}{s+1}&\dfrac{s-k}{(s-10)(s+2)}\end{pmatrix}$$

在这个被控对象模型中，对任何 $k \in (5,30)$，可以看出不稳定极点与非最小相位零点分别是 $p = 10$ 和 $z = k$；并且它们的方向分别定义为 $\eta_1 = (1,0)^{\mathrm{T}}$，$\omega_1 = (0,1)^{\mathrm{T}}$。参考输入信号和信道噪声的选取和例 9.1 相同。根据定理 9.2，可以得到

$$J_\lambda^* = \frac{20}{2k-10} + 0.5\left(\left(\frac{k+10}{k-10}\right)^2 + 1\right)\left(F_\lambda^{-1}(p_j - \lambda)\right)^2$$

根据文献[1]，有

$$J^* = 10k + 25\left(\left(\frac{k+10}{k-10}\right)^2 + 1\right)\left(F^{-1}(p_j)\right)^2$$

基于不同非最小相位零点的网络化控制系统修改跟踪性能极限如图 9.6 所示。如图 9.6 所示，采用本章所给的修改性能指标，系统的最优跟踪性能是有限的，采用以前的性能指标，系统跟踪性能是增加的，换句话说，本章所介绍的修改性能指标比以前的性能指标更加合理。

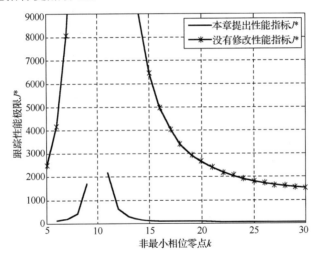

图 9.6　网络化控制系统在不同的非最小相位零点下的跟踪性能

**例 9.3**　考虑系统的被控对象模型为

$$G(s) = \begin{pmatrix} \dfrac{s-k}{(s+0.1)(s-p)} & 0 \\ \dfrac{1}{s+0.2} & \dfrac{1}{s+0.4} \end{pmatrix}$$

对于任何的 $k, p \in (0.16, 0.46)$，很明显可以看出被控对象的非最小相位零点与不稳定极点分别位于 $z = k$ 和 $s = p$ 处，它们的方向分别定义为 $\omega_1 = (0,1)^{\mathrm{T}}$，$\eta_1 = (1,0)^{\mathrm{T}}$，参考输入信号和信道噪声的选取和例 9.1 相同，根据定理 9.2，可以得到

$$J_\lambda^* = \frac{20}{2k-0.3} + \frac{5}{2p-0.3}\left(\left(\frac{p+k}{p-k}\right)^2 + \left(\frac{p-0.35}{p+0.2}\right)^2\right)$$

基于不同非最小相位零点和不稳定极点的网络化控制系统修改跟踪性能极限如图 9.7 所示。从图 9.7 中可以看出，被控对象的非最小相位零点与不稳定极点以及它们的方向对系统的跟踪性能极限会产生一定的影响，并且非最小相位零点与不稳定极点的距离越近，系统的跟踪性能就越差。

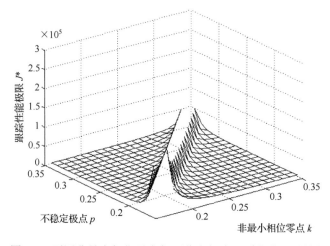

图 9.7　不同非最小相位零点与不稳定极点下系统的跟踪性能

**例 9.4**　考虑被控对象的模型为

$$G(s) = \begin{pmatrix} \dfrac{1}{s+4} & 0 \\ \dfrac{1}{s+1} & \dfrac{s-k}{(s-10)(s+2)} \end{pmatrix}$$

对于任何的 $k > 0$，很明显可以看出被控对象的非最小相位零点与不稳定极点分别位于 $z = k$ 和 $s = 10$ 处，它们的方向分别定义为 $\omega_1 = (0,1)^T$，$\eta_1 = (1,0)^T$，此外

$$F^1(s) = \begin{bmatrix} \dfrac{0.31s+0.24}{s-0.45} & 0 \\ 0 & \dfrac{0.31s+0.24}{s-0.45} \end{bmatrix}, \quad F^2(s) = \begin{bmatrix} \dfrac{0.25s+0.20}{s-0.55} & 0 \\ 0 & \dfrac{0.25s+0.20}{s-0.55} \end{bmatrix}$$

根据定理 9.2 可以得到

$$J_\lambda^* = \frac{20}{2k-10} + 0.5\left(\left(\frac{k+10}{k-10}\right)^2 + 1\right)\left(F_\lambda^{-1}(p_j - \lambda)\right)^2$$

基于不同非最小相位零点和不同带宽约束的网络化控制系统修改跟踪性能极限

如图 9.8 所示。从图 9.8 中可以看出，因为通信信道中带宽的限制，系统的性能极限受到了破坏；如果 $F=I$，那么就意味着通信信道中不存在带宽的限制，那么系统的跟踪性能最好。

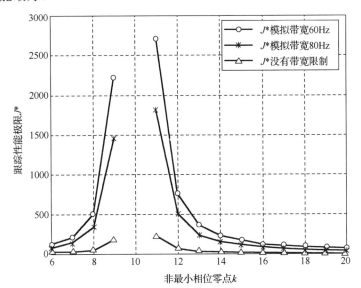

图 9.8 在不同带宽限制下的网络化控制系统跟踪性能

根据定理 9.1 和定理 9.2，可以得到

$$J^* \geqslant \frac{10}{k-5} + 0.9\left(\left(\frac{2(k+10)}{10-k}+1\right)^2 + 16\right)$$

$$J^* \geqslant \frac{10}{k-5} + 0.5\left(\left(\frac{2(k+10)}{10-k}+1\right)^2 + 16\right)$$

基于不同不稳定极点网络化控制系统修改跟踪性能极限如图 9.9 所示。从图 9.9 可以看出，采用双自由度控制器可以优化网络化控制系统的跟踪性能，并且当被控对象的不稳定极点与非最小相位零点距离很近时，系统的跟踪性能最差。

**例 9.5** 考虑被控对象模型如下所示

$$G(s) = \frac{s-3}{(s-k)(s+2)}$$

系统不稳定极点位于 $p=k$，非最小相位零点位于 $z=3$。为了验证定理 9.3 的正确性，选择参考信号 $\alpha$ 和通道噪声 $\beta$ 分别为 $\alpha^2=4$，$\beta^2=2$，假设数据丢包概率 $q=0.5$，根据推论 9.2 可以得到 $\lambda=1$。根据定理 9.3 可以得到

$$J_\lambda^* = 16$$

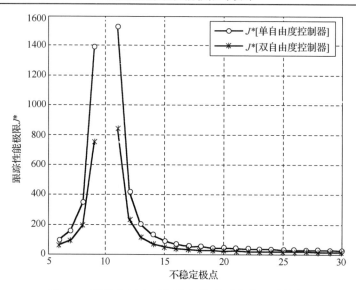

图 9.9　不稳定极点下网络化控制系统的跟踪性能

根据定理 9.4 可以得到

$$J_\lambda^* = 16 + \frac{8}{k-1}\left(\frac{k+3}{k-3}\right)^2$$

基于不同的不稳定极点网络化控制系统修改跟踪性能极限如图 9.10 所示。由图 9.10 可知，带有信道滤波器的网络化控制系统的修改跟踪性能更好。从图 9.10 也可看出，信道滤波器可以消除给定对象不稳定极点的影响。此外，当不稳定极点靠近非最小相位零点时，不考虑信道滤波器的系统性能明显降低。

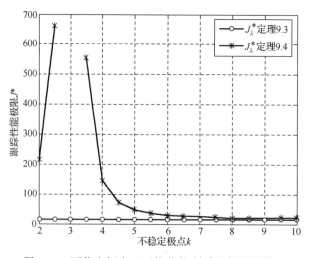

图 9.10　不稳定极点下网络化控制系统的跟踪性能

**例 9.6**　考虑给定对象模型为

$$G(s) = \frac{s-3}{(s-2)(s+2)}$$

由模型可知，给定对象的不稳定极点位于 $p=2$，非最小相位零点位于 $z=3$。为了验证定理的正确性，选择参考输入 $\alpha$ 和信道噪声 $\beta$ 分别为 $\alpha^2=4$，$\beta^2=k$，数据丢包率为 $q=0.5$，由推论 9.2 可知 $\lambda=1$。根据定理 9.3 可以得出

$$J_\lambda^* = 115.2$$

根据定理 9.4 可以得出

$$J_\lambda^* = 115.2 + 1600k$$

基于不同通道噪声影响的网络化控制系统修改跟踪性能极限如图 9.11 所示。从图 9.11 可以看出，采用控制器和滤波器协同设计得到的修改跟踪性能极限更好，从图 9.11 也可看出，最优信道滤波器可以消除反馈回路中的噪声影响。

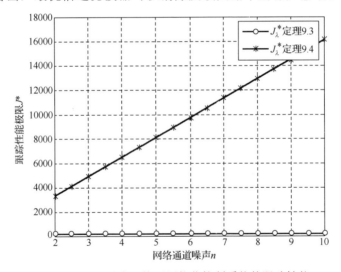

图 9.11　不同噪声干扰下网络化控制系统的跟踪性能

**例 9.7**　考虑如下不稳定系统模型为

$$G(s) = \frac{s-k}{(s-2)(s+2)}$$

由模型可知不稳定极点位于 $p=2$，非最小相位零点位于 $z=k$。选择参考输入 $\alpha$ 和信道噪声 $\beta$ 分别为 $\alpha^2=4$，$\beta^2=2$，数据丢包率为 $q=0.5$，由推论 9.2 可知 $\lambda=1$。在此假设 $k>1$。

基于不同非最小相位零点网络化控制系统修改跟踪性能极限如图 9.12 所示。从

图 9.12 可以看出，采用本章所给的修改性能指标，系统的跟踪性能极限是有限的，采用以前的性能指标，系统跟踪性能是增加的，换句话说，本章所介绍的修改性能指标比以前的性能指标更加合理。

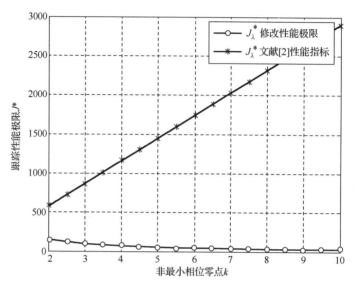

图 9.12　不稳定极点下网络化控制系统的跟踪性能

## 9.5　本章小结

本章介绍了多输入多输出网络化控制系统在带宽限制及信道噪声下的修改性能极限问题。并且也介绍了基于控制器和滤波器协同设计的网络化控制系统修改跟踪性能极限问题。通过互质分解、部分因式分解、谱分解及 $H_2$ 范数理论得到了系统的跟踪修改性能极限的显式表达式。结果表明，系统的跟踪修改性能极限受到被控对象的内部特征、性能指标修改因子和通信信道特征的影响；其中，被控对象的内部特征主要是指被控对象的非最小相位零点、不稳定极点以及它们的方向，通信信道特征主要是指信道带宽限制及信道噪声。此外，参考输入信号的特性对系统的性能也存在着不可避免的影响。采用控制器和网络通道滤波器协同设计可以消除白噪声干扰。

### 参 考 文 献

[ 1 ] Guan Z H, Zhan X S, Feng G. Optimal tracking performance of MIMO discrete-time systems with communication constraints. International Journal of Robust and Nonlinear Control, 2012,

22(13): 1429-1439.

[ 2 ] Zhan X S, Guan Z H, Zhang X H, et al. Best tracking performance of networked control systems based on communication constraints. Asian Journal of Control, 2014, 16(4): 1155-1163.

[ 3 ] Sun X X, Wu J, Zhan X S, et al. Optimal modified tracking performance for MIMO systems under bandwidth constraint. ISA Transactions, 2016, 62(2): 145-153.

[ 4 ] Wu J, Sun X X, Zhan X S, et al. Optimal modified tracking performance for networked control systems with QoS constraint. ISA Transactions, 2016.

[ 5 ] Guan Z H, Wang B X, Ding L. Modified tracking performance limitations of unstable linear SIMO feedback control systems. Automatica, 2014, 50(1): 262-267.

[ 6 ] Francis B A. A Course in H∞ Control Theory. Berlin: Springer-Verlag, 1987.

[ 7 ] Wang H N, Ding L, Guan Z H, et al. Limitations on minimum tracking energy for SISO plants // Proceedings of the 21th Chinese Control and Design Conference, Guilin, 2009: 1432-1437.

[ 8 ] Jiang X W, Guan Z H, Yuan F S, et al. Performance limitations in the tracking and regulation problem for discrete-time systems. ISA Transactions, 2014, 53: 251-257.